普通高等教育"十一五"国家级规划教材

普通高等教育机械类特色专业系列教材

机械设计课程设计

（第二版）

于惠力　　张春宜　　潘承怡　　主编

科学出版社

北　京

内 容 简 介

　　本书是根据教育部高等学校机械基础课程教学指导分委员会制定的"机械设计课程教学基本要求"和"机械设计基础课程教学基本要求"组织编写的,可供该两门课程的理论学习和课程设计使用。

　　本书共分两篇。第1篇为课程设计指导书,详细阐述了机械设计课程设计的基础知识,以常见的减速器为例,系统地介绍了机械传动装置的设计内容、步骤和方法,并给出了多种减速器的装配图及零件图的参考图例;第2篇为设计题目,给出了多种方案的减速器设计题目。此外,附录部分为相关设计资料,给出了机械设计课程设计的常用标准和规范,内容全面。本书采用了最新颁布的国家标准,并且集机械设计课程设计指导书、机械设计手册、机械设计参考图册于一体,大大方便教学与课程设计。本书力求做到精选内容,联系实际,叙述简明,便于教学。

　　本书可作为普通高等院校机械类、近机类和非机类专业的教材,也可供相关专业的师生及工程技术人员参考。

图书在版编目(CIP)数据

机械设计课程设计 / 于惠力,张春宜,潘承怡主编 . —2 版 . —北京:科学出版社,2013.4

普通高等教育"十一五"国家级规划教材·普通高等教育机械类特色专业系列教材

ISBN 978-7-03-036869-0

Ⅰ.①机… Ⅱ.①于…②张…③潘… Ⅲ.①机械设计-课程设计-高等学校-教材 Ⅳ.①TH122-41

中国版本图书馆 CIP 数据核字(2013)第 040842 号

责任编辑:毛　莹　朱晓颖 / 责任校对:宣　慧
责任印制:霍　兵 / 封面设计:迷底书装

科 学 出 版 社 出版
北京东黄城根北街16号
邮政编码:100717
http://www.sciencep.com

天津文林印务有限公司 印刷
科学出版社发行　各地新华书店经销
*
2007 年 8 月第　一　版　　开本:787×1092　1/16
2013 年 4 月第　二　版　　印张:16　插页:6
2023 年 8 月第十八次印刷　　字数:404 000
定价:49.00 元
(如有印装质量问题,我社负责调换)

前　　言

　　本书是根据教育部高等学校机械基础课程教学指导分委员会制定的"机械设计课程教学基本要求"和"机械设计基础课程教学基本要求"编写而成的。

　　本书自 2007 年第一版出版以来,已印刷了 6 次,得到了广大师生和工程技术人员的充分肯定。随着科学技术的发展,机械设计的新标准、新理论、新技术在不断调整和更新,与机械设计相关的很多国家标准、设计方法等都发生了变化。根据这些新的发展,本书进行了修订再版。

　　本书将继续保留第一版教材的主要特点,并在此基础上做了以下修订:

　　(1) 标准更新。本书涉及的所有设计标准,包括材料、公差、各种机械零部件及电动机等,都按迄今为止的最新国家标准进行了更新。

　　(2) 内容调整。根据过去几年的使用情况和新的教学需求,增加了二级同轴式圆柱齿轮减速器装配图、带油沟的圆柱齿轮减速器结构图,增加了设计题目的数量和设计方案,增加了 YZ 型电动机的设计资料等,使之更加完善。

　　(3) 更改疏漏。对第一版教材中的文字、例图、插图进行了重新审核,对所有图的表面粗糙度按最新的国家标准进行了改正,对学生和设计工作者采用最新国家标准绘制图纸起到了推动作用。

　　本书由长期工作在教学一线的任课教师联合编写,具体的编写分工如下:张春宜(第 1~3 章及附录 D)、潘承怡(第 4~7 章)、于惠力(第 8~10 章及第 2 篇)、冯新敏和苏相国(附录 A~C、E~K)。

　　在本书的编写过程中,得到向敬忠教授、袁剑雄教授的大力帮助和支持,在此深表感谢。

　　限于编者水平,书中难免存在不妥之处,恳请读者批评指正。

编　者

2012 年 10 月

目　　录

第 2 篇 设 计 题 目

附 录

第1篇　课程设计指导书

第1章　总　　论

1.1　课程设计的目的

机械设计课程设计是机械设计课程一个重要的、较全面的、具有综合性和实践性的教学环节,课程设计的目的有以下几方面:

(1) 巩固和加深机械设计理论知识,使学生学会综合运用已经学过的理论和实践知识去分析和解决机械设计中的实际问题。

(2) 掌握机械设计的一般设计方法和步骤,培养学生独立解决工程实际问题的能力,为后续专业课程设计和毕业设计打下良好基础。

(3) 树立正确的设计思想,既要有独立创新意识,又要借鉴前人已有的成果,同时不能盲目照搬、照抄。

(4) 掌握运用标准(国家、行业)及规范等设计资料的能力。

1.2　课程设计的内容

由于机械设计课程设计是学生第一次全面的设计训练,学生对设计方法和步骤还不熟悉,所以课程设计既要全面锻炼学生的设计能力,使其初步掌握机械设计的方法和步骤,又不能涉及过多的专业设计知识,因此机械设计课程设计通常选择通用机械的传动装置设计。设计的主要内容包括传动装置的总体设计,传动零件、轴、轴承、联轴器等零部件的设计计算,装配图和零件图设计,编写设计计算说明书等。其中装配图设计要求完成0号图或1号图1张,零件图设计要求完成1～5张。

1.3　课程设计的步骤

课程设计的方法和步骤包括设计准备(阅读设计任务书),传动方案的确定,电动机的选择,传动比的分配,传动装置的运动、动力参数的计算,传动件的设计计算,装配草图的设计,减速器传动零件、轴及支承结构的组合设计,箱体结构的设计,减速器的润滑设计,减速器的附件设计,轴、轴承及键的强度和寿命校核计算,正式装配图的底稿与加深,装配图尺寸标注,装配图零件序号标注,减速器装配图的标题栏和明细表、减速器的技术特性和减速器的技术条件的编写,减速器装配图的检查,零件工作图的设计,设计计算说明书的书写。

1.4　课程设计的方法和注意事项

设计前要认真研究设计任务书,准备好设计资料;同类型设计题目的同学要相互讨论、研究,确定最优方案;将设计计算的演算结果记录完整;设计过程中贯彻"三边"方法,即边算、边画、边改,设计草图完成后先交指导教师审阅后再修改加深;设计计算说明书应按格式书写整齐;最后认真做好答辩准备工作,准备答辩。

第 2 章　减速器的类型和构造

2.1　减速器的类型及特点

减速器的类型很多,不同类型的减速器有不同的特点,选择减速器类型时应根据各类减速器的特点。各种减速器的类型见表 2.1。

表 2.1　常用减速器的形式、特点及应用

名　称		运动简图	推荐传动比 i 的范围	特点及应用
一级圆柱齿轮减速器			$i < 8 \sim 10$	轮齿可做成直齿、斜齿或人字齿,直齿用于速度较低($v <$ 8m/s)或负荷较轻的传动,斜齿或人字齿用于速度较高或负荷较重的传动;箱体通常用铸铁做成,有时也采用焊接结构或铸钢件;轴承通常采用滚动轴承,只在重型或特高速时,才采用滑动轴承,其他形式的减速器也与此类同
二级圆柱齿轮减速器	展开式		$i = 8 \sim 60$	二级展开式圆柱齿轮减速器的结构简单,但齿轮相对轴承的位置不对称,因此轴应设计得具有较大的刚度,高速级齿轮布置在远离转矩的输入端,这样,轴在转矩作用下产生的扭转变形将能减弱轴在弯矩作用下产生弯曲变形所引起的载荷沿齿宽分布不均匀的现象。建议用于载荷比较平稳的场合,高速级可做成斜齿,低速级可做成直齿或斜齿
	同轴式		$i = 8 \sim 60$	减速器长度较短,两对齿轮浸入油中深度大致相等,但减速器的轴向尺寸及重量较大;高速级齿轮的承载能力难于充分利用;中间轴较长,刚性差;载荷沿齿宽分布不均匀;仅有一个输入和输出轴端,限制了传动布置的灵活性
一级锥齿轮减速器			$i < 6 \sim 8$	用于输入轴和输出轴两轴线垂直相交的传动,可做成卧式或立式,由于锥齿轮制造较复杂,仅在传动布置需要时才采用
圆锥-圆柱齿轮减速器			$i < 8 \sim 22$	特点同一级锥齿轮减速器,锥齿轮应布置在高速级,以使锥齿轮的尺寸不致过大,否则加工困难,锥齿轮可做成直齿、斜齿或曲线齿,圆柱齿轮多做成斜齿,有时也做成直齿
蜗杆减速器	蜗杆下置式		$i = 10 \sim 80$	蜗杆布置在蜗轮的下边,啮合处的冷却和润滑都较好,同时蜗杆轴承的润滑也较方便,但当蜗杆圆周速度太大时,油的搅动损失较大,一般用于蜗杆圆周速度 $v < 10$m/s 的情况
	蜗杆上置式		$i = 10 \sim 80$	蜗杆布置在蜗轮的上边,装拆方便,蜗杆的圆周速度允许高一些,但蜗杆轴承的润滑不太方便,需采取特殊的结构措施

2.2　减速器的构造

2.2.1　传动零件及其支撑

传动零件包括轴、齿轮、带轮、蜗杆、蜗轮等,其中齿轮、带轮、蜗杆、蜗轮安装在轴上,轴则通过滚动轴承由箱体上的轴承孔、轴承盖加以固定和调整。轴承盖是固定和调整轴承的零件,其具体尺寸依轴承和轴承孔的结构尺寸而定,设计时可以参考相关的推荐尺寸。

2.2.2　箱体结构及其作用

箱体的结构如图 2.1～图 2.3 所示。减速器的箱体一般由铸铁材料铸造而成,分为上箱体和下箱体。箱体上设有定位销孔以安装定位,设有螺栓孔以安装连接上下箱体的螺栓,设有地角螺钉孔以将箱体安装在地基上。

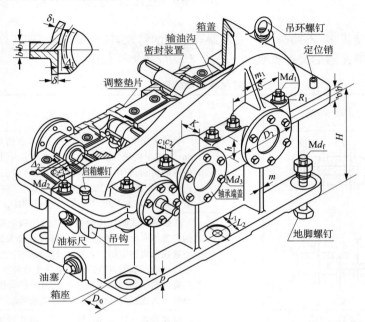

图 2.1　二级圆柱齿轮减速器

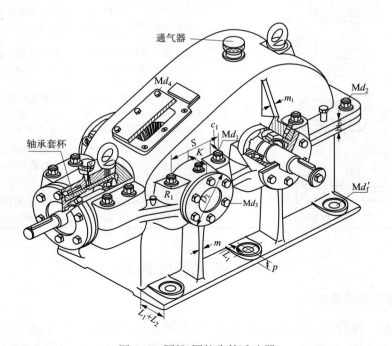

图 2.2　圆锥-圆柱齿轮减速器

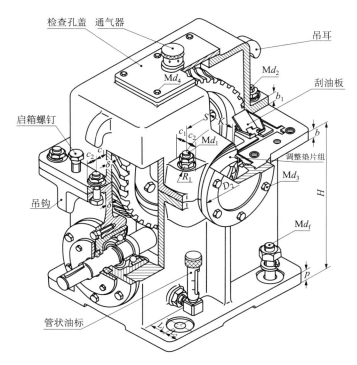

图 2.3　蜗杆蜗轮减速器

为了提高轴承座的支撑刚度,通常在上、下箱体的轴承座与箱体的连接处设有加强筋。

2.3　减速器附件

减速器附件及其作用如表 2.2 所示。

表 2.2　减速器附件及其作用

名　　称	功　　用
窥视孔和视孔盖	为了便于检查箱内传动零件的啮合情况,以及将润滑油注入箱体内,在减速器箱体的箱盖顶部设有窥视孔。为防止润滑油飞溅出来和污物进入箱体内,在窥视孔上应加设视孔盖
通　气　器	减速器工作时箱体内温度升高,气体膨胀,箱内气压增大。为了避免由此引起密封部位的密封性下降造成润滑油向外渗漏,多在视孔盖上设置通气器,使箱体内的热膨胀气体能自由逸出,保持箱内压力正常,从而保证箱体的密封性
油面指示器	用于检查箱内油面高度,以保证传动件的润滑。一般设置在箱体上便于观察且油面较稳定的部位
定　位　销	为了保证每次拆装箱盖时,仍保持轴承孔的安装精度,需在箱盖与箱座的连接凸缘上配装两个定位销
起盖螺钉	为了保证减速器的密封性,常在箱体剖分接合面上涂有水玻璃或密封胶。为便于拆卸箱盖,在箱盖凸缘上设置 1 或 2 个起盖螺钉。拆卸箱盖时,拧动起盖螺钉,便可顶起箱盖
起吊装置	为了搬运和装卸箱盖,在箱盖上装有吊环螺钉,或铸出吊耳或吊钩。为了搬运箱座或整个减速器,在箱座两端连接凸缘处铸出吊钩
放油孔及螺塞	为了排出油污,在减速器箱座最底部设有放油孔,并用放油螺塞和密封垫圈将其堵住

第 3 章　传动装置的总体设计

传动装置总体设计的任务包括选择减速器类型、拟订传动方案、选择电动机、确定总传动比、合理分配各级传动比，以及计算传动装置的运动和动力参数，为后续工作做准备。

3.1　减速器的类型选择

合理选择减速器类型是拟订传动方案的重要环节，要合理选择减速器类型必须对各种类型的减速器的特点进行了解。选择时可以参考表 2.1 中各种减速器的特点。

3.2　传动方案的确定

完整的机械系统通常由原动机、传动装置和工作机组成。传动装置位于原动机和工作机之间，用来传递、转换运动和动力，以适应工作机的要求。传动方案拟订得合理与否对机器的性能、尺寸、重量及成本影响很大。

传动方案通常用传动示意图表示。拟订传动方案就是根据工作机的功能要求和工作条件，选择合适的传动机构类型，确定各传动的布置顺序和各组成部分的连接方式，绘制出传动方案的传动示意图。当然满足传动要求的传动方案可能很多，可以由不同的传动机构经过不同的布置顺序实现。图 3.1 列出了带式运输机设计的几种传动方案。要从很多种传动方案中选出最好的方案，除了了解各种减速器的特点，还必须了解其他各种传动的特点和选择原则。

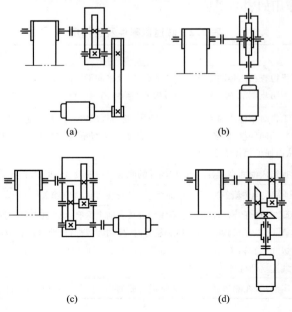

图 3.1　传动方案的确定

带传动靠摩擦传力,承载能力小;胶带是橡胶体,可以缓冲吸振,传动平稳;但因带传动存在弹性滑动,故传动比不准确,且结构尺寸大,多布置在传动比稳定性要求不高的高速级传动(一般与电动机相连)。链传动因为存在多边形效应,所以存在运动的不均匀性和动载荷,瞬时链速和瞬时传动比都在变化,传动时有冲击,因此应布置在低速级。开式传动的工作条件差,一般布置在低速级。

齿轮传动的传动效率高,适用于大功率场合,以降低功率损失;蜗杆传动的传动效率低,多用于小功率场合。

另外,载荷变化较大或出现过载的可能性较大时,应该选择有过载保护和有吸振功能的传动形式,如带传动;在传动比要求严格时,可选用齿轮传动或蜗杆传动;在粉尘、潮湿、易燃、易爆场合工作时,应该选择闭式传动或链传动等。

3.3　电动机的选择

3.3.1　电动机类型和结构形式的选择

电动机是专业工厂生产的标准机器,设计时要根据工作机的工作特性、工作环境、载荷大小和性质(变化性质、过载情况等)、电源种类(交流或直流)、启动性能及启动、制动、正反转的频繁程度选择电动机的类型、结构、容量(功率)和转速,并在产品目录或有关手册中选择具体型号和尺寸。

电动机分交流电动机和直流电动机。由于我国的电动机用户多采用三相交流电源,因此,无特殊要求时均应选用三相交流电动机,其中以三相异步交流电动机应用最为广泛。根据不同防护要求,电动机有开启式、防护式、封闭自扇冷式和防爆式等不同的结构形式。

Y 系列笼型三相异步电动机是一般用途的全封闭自扇冷式电动机,由于其结构简单、价格低廉、工作可靠、维护方便,广泛应用于不易燃、不易爆、无腐蚀性气体和无特殊要求的机械上,如金属切削机床、运输机、风机、搅拌机等。常用的 Y 系列三相异步电动机的技术数据和外形尺寸见附录 K 或相关手册。对于经常启动、制动和正反转频繁的机械(如起重、提升设备等),要求电动机具有较小的转动惯量和较大过载能力,应选用冶金及起重用 YZ 型(笼型)或 YZR 型(绕线型)三相异步电动机。

3.3.2　电动机的容量(功率)的选择

电动机的容量(功率)选择得是否合适,对电动机的正常工作和经济性都有影响。容量选得过小,则不能保证机器的正常工作,或使电动机因超载而过早损坏;而容量选得过大,则电动机的价格高,由于电动机经常不满载运行,其效率和功率因数都较低,增加电能消耗而造成能源的浪费。

电动机的容量(功率)主要根据电动机所要带动的机械系统的功率决定。对于载荷比较稳定、长期连续运行的机械(如运输机),只要所选电动机的额定功率 P_{ed} 等于或稍大于所需的电动机工作功率 P_0 即可,即 $P_{ed} \geqslant P_0$。这样选择的电动机一般可以安全工作,不会过热,因此通常不必校验电动机的发热和启动转矩。

如图 3.2 所示的带式运输机,其电动机所需的工作功率为

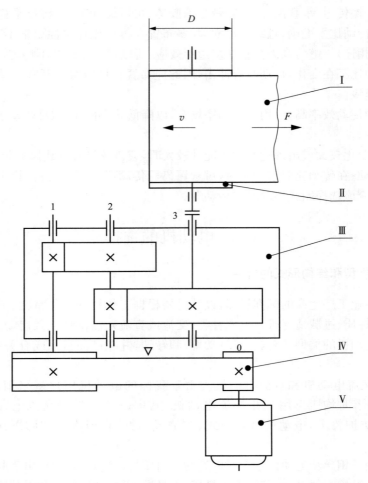

图 3.2　带式运输机的传动装置

Ⅰ—输送带；Ⅱ—滚筒；Ⅲ—二级圆柱齿轮减速器；Ⅳ—Ⅴ带传动；Ⅴ—电动机

$$P_0 = \frac{P_w}{\eta_{II}}$$

$$P_w = \frac{Fv}{1000}$$

其中，P_w——工作机的输出功率，kW；

　　　F——输送带的有效拉力，N；

　　　V——输送带的线速度，m/s；

　　　η_{II}——电动机到工作机输送带间的总效率。它为组成传动装置和工作机的各运动副或传动副的效率之乘积，包括齿轮传动、蜗杆蜗轮传动、带传动、链传动、输送带及卷筒、轴承、联轴器等。

$$\eta_{II} = \prod_{i=1}^{n} \eta_i$$

其中，n——产生效率的运动副、传动及联轴器的总数。

各种机械的传动效率见表 3.1。

表 3.1　机械传动效率

种　类		效率 η	种　类		效率 η
圆柱齿轮传动	经过跑合的 6 级精度和 7 级精度齿轮传动(油润滑)	0.98~0.99	带传动	平带无张紧轮的传动	0.98
				平带有张紧轮的传动	0.97
	8 级精度的一般齿轮传动(油润滑)	0.97		平带交叉传动	0.90
	9 级精度的齿轮传动(油润滑)	0.96		V 带传动	0.96
	加工齿的开式齿轮传动(脂润滑)	0.94~0.96	链传动	片式销轴链	0.95
	铸造齿的开式齿轮传动	0.90~0.93		滚子链	0.96
				齿形链	0.97
圆锥齿轮传动	经过跑合的 6 级和 7 级精度的齿轮传动(油润滑)	0.97~0.98	滑动轴承	润滑不良	0.94(一对)
				润滑正常	0.97(一对)
	8 级精度的一般齿轮传动(油润滑)	0.94~0.97		润滑很好(压力润滑)	0.98(一对)
	加工齿的开式齿轮传动(油润滑)	0.92~0.95		液体摩擦润滑	0.99(一对)
	铸造齿的开式齿轮传动	0.88~0.92	滚动轴承	球轴承	0.99(一对)
蜗杆传动	自锁蜗杆(油润滑)	0.40~0.45		滚子轴承	0.98(一对)
	单头蜗杆(油润滑)	0.70~0.75	丝杠传动	滑动丝杠	0.30~0.60
	双头蜗杆(油润滑)	0.75~0.82		滚动丝杠	0.85~0.95
	三头和四头蜗杆(油润滑)	0.80~0.92		卷筒	0.94~0.97
联轴器	弹性联轴器	0.99~0.995			
	十字滑块联轴器	0.97~0.99			
	齿轮联轴器	0.99			
	万向联轴器(α>3°)	0.95~0.99			
	万向联轴器(α≤3°)	0.97~0.98			

3.3.3　电动机转速的确定

　　三相异步电动机的转速通常是 750r/min、1000r/min、1500r/min、3000r/min 四种同步转速。电动机同步转速越高,极对数越少,结构尺寸越小,电动机价格越低,但是在工作机转速相同的情况下,电动机同步转速越高,传动装置的传动比越大,尺寸越大,传动装置的制造成本越高;反之电动机同步转速越低,电动机结构尺寸越大,电动机价格越高,但是传动装置的总传动比小,传动装置尺寸也小,传动装置的价格低。所以,一般应该分析、比较、综合考虑。计算时从工作机的转速出发,考虑各种传动的传动比范围,计算出要选择电动机的转速范围。电动机常用的同步转速为 1000r/min、1500r/min。

　　设输送机滚筒的工作转速为 n_w,则

$$n_w = \frac{1000 \times 60 v}{\pi d} \quad (\text{r/min})$$

$$n_0 = n_w i_{\Pi} = n_w \prod_{j=1}^{k} i_j \quad (\text{r/min})$$

其中,v——输送带的线速度,m/s;

　　　　d——卷筒直径,mm;

　　　　$i_\mathrm{总}$——总传动比;

　　　　n_0——应该选用的电动机的满载转速的计算值,r/min;

　　　　i_j——第 j 个传动的传动比。

各种传动比的范围见表 3.2。

表 3.2　各种机械传动的传动比范围

传 动 类 型	传 动 比	传 动 类 型	传 动 比
平带传动	$\leqslant 5$	圆锥齿轮传动	
V 带传动	$\leqslant 7$	(1) 开式	$\leqslant 5$
圆柱齿轮传动		(2) 单级减速机	$\leqslant 3$
(1) 开式	$\leqslant 8$	蜗杆传动	
(2) 单级减速机	$\leqslant 6$	(1) 开式	$15\sim 60$
(3) 单级外啮合和内啮合行星	$3\sim 9$	(2) 单级减速机	$10\sim 40$
减速器		链传动	$\leqslant 6$
		摩擦轮传动	$\leqslant 5$

　　电动机的类型、同步转速、满载转速、容量及结构确定了以后,便可以在电动机的产品目录中或设计手册中选定电动机的具体型号、性能参数及结构尺寸(电动机的中心高、外形尺寸、轴伸尺寸等),并做好记录,以备后续查用。

3.4　计算传动装置的总传动比和分配各级传动比

　　传动装置总传动比 $i_\mathrm{总}$ 由已经选定的电动机满载转速 n_d 和工作机的工作转速 n_w 确定,即

$$i_\mathrm{总} = \frac{n_\mathrm{d}}{n_\mathrm{w}}$$

另外,转动装置的传动比等于各级传动的传动比的连乘积,即

$$i_\mathrm{总} = \prod_{j=1}^{n} i_j$$

　　因此,在总传动 $i_\mathrm{总}$ 相同的情况下,各级传动比 $i_1, i_2, i_3, \cdots, i_j, \cdots, i_n$ 有无穷多解,但是,因为每级传动比都有一定范围,所以应该进行传动比的合理分配。分配传动比时应注意以下几方面问题:

　　(1) 各级传动比均应在推荐值范围内,以符合各种传动形式的特点,并使结构紧凑。

　　(2) 各级传动比的选值应使传动件尺寸协调,结构匀称合理。例如,传动装置由普通 V 带传动和齿轮减速器组成时,带传动的传动比不宜过大,否则,会使大带轮的外圆半径大于齿轮减速器的中心高,造成尺寸不合理,不易安装,如图 3.3 所示。

　　(3) 各级传动比的选值应使各传动件及轴彼此不发生干涉。例如,在二级圆柱齿轮减速器中,若高速级传动比过大,则会使高速级的大齿轮外圆与低速级输出轴相干涉,如图 3.4 所示。

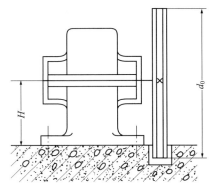

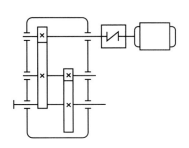

图 3.3 带轮过大与地基相碰　　　　图 3.4 高速级齿轮过大与低速轴干涉

（4）各级传动比的选值应使各级大齿轮浸油深度合理，低速级大齿轮浸油稍深，高速级大齿轮浸油约一个齿高。为此应使两大齿轮的直径相近，且低速级大齿轮直径略大于高速级大齿轮直径。所以通常在展开式二级圆柱齿轮减速器中，低速级中心距大于高速级中心距。由于高速级传动的动力参数扭矩 T、力 F 比低速级的小，所以高速级传动零件的尺寸比低速级传动零件的尺寸小，为使两大齿轮的直径相近，应使高速级传动比大于低速级传动比，如图 3.5 所示。

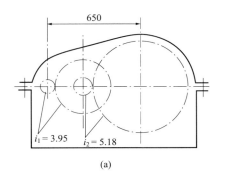

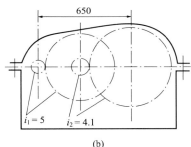

图 3.5 传动比不同时两级传动大齿轮直径的差别

根据以上原则，下面给出分配传动比的方法和参考数据：

（1）对展开式二级圆柱齿轮减速器，可取 $i_1=(1.3\sim1.4)i_2$，即 $i_1=\sqrt{(1.3\sim1.4)i_{\mathrm{II}}}$，其中 i_1 为高速级传动比，i_2 为低速级传动比，i_{II} 为总传动比，i_1、i_2 均应在推荐的范围内。

（2）对同轴式二级圆柱齿轮减速器，可取 $i_1=i_2=\sqrt{i_{\mathrm{II}}}$。

（3）对圆锥-圆柱齿轮减速器，可取锥齿轮传动比 $i_1\approx0.25i_{\mathrm{II}}$，并尽量使 $i_1\leqslant3$，以保证大锥齿轮尺寸不致过大，便于加工，同时也避免大锥齿轮与低速轴干涉。

（4）对蜗杆-齿轮减速器，可取齿轮传动的传动比 $i_2\approx(0.03\sim0.06)i_{\mathrm{II}}$。

（5）对齿轮-蜗杆减速器，可取齿轮传动的传动比 $i_1<2.5$，以使结构紧凑。

（6）对二级蜗杆减速器，可取 $i_1=i_2=\sqrt{i_{\mathrm{II}}}$。

应该注意，各级传动比应尽量不取整数，以避免齿轮磨损不均匀。另外以上 i_{II} 为啮合传动的总传动比，不包括其他传动比。

　　应该强调指出,这样分配的各级传动比只是初步选定的数值,实际传动比要由传动件参数计算确定。由于带传动的传动比不恒定,齿轮传动中齿轮的齿数不能为小数,需要进行圆整,所以实际传动比与由电动机到工作机计算出来的传动系统要求的传动比会有一定的误差,一般机械传动中,传动比误差要求在±5%的范围之内。

3.5　传动装置的运动、动力参数计算

　　传动装置的运动、动力参数包括各个轴的转速、功率、扭矩等。当选定了电动机型号,分配了传动比之后,应将传动装置中各轴的运动、动力参数计算出来,为传动零件和轴的设计计算做准备。现以图 3.2 所示的二级圆柱齿轮减速传动装置为例,说明运动和动力参数的计算。

　　设 n_0、n_1、n_2、n_3、n_w 分别为 0、1、2、3 轴及工作机轴的转速,单位为 r/min;P_0、P_1、P_2、P_3、P_w 分别为 0、1、2、3 轴及工作机轴传递的功率,单位为 kW;T_0、T_1、T_2、T_3、T_w 分别为 0、1、2、3 轴及工作机轴传递的扭矩,单位为 N·m;i_{0-1}、i_{1-2}、i_{2-3}、i_{3-w} 分别为电动机到 1 轴、1 轴到 2 轴、2 轴到 3 轴、3 轴到工作机轴的传动比;η_{0-1}、η_{1-2}、η_{2-3}、η_{3-w} 分别为电动机到 1 轴、1 轴到 2 轴、2 轴到 3 轴、3 轴到工作机轴的传动效率。

　　应该注意,一般情况下,标准中没有正好适合所设计传动的电动机,所以电动机的额定功率选择的都比工作机需要的功率大,计算各轴的传动参数时,如果从电动机开始向工作机计算,则所设计机器的传动能力比实际要求的工作能力强,造成浪费,所以在有过载保护的传动装置中(如带传动等),应该以工作机的功率作为设计功率,否则,如果没有过载保护,则应以电动机的额定功率作为设计功率。也可以遵循下面原则:通用机械中常以电动机的额定功率作为设计功率,专用机械或者工况一定的机械则以工作机的功率(电动机的实际输出功率)作为设计功率。设计时应具体情况具体分析。

　　现以图 3.2 所示的传动为例,对传动参数的计算加以说明。

1. 各轴转速

$$n_0 = n_m$$

$$n_1 = \frac{n_m}{i_{0-1}}$$

$$n_2 = \frac{n_1}{i_{1-2}} = \frac{n_m}{i_{0-1}\,i_{1-2}}$$

$$n_3 = \frac{n_2}{i_{2-3}} = \frac{n_m}{i_{0-1}\,i_{1-2}\,i_{2-3}}$$

$$n_w = \frac{n_3}{i_{3-w}} = \frac{n_m}{i_{0-1}\,i_{1-2}\,i_{2-3}\,i_{3-w}}$$

2. 各轴功率

$$P_1 = P_0\,\eta_{0-1}$$

$$P_2 = P_1\,\eta_{1-2} = P_0\,\eta_{0-1}\,\eta_{1-2}$$

$$P_3 = P_2\,\eta_{2-3} = P_0\,\eta_{0-1}\,\eta_{1-2}\,\eta_{2-3}$$

$$P_w = P_3\,\eta_{3-w} = P_0\,\eta_{0-1}\,\eta_{1-2}\,\eta_{2-3}\,\eta_{3-w}$$

3. 各轴扭矩

$$T_1 = 9550 \frac{P_1}{n_1} = 9550 \frac{P_0}{n_m} i_{0\text{-}1} \eta_{0\text{-}1}$$

$$T_2 = 9550 \frac{P_2}{n_2} = 9550 \frac{P_0}{n_m} i_{0\text{-}1} i_{1\text{-}2} \eta_{0\text{-}1} \eta_{1\text{-}2}$$

$$T_3 = 9550 \frac{P_3}{n_3} = 9550 \frac{P_0}{n_m} i_{0\text{-}1} i_{1\text{-}2} i_{2\text{-}3} \eta_{0\text{-}1} \eta_{1\text{-}2} \eta_{2\text{-}3}$$

$$T_w = 9550 \frac{P_w}{n_w}$$

应该注意,这里 $\eta_{0\text{-}1}$ 为带传动的效率;$\eta_{1\text{-}2} = \eta_{滚}\ \eta_{齿}$、$\eta_{2\text{-}3} = \eta_{滚}\ \eta_{齿}$ 为滚动轴承效率与齿轮传动的效率的乘积;$\eta_{3\text{-}w} = \eta_{滚}\ \eta_{联}$ 为滚动轴承效率与联轴器效率的乘积。

这里 P_0 值取电动机的输出功率,没有按照通用机械取值。

3.6　传动装置总体设计计算示例

例题　图 3.2 所示带式运输机传动装置中,已知输送带的有效拉力 $F = 2000$N,输送带速度 $v = 1.8$m/s,滚筒直径 $D = 500$mm,载荷平稳,单向工作,在常温下连续工作,工作环境有灰尘,电源 380V。试确定电动机、总传动比和各级传动比以及运动和动力参数。

解　1）选择电动机

（1）选择电动机类型。

根据题意,选用 Y 系列一般用途的全封闭自扇冷鼠笼型三相异步电动机。

（2）选择电动机容量。

根据已知条件,取工作机的效率 $\eta_w = \eta_{滚}\ \eta_{带} = 0.97 \times 0.97 = 0.94$,则工作机功率为

$$P_w = \frac{F_w v_w}{1000 \eta_w} = \frac{2000 \times 1.8}{1000 \times 0.94} = 3.83(\text{kW})$$

电动机的输出功率（工作机所需功率）为

$$P_0 = \frac{P_w}{\eta_{\text{II}}} = \frac{P_w}{\eta_{带}\ \eta_{滚}^3\ \eta_{齿}^2\ \eta_{联}} = \frac{3.83}{0.96 \times 0.995^3 \times 0.97^2 \times 0.98} = 4.39(\text{kW})$$

根据附录 K 选取电动机的额定功率 $P_{ed} = 5.5$kW。

（3）确定电动机的转速及传动比。

由 $v_w = \frac{n\pi D}{60 \times 1000}$m/s 得输送带滚筒的转速

$$n_w = \frac{v_w}{\pi D} = \frac{1.8 \times 60}{\pi \times 500 \times 10^{-3}} = 68.75(\text{r/min})$$

查附录 A 可得:带传动比 $i_{带} = 2 \sim 4$;齿轮传动的传动比 $i_{齿} = 3 \sim 5$。总传动比 $i_{总} = (2 \sim 4) \times (3 \sim 5)^2 = 18 \sim 100$,电动机的转速 $n_0 = n_w i_{总} = 68.75 \times (18 \sim 100) = 1237.5 \sim 68\ 75(\text{r/min})$。

符合这一要求的电动机同步转速有 1500r/min 和 3000r/min 两种。这里将两种方案进行比较,见表 3.3。

表 3.3　两种不同转速电机方案的比较

方案序号	电动机型号	额定功率/kW	电动机转速/(r/min)		电动机质量/kg	传动装置传动比			
			同步	满载		总传动比	V 带传动比	高速级传动比	高速级传动比
1	Y132S1-2	5.5	3000	2920	64	42.47	2.5	4.79	3.55
2	Y132S-4	5.5	1500	1440	68	20.95	2	3.73	2.83

从表中数据可以看出,两组方案均可行,但是考虑到第一种方案转速比较高,这里选用第二方案进行试验性计算。

(4) 电动机的技术数据、外形和安装尺寸。

由附录 K 选择 Y132S-4 电动机,将技术数据、外形和安装尺寸列表记录,以备后续设计使用。

2) 传动比的计算及分配过程

展开式二级圆柱齿轮减速器各传动比的计算如下:

(1) 总传动比 $i_{总} = \dfrac{n_m}{n_w} = \dfrac{1440}{68.75} = 20.95$。

(2) 分配传动比。

根据各种传动的传动比范围,取带传动的传动比 $i_{带} = 2$。

$$i_2 = \sqrt{(1.3 \sim 1.4)i_{II}} = \sqrt{(1.3 \sim 1.4) \times 20.95/2} = 3.69 \sim 3.83$$

取 $i_2 = i_{1-2} = 3.73$,$i_3 = i_{2-3} = \dfrac{20.95/2}{i_2} = 2.83$。

3) 计算传动装置的运动参数和动力参数

(1) 各轴转速。

$$n_0 = n_m = 1440(\text{r/min})$$

$$n_1 = \frac{n_m}{i_{0-1}} = \frac{1440}{2} = 720(\text{r/min})$$

$$n_2 = \frac{n_1}{i_{1-2}} = \frac{n_m}{i_{0-1}i_{1-2}} = \frac{1440}{2 \times 3.73} = 193.03(\text{r/min})$$

$$n_3 = \frac{n_2}{i_{2-3}} = \frac{n_m}{i_{0-1}i_{1-2}i_{2-3}} = \frac{1440}{2 \times 3.73 \times 2.83} = 68.21(\text{r/min})$$

$$n_w = n_3 = 68.21(\text{r/min})$$

(2) 各轴功率。

$$P_1 = P_0\eta_{0-1} = P_0\eta_{带} = 4.39 \times 0.96 = 4.21(\text{kW})$$

$$P_2 = P_1\eta_{1-2} = P_1\eta_{滚}\,\eta_{齿} = 4.21 \times 0.995 \times 0.97 = 4.06(\text{kW})$$

$$P_3 = P_2\eta_{2-3} = P_2\eta_{滚}\,\eta_{齿} = 4.06 \times 0.995 \times 0.97 = 3.92(\text{kW})$$

$$P_w = P_3\eta_{3-w} = P_3\eta_{滚}\,\eta_{联} = 3.92 \times 0.995 \times 0.99 = 3.86(\text{kW})$$

(3) 各轴扭矩。

$$T_0 = 9550\frac{P_0}{n_0} = 9550 \times \frac{4.39}{1440} = 29.11(\text{N} \cdot \text{m})$$

$$T_1 = 9550\frac{P_0}{n_1} = 9550 \times \frac{4.21}{720} = 55.84(\text{N} \cdot \text{m})$$

$$T_2 = 9550 \frac{P_2}{n_2} = 9550 \times \frac{4.06}{193.03} = 200.86(\text{N} \cdot \text{m})$$

$$T_3 = 9550 \frac{P_3}{n_3} = 9550 \times \frac{3.92}{68.21} = 548.83(\text{N} \cdot \text{m})$$

$$T_w = 9550 \frac{P_w}{n_w} = 9550 \times \frac{3.85}{68.21} = 540.43(\text{N} \cdot \text{m})$$

其中，$\eta_{0\text{-}1} = \eta_{带}$——传动的效率；

　　　$\eta_{1\text{-}2} = \eta_{滚} \eta_{齿}$、$\eta_{2\text{-}3} = \eta_{滚} \eta_{齿}$——滚动轴承效率与齿轮传动效率的乘积；

　　　$\eta_{3\text{-}w} = \eta_{滚} \eta_{联}$。

将以上结果汇总列表 3.4 备用。

表 3.4　例题 3.1 数据表

参数＼轴名	电动机轴	Ⅰ轴	Ⅱ轴	Ⅲ轴	滚筒轴
转速 $n/(\text{r/min})$	1440	720	193.03	68.21	68.21
功率 $P/(\text{kW})$	4.39	4.21	4.06	3.92	3.86
扭矩 $T/(\text{N} \cdot \text{m})$		55.84	200.86	548.83	540.43
传动比 i	2		3.73	2.83	1.00
效率 η	0.96		0.965	0.965	0.985

第 4 章　传动零件设计计算

传动零件的设计计算,包括确定传动零件的材料、热处理方法、参数、尺寸和主要结构。这些工作为装配草图的设计做好准备。

由传动装置运动及动力参数计算得出的数据及设计任务书给定的工作条件,即为传动零件设计计算的原始数据。

各传动零件的设计计算方法,已在"机械设计"课程中学过,可参看《机械设计(第二版)》(于惠力等)有关内容。下面仅就传动零件设计计算的要求和应注意的问题作简要说明。

4.1　传动零件设计计算要点

4.1.1　减速器外传动零件的设计计算要点

减速器以外的传动零件,一般常用带传动、链传动或开式齿轮传动。设计时需要注意这些传动零件与其他部件的协调问题。

1. 带传动

设计带传动时,应注意检查带轮尺寸与传动装置外廓尺寸的相互关系。例如,小带轮外圆半径是否大于电动机中心高,大带轮外圆半径是否过大造成带轮与机器底座相干涉等。要注意带轮轴孔尺寸与电动机轴或减速器输入轴尺寸是否相适应,如图 4.1 中带轮的 D_e 和 B 都过大。

带轮直径确定后,应验算带传动实际传动比和大带轮转速,并以此修正减速器传动比和输入转矩。

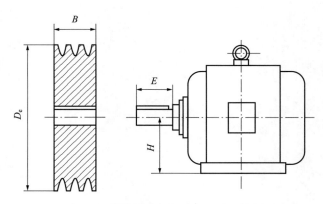

图 4.1　带轮尺寸与电动机尺寸不协调

2. 链传动

链轮外廓尺寸及轴孔尺寸应与传动装置中其他部件相适应。当采用单排链使传动尺寸过大时,应改用双排链或多排链,并记录选定的润滑方式和润滑剂牌号以备查。

3. 开式齿轮传动

开式齿轮传动一般布置在低速级,常选用直齿。因灰尘大,润滑条件差,磨损失效较严重,一般只需计算轮齿的弯曲强度。选用材料时,要注意耐磨性能和大、小齿轮材料的配对。由于支承刚度绞小,齿宽系数应取小些。应注意检查大齿轮的尺寸与材料及毛坯制造方法是否相应,例如,齿轮直径超过 500mm 时,一般应采用铸造毛坯,材料应是铸铁或铸钢。还应检查齿轮尺寸与传动装置总体尺寸及工作机尺寸是否相称,有没有与其他零件相干涉等。

开式齿轮传动设计完成后,要由选定的大、小齿轮齿数计算实际传动比。

4.1.2 减速器内传动零件的设计计算要点

减速器内传动零件设计计算方法及结构设计均可依据教材所述,此外还应注意以下几点。

1. 材料的选择

所选齿轮材料应考虑与毛坯制造方法协调,并检查是否与齿轮尺寸大小相适应。例如,齿轮直径较大时,多用铸造毛坯,应选铸钢、铸铁材料。小齿轮分度圆直径 d 与轴的直径 d_s 相差很小($d < 1.8d_s$)时,可将齿轮与轴做成一体,称为齿轮轴,因此所选材料应兼顾轴的要求。同一减速器中各级传动的小齿轮(或大齿轮)的材料,没有特殊情况应选用相同牌号,以减少材料品种和工艺要求。

2. 齿面硬度的选择

锻钢齿轮分软齿面(HBW≤350)和硬齿面(HBW>350)两种,应按工作条件和尺寸要求选择齿面硬度。大小齿轮的齿面硬度差如下:

软齿面齿轮 $HBW_1 - HBW_2 \approx 30 \sim 50$;

硬齿面齿轮 $HRC_1 \approx HRC_2$(下角标 1 为小齿轮,下角标 2 为大齿轮)。

3. 有关计算所得参数与几何尺寸的圆整

齿轮传动的尺寸与参数的取值,有些应取标准值,有些则应圆整,有些则必须求出精确数值。例如,模数应取标准值,齿宽和其他结构尺寸应尽量圆整,为便于制造、安装及测量,齿轮传动中心距 a 最好取个位数为"0"或"5"的数,而啮合几何尺寸(分度圆、齿顶圆、齿根圆、螺旋角等)则必须求出精确值,其尺寸应精确到 μm,角度应精确到秒(")。直齿圆锥齿轮的节锥距 R 不要求圆整,按模数和齿数精确计算到 μm,节锥角 δ 应精确到秒(")。

4. 有关设计过程中的试算问题

减速器内传动零件设计计算涉及问题很多,常需反复试算才能得到满意的结果。例如,齿轮传动配凑中心距(见 4.2.2 节),又如由于蜗杆传动副的材料不同,其适用的相对滑动速度范围也不同,因此选材料时要粗估相对滑动速度,并且在传动尺寸确定后,校验其滑动速度,检查所选材料是否适当,并修正有关初选数据。

4.2　传动零件设计计算禁忌

4.2.1　齿轮传动参数选择及禁忌

1. 齿数 Z 的选择

对于压力角为 20°的标准渐开线直齿圆柱齿轮,不发生根切的最少齿数 $Z_{min}=17$,标准斜齿圆柱齿轮不发生根切的最少齿数 $Z_{min}=17\cos^3\beta$。齿轮轮齿的根切,使齿轮传动的重合度减小,轮齿根部削弱,承载能力降低,所以应当避免。

以传力为主的齿轮传动中,闭式齿轮传动一般转速较高,为了提高传动的平稳性,当弯曲强度满足要求时,小齿轮的齿数宜选的多些,一般可取 $Z_1=20\sim40$;开式齿轮传动一般转速较低,齿面磨损会使齿轮的抗弯能力降低,为使轮齿不宜过小,小齿轮齿数不宜选用过多,一般可取 $Z_1=17\sim20$。而对于以传递运动为主的精密齿轮传动,最少齿数可以为 14,以获得紧凑的结构,但齿数过少,传动平稳性和啮合精度都要降低,因此在一般情况下,最少齿数不得小于12。有关小齿轮齿数 Z_1 的选取原则列于表 4.1 中,供参考。

表 4.1　小齿轮齿数 Z_1 的选取

传动特点	形式	Z_1(小轮齿数)	结论
传递动力为主 (满足强度要求)	闭式	$20\sim40$	推荐
		<17	禁忌
		>40	不宜
	开式	$17\sim20$	推荐
		<17	禁忌
		>30	不宜
传递运动为主的精密齿轮 传动(要求结构紧凑)	一般	$14\sim30$	推荐
		<12	禁忌

2. 模数的选取

选取模数时应注意以下问题:

(1)因为 $\sigma_{F1}\neq\sigma_{F2}$,计算模数 m 时要分别计算出两个齿轮的模数 m_1 和 m_2,按其中较大者取标准值。或根据模数设计式 $m\geqslant\sqrt{\dfrac{2KT_1}{\psi_d Z_1^2[\sigma_F]}Y_{Fa}Y_{Sa}Y_\varepsilon}$,因为小齿轮和大齿轮的 $\dfrac{Y_{Fa1}Y_{Sa1}}{[\sigma_{F1}]}$ 与 $\dfrac{Y_{Fa2}Y_{Fa2}}{[\sigma_{F2}]}$ 不同,所以取其中较大的值代入公式,直接计算 m,可使计算简化。

(2)计算大齿轮模数 m_2 时(一对齿轮相啮合模数相等,即 $m_1=m_2$),计算公式中的转矩 T_1 不可代入大齿轮的转矩 T_2。

(3)计算大齿轮模数 m_2 时,计算公式中的 Z_1 不可代入大齿轮的齿数 Z_2。

(4)斜齿圆柱齿轮应按法面模数 m_n 选取标准值。

(5)对于传递动力的齿轮传动,模数不应小于 2mm,以防止意外断齿。

(6)优先选取第 1 系列的模数。

例如,一直齿轮圆柱齿轮减速器,传动比 $i=4$,小齿轮工作转矩 $T_1=185694$ N・mm,小齿轮材料的许用应力 $[\sigma_{F1}]=240$MPa,大齿轮材料的许用应力 $[\sigma_{F2}]=160$MPa,小齿轮齿数 $Z_1=19$,大齿轮齿数 $Z_2=76$,小齿轮齿形系数 $Y_{Fa1}=2.84$,齿根应力修正系数 $Y_{Sa1}=1.55$,大齿轮齿形系数 $Y_{Fa2}=$

2.3,齿根应力修正齿数 $Y_{Sa2}=1.76$。取重合度系数 $Y_\varepsilon=1$,载荷系数 $K=1.5$,齿宽系数 $\phi_d=1$,试计算该减速器齿轮的模数。

计算过程及常见错误列于表 4.2 中。

表 4.2　齿轮模数计算及选取正误对比

计算方法	计算要点提示	m/mm	结论
1	$m_1=3.02\mathrm{mm}$（较小舍去）；$m_2=3.392\mathrm{mm}$。 依据 $m_2=3.392\mathrm{mm}$,由标准选取 $m=4\mathrm{mm}$（第 1 系列）或 $m=3.5\mathrm{mm}$（第 2 系列）（或由 $\dfrac{Y_{Fa_1}Y_{Sa_1}}{[\sigma_{F1}]}$、$\dfrac{Y_{F_2}}{[\sigma_{F2}]}$ 中较大者求得 $m=3.392\mathrm{mm}$）	4 或 3.5	正确
2	只计算小齿轮模数 $m=3.02\mathrm{mm}$。 依据错误值 $m=3.02\mathrm{mm}$,选取 $m=3\mathrm{mm}$（第 1 系列）或 $m=3.25\mathrm{mm}$（第 2 系列）	3 或 3.25	错误
3	计算大齿轮模数 m_2 时将 T_1 代换为 T_2。 依据错误值 $m_2'=5.385\mathrm{mm}$,选取 $m=6\mathrm{mm}$（第 1 系列）或 $m=5.5\mathrm{mm}$（第 2 系列）	6 或 5.5	错误
4	计算大齿轮模数 m_2 时将 T_1 代换为 T_2,且将小齿轮齿数代换为 Z_2。 依据错误值 $m_2''=2.13\mathrm{mm}$,选取 $m=2.5\mathrm{mm}$（第 1 系列）或 $m=2.15\mathrm{mm}$（第 2 系列）	2 或 2.25	错误

4.2.2　齿轮传动几何尺寸计算禁忌

1. 正确配凑中心距 a

由接触强度条件求得中心距 a 后,即可进一步确定齿轮的齿数 Z_1 和 Z_2、模数 m（或 m_n）及螺旋角 β 等。齿轮传动中心距 a 与上述参数有一定的关系,设计时各参数间还应满足一定的设计要求,一般应满足的条件如下：

（1）中心距的个位数字最好为 0 或 5,且 a 的最后计算值精确到小数点后两位。因为中心距一般标有公差,其公差多为小数点后 2～4 位,如 $a=140.00\mathrm{mm}\pm0.0315\mathrm{mm}$,所以中心距 a 的计算值要精确到小数点后两位,为此,相关分度圆的取值也应精确到小数点后两位或三位,否则公差标注将失去意义,尤其不可四舍五入取整数位。

（2）模数 m（或 m_n）必须符合标准。

（3）对于传递动力的齿轮,应使 m（或 m_n）$\geqslant2\mathrm{mm}$。

（4）螺旋角最好取 $8°<\beta<15°$,以减小轴向力,也可放宽到 $7°<\beta<20°$。

（5）小齿轮齿数 $20<Z_1<40$。

（6）传动比误差 $\Delta i=\left|\dfrac{i-i'}{i}\right|\leqslant2\%$,式中 i 为理论传动比,i' 为实际传动比。

为同时满足上述条件,常需要做多次的试凑计算,才能得到满意的结果,此即所谓的试算法配凑中心距。

例如,由强度计算 $a=144.78\mathrm{mm}$,取中心距 $a=145\mathrm{mm}$ 进行配凑。由于试算配凑过程比较复杂,现只将诸如正确、较好、不宜、错误等较为典型的算例直接列于表 4.3 中,以示对比分析。

表 4.3　配凑中心距算例对比分析

已知：传动比 $i=4.2$,中心距 $a=145.00\mathrm{mm}\pm0.0315\mathrm{mm}$									
方案	Z_1	Z_2	Δi	m_n/mm	β	d_1/mm	d_2/mm	a/mm	结论	分析
1	22	92	0.48	2.5	$10°39'18''$	55.96	234.04	145.00	首选	正确
2	22	92	$\Delta i=0.48$ 取 $\Delta i=0$	2.5	$9°31'38''$	55.77	233.22	144.50	错误	不应按理论值 $i=4.2$ 计算,因 $\Delta i\neq0$

续表

已知:传动比 $i=4.2$,中心距 $a=145.00\pm0.0315$mm

方案	Z_1	Z_2	Δi	m_n/mm	β	d_1/mm	d_2/mm	a/mm	结论	分析
3	26	109	0.02	2	$21°24'13''$	55.85	234.15	145.00	次选	β 稍大,可用
4	26	109	0.02	2	$21°24'13''$	55.9	234.2	145.05	错误	d_1、d_2 精度不够
5	22	93	0.065	2.5	$7°31'43''$	55.48	234.52	145.00	次选	β 值稍小
6	25	105	0	2	$26°17'30''$	55.77	234.33	145.00	不宜	β 值太大
7	22	91	1.5	2.5	$\beta_{计}=13.06°$ 取 $\beta=13°$	56.45	233.48	144.97	错误	β 不应近似计算 误差较大
8	27	114	0.05	2	$\beta_{计}=13.489°$ 取 $\beta=14°$	55.65	234.98	145.32	错误	β 不应近似计算 误差太大

2. 关于齿轮理论计算所得参数及几何尺寸值的圆整问题

齿轮传动理论计算所得值,一般为非整数,且小数点后位数较多,甚至是无限循环或无限不循环的小数。例如,一斜齿圆柱齿轮,当分度圆直径 $d_1=55.96$mm,$Z_1=22$ 时,其端面模数 $m_t=d_1/Z_1=2.5436363636\cdots$又如,斜齿轮法面模数 $m_n=2.5$mm,齿数 $Z_1=22$,螺旋角 $\beta=10°39'18''$ 时,其分度圆直径 $d_1=m_nZ_1/\cos\beta=2.5\times22/\cos10°39'18''=55.96492965\cdots$显然这种数值将给设计、计算、制造等带来很大不便,所以必须圆整。圆整的原则应根据理论分析、设计要求、使用条件、尺寸公差、制造、装配等多方面考虑,以满足不同的设计要求和使用要求。例如,为保证配凑中心距的精度(如 $a=145.00$mm±0.0315),其分度圆直径 d、齿顶圆直径 d_a(齿顶圆也有公差,如 $d_a=60.86_{-0.19}^{0}$)、齿根圆直径 d_f 均应保留小数点后两位的精确度,而端面模数 m_t 则应保留小数点后至少 5 位精确度,以保证螺旋角 β 的计算更精确。螺旋角 β 和全齿高 h 应保留小数点后 3 位精确度,至于齿数 Z 的圆整则必须为整数。

现以表 4.3 中的小齿轮为例,说明齿轮理论计算所得参数及几何尺寸圆整时应注意的问题。具体数值列于表 4.4 中。

表 4.4　齿轮理论计算所得参数及几何尺寸的圆整

序号	名称	理论计算值 (mm,β、Z 除外)	圆整后取值	结论	分析
1	端面模数 (m_t)	$2.543859649\cdots$	2.54396	正确	取小数点后 5 位,保证精度
			2.54	错误	取小数点后 2 位,不能保证精度
2	螺旋角 (β)	$10.65490547°\cdots$	$10.655°$ ($10°39'18''$)	正确	取小数点后 3 位,保证精度
			$11°$	错误	取整数位,不能保证精度
3	齿数 (Z_2)	$Z_2=iZ_1$ $=4.2\times22=92.4$	92	正确	$\Delta_i=0.48<1\%\sim2\%$ 满足工程要求
			92.4	错误	齿轮传动理论不成立,无法实现

续表

序号	名称	理论计算值 （mm, β、Z 除外）	圆整后取值	结论	分析
4	分度圆直径 （d_1）	$55.96492965\cdots$	55.96	正确	满足 d_a、a 精度要求 （公差要求）
			56	错误	不满足 d_a、a 精度（公差）要求 $a=145\pm0.0315$
5	齿顶圆直径 （d_a）	$60.96492965\cdots$	60.96	正确	满足 d_a 公差要求 $d_a=60.96_{-0.19}^{\ 0}$
			61	错误	不满足 d_a 公差要求
6	齿根圆直径 （d_f）	$49.71492965\cdots$	49.71	正确	满足精度要求
			48	错误	不满足精度要求
7	中心距 （a）	$a=144.49$ $a=(d_1+d_2)/2$ $d_1=55.76$ $d_2=233.22$	144.49	正确	a 与理论值相同（但不是个位 为 0 或 5 的整数，次选）
			144	错误	d_1、d_2 值一定，a 值必确定， a 值四舍五入无意义
8	全齿高 （h）	5.625	5.625	正确	符合理论值
			5.6	错误	误差太大影响加工

齿轮传动的几何尺寸除了上述的分度圆直径 d、齿顶圆直径 d_a、齿根圆直径 d_f、齿宽 b 及中心距 a，还有结构上的其他尺寸，例如，图 4.2 中腹板轮的轮毂长 L、轮毂外径 D_1、轮缘内径 D_2 及腹板厚 c 等，一般是根据经验公式进行设计计算的，所得的计算值一般为非整数值，所以也应进行圆整。

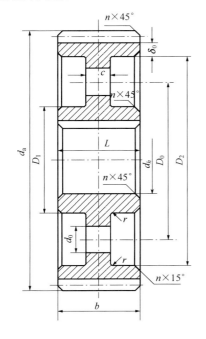

$L=(1.2\sim1.5)d_h$，且 $L\geqslant b$

$D_1=1.6d_h$

$\delta_0=(2.5\sim4)m_n$，但不小于 8mm

$D_0=0.5(D_1+D_2)$，$d_0=0.25(D_2-D_1)$

$C=0.3b$，$n=0.5m_n$（或自定）

注：以上经验公式计算出的尺寸必须圆整为整数

图 4.2　齿轮结构尺寸及经验公式

　　由于这些尺寸属于结构形状尺寸,一般的经验公式,也并非要求绝对的理论值,对其计算精度要求不很高,一般满足工程要求即可,所以这些尺寸一般均需圆整为整数,并尽量采用优先数系中的数或个位数为 0 或 5 的数值,以便于设计、制造、装配与检验等。

　　例如,一斜齿圆柱齿轮,法面模数 $m_n = 2mm$,齿宽 $b = 66mm$,齿根圆直径 $d_f = 199.55mm$,由轴的强度条件已求得与轮毂相配的内孔直径 $d_h = 45mm$。

　　根据图 4.2 中的经验公式,有关结构尺寸计算及圆整列于表 4.5 中。

表 4.5　齿轮结构有关尺寸计算与圆整

已知:$m_n = 2mm, b = 66mm, d_f = 199.55mm, d_h = 45mm$(轴孔)

名称	符号	单位	经验公式计算值	取值	结论
轮毂长	L	mm	$L = 1.2 \sim 1.5 d_h$ 且 $L \geqslant b$ $L = 1.35 \times 45 = 60.75 (mm)$	65 61 60.75	首选 次选 不宜
轮毂外径	D_1	mm	$D_1 = 1.6 d_h$ $D_1 = 1.6 \times 45 = 72 (mm)$	75 72	首选 次选
轮缘内径	D_2	mm	$D_2 = d_f - 2\delta_0$ 取 $\delta_0 = 8mm$ $D_2 = 199.55 - 2 \times 8 = 183.55 (mm)$	180 184 183.55	首选 次选 不宜
腹板厚	c	mm	$0.3b = 0.3 \times 66 = 19.8 (mm)$	20 19.8	首选 不宜

第 5 章　减速器装配草图设计

　　减速器装配图表达了减速器的设计构思、工作原理和装配关系,也表达出各零部件间的相互位置、尺寸及结构形状,它是绘制零件工作图和部件组装、调试及维护等的技术依据。设计减速器装配工作图时要综合考虑工作要求、材料、强度、刚度、磨损、加工、装拆、调整、润滑、维护及经济性各因素,并要用足够的视图表达清楚。

　　由于设计装配工作图所涉及的内容较多,既包括结构设计又有校验计算,所以设计过程较为复杂,常常是边画、边算、边改,即所谓"三边"设计的过程。

　　设计减速器装配工作图按图 5.1 所示步骤进行。

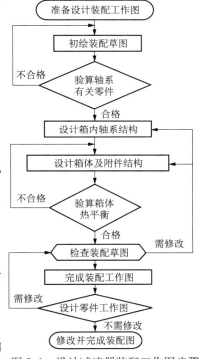

图 5.1　设计减速器装配工作图步骤

5.1　初绘减速器装配草图

5.1.1　初绘装配草图的准备工作

　　在画草图之前,应认真读懂一张典型减速器装配图,观看有关减速器的录像,参观并装拆实际减速器,以便深入了解减速器各零部件的功用、结构和相互关系,做到对设计内容心中有数。除此之外,还有以下具体准备工作。

　　1. 确定齿轮传动的主要尺寸

　　绘草图前必须计算出齿轮传动的中心距、分度圆和齿顶圆的直径、齿轮宽度、轮毂长度等。

　　2. 选定电动机

　　按已选定的电动机型号查出其安装尺寸,如电动机轴伸直径 D、轴伸长度 E 及中心高度 H 等。

　　3. 选定联轴器的类型

　　联轴器的类型应根据它在本传动系统中所要完成的工作特点和功能选择。

　　4. 初选轴承类型

　　根据轴承所受载荷的大小、性质、转速及工作要求,初选轴承类型。首先应考虑能否采用结构最简单、价格最便宜的深沟球轴承。当轴承上受有径向支反力和较大的轴向支反力时(根据经验,当轴承的轴向力大于四分之一径向力时,就认为是轴向力较大),或者需要调整传动件(锥齿轮、蜗轮等)的轴向位置时,应选择角接触球轴承或圆锥滚子轴承。

　　5. 初步确定滚动轴承的润滑方式

　　当浸浴在油池中的传动零件的圆周速度 $v>2\text{m/s}$ 时,可采用齿轮转动时飞溅出来的润滑油润滑轴承(简称油润滑);当 $v\leqslant 2\text{m/s}$ 时,可采用润滑脂润滑轴承(简称脂润滑)。然后可根据轴承的润滑方式和工作环境(清洁或多尘)选定轴承的密封形式。

6. 确定减速器箱体的结构方案

减速器的箱体是支承和安设齿轮等传动零件的基座,因此它本身必须具有很好的刚性,以免产生过大的变形而引起齿轮上载荷分布的不均。为此,在轴承座凸缘的下部设有肋板。箱体多制成剖分式,剖分面一般在水平位置并与齿轮或蜗轮轴线平面重合。

由于箱体的结构形状比较复杂,对箱体的强度和刚度进行计算极为困难,故箱体的各部分尺寸多借助于经验公式确定。按经验公式计算出尺寸后应将其圆整。有些尺寸应根据结构要求适当修改。与标准件有关的尺寸(如螺栓、螺钉、销的直径等)应取相应的标准值。

图 2.1～图 2.3 为目前常见的铸造箱体结构图,其各部分尺寸按表 5.1 所列公式确定。

表 5.1　减速器铸造箱体结构尺寸(符号的意义见图 2.1～图 2.3)　　　　mm

名称	代号	荐用尺寸关系			
		两级齿轮减速器		蜗杆减速器	
下箱座壁厚	δ	$\delta=0.025a^*+3\geqslant 8$		$\delta=0.04a+3\geqslant 8$	
上箱盖壁厚	δ_1	$\delta_1=0.9\delta\geqslant 8$		蜗杆在下: $\delta_1=0.85\delta\geqslant 8$ 蜗杆在上: $\delta_1=\delta\geqslant 8$	
下箱座剖分面处凸缘厚度	b	$b=1.5\delta$			
上箱盖剖分面处凸缘厚度	b_1	$b_1=1.5\delta_1$			
机座底凸缘厚度	p	$p=2.5\delta$			
箱座上的肋厚	m	$m\geqslant 0.85\delta$			
箱盖上的肋厚	m_1	$m_1\geqslant 0.85\delta_1$			
		两级圆柱 a_1+a_2 圆锥-圆柱 $R+a$	$\leqslant 300$	$\leqslant 400$	$\leqslant 600$
		蜗杆 a	$\leqslant 200$	$\leqslant 250$	$\leqslant 350$
地脚螺栓直径	d_f	d_f	M16	M20	M24
地脚螺栓通孔直径	d_f'	d_f'	20	25	30
地脚螺栓沉头座直径	D_0	D_0	45	48	60
地脚凸缘尺寸(扳手空间)	L_1	L_1	27	32	38
	L_2	L_2	25	30	35
地脚螺栓数目	n	n 两级齿轮	$a\leqslant 250,n=4$ $500\geqslant a>250,n=6$ $a>500,n=8$		
		蜗杆	4		

续表

名称	代号	荐用尺寸关系		
		两级圆柱 a_1+a_2 圆锥-圆柱 $R+a$	≤300	≤400	≤600
		蜗杆 a	≤200	≤250	≤350
轴承旁连接螺栓(螺钉)直径	d_1	d_1	M12	M16	M20
轴承旁连接螺栓通孔直径	d_1'	d_1'	13.5	17.5	22
轴承旁连接螺栓沉头座直径	D_0	D_0	26	32	40
剖分面凸缘尺寸(扳手空间)	c_1	c_1	20	24	28
	c_2	c_2	16	20	24
		两级圆柱 a_1+a_2 圆锥-圆柱 $R+a$	≤300	≤400	≤600
		蜗杆 a	≤200	≤250	≤350
上下箱连接螺栓(螺钉)直径	d_2	d_2	M10	M12	M16
上下箱连接螺栓通孔直径	d_2'	d_2'	11	13.5	17.5
上下箱连接螺栓沉头座直径	D_0	D_0	24	26	32
箱缘尺寸(扳手空间)	c_1	c_1	18	20	24
	c_2	c_2	14	16	20
轴承盖螺钉直径	d_3	查轴承盖荐用值(表 G.5)			
检查孔盖连接螺栓直径	d_4	查检查孔盖荐用值(表 G.1)			
圆锥定位销直径	d_5	$d_5 \approx 0.8 d_2$			
减速器中心高	H	$H \approx (1 \sim 1.12) a^*$			
轴承旁凸台高度	h	根据低速轴轴承座外径 D_2 和 Md_1 扳手空间 c_1 的要求,由结构确定			
轴承旁凸台半径	R_1	$R_1 \approx c_2$			
轴承端盖(即轴承座)外径	D_2	$D_2 =$ 轴承孔直径 $D+(5\sim5.5) d_3$			
轴承旁连接螺栓距离	S	以螺栓 Md_1 和螺钉 Md_2 互不干涉为准尽量靠近,一般取 $S \approx D_2$			
箱体外壁至轴承座端面的距离	K	$K = c_1 + c_2 + (5\sim8)$mm			
轴承座孔长度(即箱体内壁至轴承座端面的距离)		$K + \delta$			
大齿轮顶圆与箱体内壁间距离	Δ_1	$\Delta_1 \geqslant 1.2\delta$			
齿轮端面与箱体内壁间的距离	Δ_2	$\Delta_2 \geqslant \delta$			

注:带 * 为多级传动时,取低速级中心距的值

5.1.2　初绘装配草图步骤

现以二级圆柱齿轮减速器为例,说明初绘减速器装配草图的大致步骤(图 5.2)。

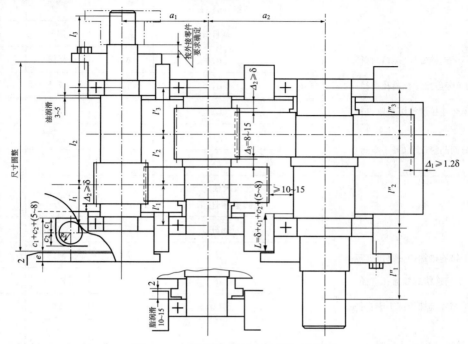

图 5.2　二级圆柱齿轮减速器初绘草图

1.　选择比例,合理布置图面

装配工作图应用 A0 或 A1 号图纸绘制,应尽量采用 1：1 或 1：2 的比例尺绘图,并且要符合机械制图的国家标准。

在绘制开始时,可根据减速器内传动零件的特性尺寸(如中心距 a),估计减速器的轮廓尺寸,并考虑标题栏、零件明细表、零件序号、尺寸的标注及技术条件等所需空间,做好图面的合理布局,减速器装配图一般多用三个视图(必要时另加剖视图或局部视图)表达。布置好图面后,将中心线(基准线)画出。

2.　传动零件位置及轮廓的确定

在俯视图上画出齿轮的轮廓尺寸,如齿顶圆和齿宽等,为保证全齿宽啮合并降低安装要求,通常取小齿轮比大齿轮宽 5～10mm。

当设计二级齿轮传动时,必须保证传动件之间有足够大的距离 Δ_3,一般可取 $\Delta_3 = 8 \sim 15$mm。

3.　画出箱体内壁线

在俯视图上,先按小齿轮端面与箱壁间的距离 $\Delta_2 \geqslant \delta$ 的关系,画出沿箱体长度方向的两条内壁线,再按 $\Delta_1 \geqslant 1.2\delta$ 的关系,画出沿箱体宽度方向低速级大齿轮一侧的内壁线,而图 5.2 的左侧,沿箱体宽度方向高速级小齿轮一侧的内壁线在初绘草图阶段暂不画出,留待完成草图阶段在主视图上用作图法确定。

4. 初步确定轴的直径

（1）初步确定高速轴外伸段直径，如果高速轴外伸段上安装带轮，其轴径可按下式求得

$$d \geqslant C \sqrt[3]{\frac{P}{n}} \tag{5.1}$$

其中，C——与轴材料有关的系数，通常取 $C=110\sim160$，当材料好、轴伸处弯矩较小时取小值，反之取大值；

  P——轴传递的功率，kW；

  n——轴的转速，r/min。

当轴上有键槽时，应适当增大轴径：单键增大 3%～5%，双键增大 7%～10%，并圆整成标准直径。

（2）低速轴外伸段轴径按式（5.1）确定，并按上述方法取标准直径并加以圆整。若在该外伸段上安装链轮，则这样确定的直径即为链轮轴孔直径；若在该外伸段上安装联轴器，此时就要根据计算转矩及初定的直径选出合适的联轴器型号，并考虑联轴器两轴孔的匹配等问题。

（3）中间轴轴径按式（5.1）确定，并以此直径为基础进行结构设计。一般情况下，中间轴轴承内径不应小于高速轴轴承内径。

5. 轴的结构设计

轴的结构设计是在上述初定轴直径的基础上进行的。

轴的结构主要取决于轴上所装的零件、轴承的布置和轴承密封种类。二级圆柱齿轮减速器中的轴做成阶梯轴（图 5.3）。这种轴装配方便，轴肩可用于轴上所装零件的定位和传递轴向力。但在设计阶梯轴时应力求台阶数量最少，以减少刀具调整次数和刀具种类，从而保证结构的良好工艺性（图 5.3 轴线上、下分别为（a）、（b）两种轴的结构方案）。

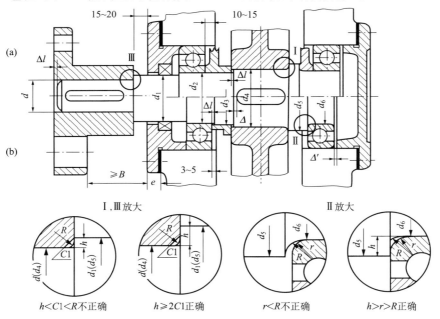

图 5.3 阶梯轴的结构

1）轴的径向尺寸的确定

当两段相邻的轴段直径发生变化形成轴肩以便固定轴上零件或承受轴向力时，其直径变化值要大些，如图 5.3 中直径 d 和 d_1、d_4 和 d_5、d_5 和 d_6（（b）方案）的变化。

当两相邻轴段直径的变化仅是为了轴上零件装拆方便或区别加工表面时，其直径变化值应较小，甚至采用同一公称直径而取不同的公差值实现，如图 5.3 中直径 d_1 和 d_2、d_2 和 d_3、d_3 和 d_4 的变化。在这种情况下，相邻轴径差取 1～3mm 即可。当轴上装有滚动轴承、毡圈密封、橡胶密封等标准件时，轴径应取相应的标准值。

2）轴的轴向尺寸的确定

轴上安装零件的各轴段长度，由其上安装的零件宽度及其他结构要求确定。在确定这些轴段长度时，必须注意轴段端面变化的位置，因为它将影响零件的安装和轴向固定的可靠性。当轴段上安装的轴上零件（如齿轮、蜗轮、联轴器等）需要用套筒等零件轴向顶紧时，该段轴的长度应略小于轴上零件的轮毂宽度，以防止由于加工误差而造成轴上零件固定不可靠。

轴上装有平键时，键的长度应略小于零件（齿轮、蜗轮、带轮、链轮、联轴器等）与轴接触宽度，一般平键长度比轮毂长度短 5～10mm 并圆整为标准值。键端距轮毂装入侧轴端的距离不宜过大，以便装配时轮毂键槽容易对准键，一般取 $\Delta \leqslant 2$～5mm（图 5.3）。

轴伸出箱体外的轴伸长度和与密封装置相接触的轴段长度，需要在轴承、轴承透盖、轴伸上所装的零件等的位置及轴承座孔处的箱缘宽度确定之后才能定出。

6. 轴承型号及尺寸的确定

根据上述轴的径向尺寸设计，即可初步选定轴承型号及具体尺寸，同一根轴上的轴承一般选同样型号，使轴承座孔尺寸相同，可一次镗孔保证两轴有较高的同轴度。然后再由轴承润滑方式定出轴承在箱体座孔内的位置（图 5.2 和图 5.3），画出轴承外廓。

7. 轴承座孔宽度的确定

轴承座孔的宽度取决于轴承旁螺栓 Md_1 所要求的扳手空间尺寸 c_1 和 c_2，c_1+c_2 即为安装螺栓所需要的凸台宽度，轴承座孔外端面由于要进行切削加工，故应由凸台再向外突出 5～8mm。这样就得出轴承座孔总长度 $L=\delta+c_1+c_2+(5\sim8)\mathrm{mm}$。

8. 轴承盖尺寸的确定

根据轴承尺寸画出相应的轴承透盖、闷盖的外廓及其连接螺栓（完整地画出一个连接螺栓即可，其余画中心线）。

9. 确定轴的外伸长度

轴的外伸长度与外接零件及轴承端盖的结构有关，若轴端装有联轴器，则必须留有足够的装配尺寸，例如，弹性圆柱销联轴器（图 5.4(a)）就要求有装配尺寸 A。采用不同的轴承端盖结构，将影响轴外伸的长度，当用凸缘式端盖（图 5.4(b)）时，轴外伸长度必须考虑拆卸端盖螺钉所需的足够长度 L，以便在不拆卸联轴器的情况下可以打开减速器机盖。如外接零件的轮毂不影响螺钉的拆卸（图 5.4(c)）或采用嵌入式端盖，则 L 可取小些，满足相对运动表面间的距离要求即可。

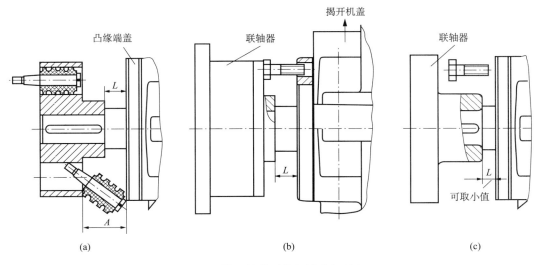

图 5.4　轴上外装零件与端盖间距离

10. 轴上传动零件受力点及轴承支点的确定

按以上步骤初绘草图后,即可从草图上确定出轴上传动零件受力点位置和轴承支点间的距离 l_1、l_2、l_3、l'_1、l'_2、l'_3 及 l''_1、l''_2、l''_3(图 5.2)。传动零件的受力点一般取为齿轮、蜗轮、带轮、链轮等轮毂宽度的中点;柱销联轴器的受力点取为柱销处宽度 b 的中点;梅花联轴器的受力点取为结合齿宽的中点。深沟球轴承的支点取为轴承宽度的中点;向心角接触球轴承的支点取为轴承法向反力在轴上的作用点距轴承外圈宽边的距离为 a 的点,a 值见有关轴承标准。

确定出传动零件的力作用点及支点距离后,便可进行轴和轴承的校核计算。

5.2　轴、轴承及键的校核计算

5.2.1　轴的校核计算

根据初绘装配草图阶段定出的轴结构和支点及轴上零件的力作用点,参照教材便可进行轴的受力分析,绘制弯矩图、转矩图及当量弯矩图,然后确定危险截面进行强度校核。

校核后如果强度不足,应加大轴径;如强度足够且计算应力或安全系数与许用值相差不大,则以轴结构设计时确定的轴径为准,除有特殊要求,一般不再修改。

5.2.2　轴强度计算禁忌

轴的受力简图正确与否,直接影响到轴的强度计算,在绘制轴的受力简图时,必须引起注意。

如图 5.5 所示传动装置,带传动水平布置,工作机转向如图,小齿轮左旋,Ⅰ轴上的轴承型号 6407,轴结构如图 5.6 所示,各轴段长 $L_1 = 50\text{mm}$,$L_2 = 45\text{mm}$,$L_3 = 46\text{mm}$,$L_4 = 70\text{mm}$,$L_5 = 8\text{mm}$,$L_6 = 12\text{mm}$,$L_7 = 25\text{mm}$,带轮轮毂宽度 $B = 50\text{mm}$,带轮轮缘宽度 $b = 36\text{mm}$。根据轴的结构绘出的正确受力简图如图 5.7 所示。

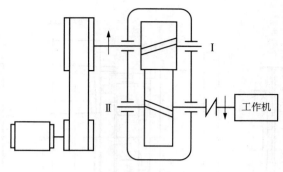

图 5.5　减速传动装置

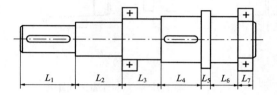

图 5.6　减速器 I 轴结构图

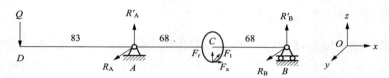

图 5.7　轴受力简图(正确)

对此例容易发生的错误如下。

1. 轴上传动零件作用力方向判断错误

(1) 带轮压轴力 Q 方向错误,如图 5.8 所示。Q 应与 F_r 方向相反,即向下,如图 5.7 所示。

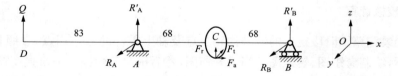

图 5.8　带轮压轴力 Q 方向错误

(2) 斜齿轮轴向力 F_a 方向判断错误,如图 5.9 所示。根据主动轮左右手定则,小齿轮左旋,根据转向,判断出轴向力 F_a 方向应向右。

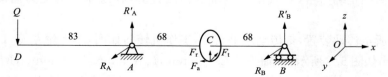

图 5.9　轴向力 F_a 方向判断错误

2. 传动零件作用力所处平面判断错误

带轮压轴力 Q 应与 F_a、F_r 在同一平面,即 xOz 面,而不应与 F_t 在同一平面,如图 5.10 是错误的。

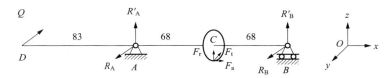

图 5.10　带轮压轴力 Q 所处平面判断错误

3. 受力简图的力臂或支点间跨距计算错误

1) 传动零件受力作用点确定错误

上例中的带轮压轴力 Q 受力点应取在带轮轮毂宽 $B=50\text{mm}$ 的中点,而不应取在带轮轮缘宽 $b=36\text{mm}$ 的中点,若以 36mm 中点计算,则 Q 的力臂变为 76mm(图 5.11),这一力臂计算结果与轴的实际受力状态相差较大,而且力臂变短将使轴的强度计算偏于不安全。

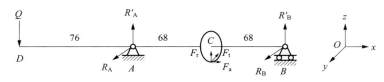

图 5.11　带轮压轴力 Q 受力点错误

同样确定齿轮受力点时也应以齿轮轮毂宽的中点为计算点,而不应该以齿轮轮缘宽的中点为计算点。

2) 支点间跨距计算错误

受力简图中支点位置的确定与轴承的类型和布置方式有关,此例中轴承为深沟球轴承 6407,计算时取轴承宽度中点,若此例中采用角接触轴承(如角接触球轴承、圆锥滚子轴承等),则必须考虑轴承的安装方式。正装与反装时轴承内部附加轴向力的方向与作用点将各有不同,确定支点时必须予以考虑,若没有考虑或正反装混淆,必将导致支点间跨距计算错误,从而使轴的计算产生错误。

4. 弯矩图与转矩图错误

弯矩图及转矩图的绘制应按力学有关理论进行。

上例中 xOz 面的正确弯矩图如图 5.12 所示,在 C 处应有突变。若漏掉由斜齿轮轴向力 F_a 产生的力矩 M_a,则弯矩图是错误的(图 5.13)。

上例中的正确的转矩图如图 5.14 所示,图 5.15 的转矩图是错误的,CB 段不应有转矩。

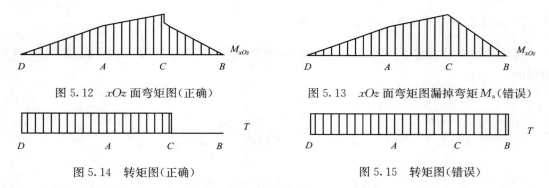

图 5.12　xOz 面弯矩图(正确)　　　　　　图 5.13　xOz 面弯矩图漏掉弯矩 M_a(错误)

图 5.14　转矩图(正确)　　　　　　　　　图 5.15　转矩图(错误)

5.2.3　滚动轴承寿命的校核计算

滚动轴承的寿命应按各种设备轴承预期寿命的推荐值或减速器的检修期(一般 2~3 年)为设计寿命,如果算得的寿命不能满足规定的要求(寿命太短或过长),一般先考虑选用另一种直径系列或宽度系列的轴承,其次再考虑改变轴承类型。

5.2.4　滚动轴承载荷计算禁忌

轴承载荷计算直接关系到滚动轴承寿命的计算,所以正确计算轴承的载荷是确保滚动轴承满足承载能力的首要条件,现分别对轴承轴向载荷与径向载荷计算时应注意的问题叙述如下。

1. 滚动轴承轴向载荷计算禁忌

1) 深沟球轴承轴向载荷计算禁忌

如图 5.16(a)所示减速器,I 轴采用两端单向固定的深沟球轴承轴系,其结构简图如图 5.16(b)所示;轴向载荷计算简图如图 5.17 所示,其中图(a)是正确的,图(b)是错误的。

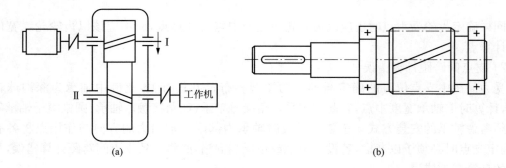

图 5.16　减速装置及 I 轴结构简图

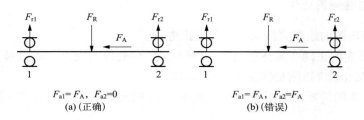

$F_{a1}=F_A$,　$F_{a2}=0$　　　　　　　　　$F_{a1}=F_A$,　$F_{a2}=F_A$
(a)(正确)　　　　　　　　　　　　　　(b)(错误)

图 5.17　深沟球轴承轴向载荷计算简图

2）角接触轴承轴向载荷计算禁忌

上例中也可采用一对角接触球轴承（或圆锥滚子轴承）两端单向固定形式，图 5.18 为正确的受力图。

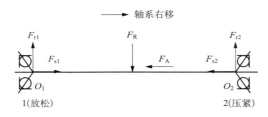

图 5.18　角接触轴承轴向载荷计算（正确）

此例常见的错误计算有以下几种。

（1）图 5.19 未计入内部附加轴向力 F_{s1}、F_{s2} 是错误的。

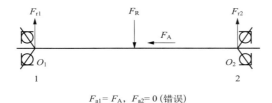

图 5.19　未计入内部附加轴向力的错误计算

（2）图 5.20 和图 5.21 内部附加轴向力 F_{s1}、F_{s2} 方向判断错误。

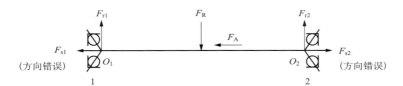

图 5.20　内部附加轴向力 F_{s1}、F_{s2} 方向错误

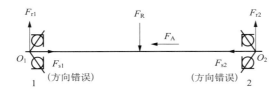

图 5.21　反装角接触轴承 F_{s1}、F_{s2} 方向错误

2．滚动轴承径向载荷计算禁忌

1）将齿轮传动的径向力 F_r 误认为是轴承的径向载荷

滚动轴承的径向载荷并非轴上外力的径向力，而是在外力作用下的径向支反力，需利用材料力学知识求支反力的方法，经计算求得。例如，图 5.22 将齿轮传动的径向力 F_r 误认为是轴承的径向载荷是错误的。

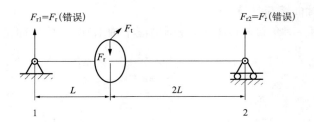

图 5.22 轴承径向载荷不等于外载径向力

2）计算轴承径向载荷时只考虑齿轮传动径向力是错误的

滚动轴承的径向载荷，并不仅是齿轮传动径向力 F_r 作用下的径向支反力，齿轮传动的圆周力 F_t、轴向力 F_a 同样对滚动轴承产生径向支反力，计算轴承径向载荷时必须予以考虑。

如图 5.23 所示，轴上斜齿轮作用力有径向力 F_r、圆周力 F_t 和轴向力 F_a，圆周力 F_t 处于水平面，径向力 F_r 与轴向力 F_a 处于垂直面。计算轴承径向载荷时，应先计算出水平面圆周力 F_t 引起的支反力 F_{r1}、F_{r2} 和垂直面内 F_r、F_a 引起的 F'_{r1}、F'_{r2}，然后再将两平面内的支反力几何合成，其几何合成值即为轴承的径向载荷。如果计算时只考虑齿轮传动的径向力 F_r，得出 F_{r1} $=F_r/2$、$F_{r2}=F_r/2$ 的结论，则是错误的。

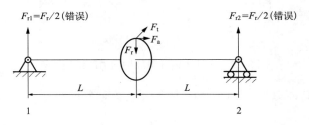

图 5.23 只考虑齿轮径向力的错误

5.2.5 键连接强度的校核计算

键连接强度的校核计算主要是验算它的挤压应力，使计算应力小于材料的许用应力。许用挤压应力按键、轴、轮毂三者材料最弱的选取，一般是轮毂材料最弱。

如果计算应力超过许用应力，可通过改变键长、改用双键、采用花键、加大轴径、改选较大剖面的键等途径，以满足强度要求。

5.3 完成减速器装配草图设计

这一阶段的主要工作内容是设计轴系部件、箱体及减速器附件的具体结构，其设计步骤大致如下。

1. 轴系部件的结构设计

（1）画出箱内齿轮的具体结构；

（2）画出滚动轴承的具体结构；

（3）画出轴承透盖和闷盖的具体结构；

（4）在轴承透盖处画出轴承密封件的具体结构；

（5）画出挡油盘。

2. 圆柱齿轮减速器箱体的结构设计

在进行草图阶段的箱体结构设计时,有些尺寸和形式(如轴承旁螺栓凸台 h、箱座高度 H 和箱缘连接螺栓的布置等)常需根据结构和润滑要求确定。下面分别阐述确定这些结构尺寸的原则和方法。

1）轴承旁连接螺栓凸台高度 h 的确定

如图 5.24 所示,为了尽量增大剖分式箱体轴承座的刚度,轴承旁连接螺栓在不与轴承盖连接螺栓相干涉的前提下,其钉距 S 应尽可能地缩短,通常取 $S \approx D_2$,D_2 为轴承盖的外径。在轴承尺寸最大的那个轴承旁螺栓中心线确定后,根据螺栓直径 d_1 确定扳手空间 c_1 和 c_2 值。在满足 c_1 的条件下,用作图法确定出凸台的高度 h。为了制造方便,一般凸台高度均按最大的 D_2 值所确定的高度取齐。

2）小齿轮端盖外表面圆弧 R 的确定

大齿轮所在一侧箱盖的外表面圆弧半径 $R = (d_a/2) + \Delta_1 + \delta_1$,在一般情况下轴承旁螺栓凸台均在圆弧内侧,按有关尺寸画出即可,而小齿轮所在一侧的箱盖外表面圆弧半径往往不能用公式计算,需根据结构作图确定。如图 5.25 所示,一般最好使小齿轮轴承旁螺栓凸台位于圆弧之内,即 $R > R'$。在主视图上小齿轮端箱盖结构确定之后,将有关部分再投影到俯视图上,便可画出箱体内壁、外壁和箱缘等结构。

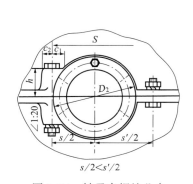

图 5.24　轴承旁螺栓凸台

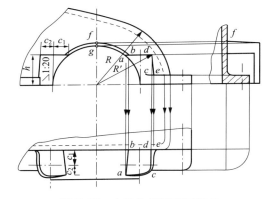

图 5.25　小齿轮端箱盖圆弧 R

3）箱缘连接螺栓的布置

为保证上、下箱连接的紧密性,箱缘连接螺栓的间距不宜过大,对于中小型减速器来说由于连接螺栓数目较少,间距一般不大于 150mm；大型减速器可取 150～200mm。在布置上尽量做到均匀对称,并注意不要与吊耳、吊钩和定位销等干涉。

4）油面及箱座高度 H 的确定

箱座高度 H 通常先按结构需要确定,然后再验算油池容积是否满足按传递功率所确定的需油量,如不满足则应适当加高箱座的高度。

为避免传动件回转时将油池底部沉积的污物搅起,大齿轮的齿顶圆到油池底面的距离应不小于 30mm(图 5.26)。

图 5.26 中还表示出传动件在油池中的浸油深度,圆柱齿轮应浸入油中一个齿高,但应小于 10mm。这样确定出的油面可作为最低油面,考虑使用中油不断蒸发损耗,还应给出一个允

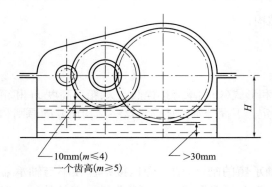

10mm($m \leqslant 4$)
一个齿高($m \geqslant 5$)
>30mm

图 5.26　减速器油面及油池深度

许的最高油面,中小型减速器最高油面比最低油面高出5~10mm即可。

由上述,即可在图上绘出油面线的位置,然后量出油池深度和箱内底面的长度及宽度,算出实际装油量 V,V 应大于或等于传动的需油量 V_0。若 $V < V_0$,则应将箱底面向下移,以增大油池深度直至 $V > V_0$。通常单级减速器每传递 1kW 的功率,需油量 $V_0 = 0.35 \sim 0.7 \mathrm{dm}^3$;多级减速器,按级数成比例增加,需油量 V_0 的小值用于低黏度油,大值用于高黏度油。油池的容积越大,则油的性能维持得越久,因而润滑越好。

5) 箱缘输油沟的结构形式和尺寸

当轴承利用齿轮飞溅起来的润滑油润滑时,应在箱座的箱缘上开设输油沟,使溅起来的油沿箱盖内壁经斜面流入输油沟里,再经轴承盖上的导油槽流入轴承。

输油沟的构造,有机械加工油沟(图 5.27(a))和铸造油沟(图 5.27(b))两种,机械加工的油沟容易制造、工艺性好,应用较多;铸造油沟由于工艺性不好,用得较少。

6) 箱体结构的工艺性

(1) 箱体结构的铸造工艺性。

设计铸造箱体时,应注意铸造生产中的工艺要求,力求外形简单、壁厚均匀、过渡平缓,避免出现大量的金属局部积聚等。

在采用砂型铸造时,箱体上铸造表面相交处应设计成圆角过渡,以便于液态金属的流动,铸造圆角半径可查阅有关标准。

设计铸件结构时,还应注意拔模方向和拔模斜度,便于造型时的拔模。相关数值可查阅有关标准。

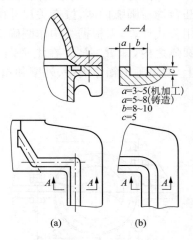

$A - A$
$a \quad b$
$a = 3 \sim 5$(机加工)
$a = 5 \sim 8$(铸造)
$b = 8 \sim 10$
$c = 5$

(a)　　　　(b)

图 5.27　输油沟的结构

(2) 箱体结构的机械加工工艺性。

设计箱体结构形状时,应尽可能减少机械加工面,以提高生产率和减少刀具的磨损。

同一轴心线上的轴承座孔的直径、精度和表面粗糙度尽可能一致,以便一次镗出,这样既可缩短工时又能保证精度。

箱体上各轴承座的端面应位于同一平面内,且箱体两侧轴承座端面应与箱体中心平面对称,以便加工和检验。

箱体上任何一处加工表面与非加工表面必须严格分开,不要使它们处于同一表面上,凸出或凹入则根据加工方法而定。

3. 减速器附件设计

1) 检查孔及检查孔盖

检查孔的位置应开在传动件啮合区的上方,并应有适宜的大小,以便手能伸入进行检查。尺寸可参考附录 G.1 节。

2）油面指示装置

油面指示装置的种类很多,有油标尺(杆式油标)、圆形油标、长形油标和管状油标等。在难以观察到的地方,应采用油标尺。油标尺由于结构简单,在减速器中应用较多。若采用油标尺,设计时要注意放置在箱体的适当部位,其倾斜角度一般与水平面成 45° 或大于45°,在不与其他零件干涉并保证顺利装拆和加工的前提下,油标尺的放置位置应尽可能高一些。尺寸可参考附录 G.7 节。

3）通气器

通气器常用的有通气螺塞和网式通气器两种。清洁环境可选用构造简单的通气螺塞;多尘环境应选用有过滤灰尘作用的网式通气器。尺寸可参考附录 G.2 节。

4）放油孔及螺塞

减速器通常设置一个放油孔。螺塞有圆柱细牙螺纹和圆锥螺纹两种:圆柱螺纹螺塞自身不能防止漏油,因此在螺塞下面要放置一个封油垫片,垫片用石棉橡胶纸板或皮革制成;圆锥螺纹螺塞能形成密封连接,因此它无需附加密封。尺寸可参考附录 G.4 节。

5）起吊装置

起吊装置有吊钩、吊耳和吊环螺钉等。当减速器重量较小时,箱盖上的吊耳或吊环螺钉允许用来吊运整个减速器;当减速器重量较大时,箱盖上的吊耳或吊环螺钉只允许吊运箱盖,而箱座上的吊钩可用来吊运下箱座或整个减速器。尺寸可参考附录 G.6 节。

6）启箱螺钉

启箱螺钉的直径一般与箱体凸缘连接螺栓直径相同,其长度应大于箱盖连接凸缘的厚度 b_1。启箱螺钉的钉杆端部应制成圆柱端或锥端,以免反复拧动时将杆端螺纹损坏。

7）定位销

在确定定位销的位置时,应使两定位销到箱体对称轴线的距离不等,并尽量远些,以提高定位精度,此外还要装拆方便,并避免与其他零件(如上下箱连接螺栓、油标尺、吊耳、吊钩等)相干涉。

4. 完成草图设计阶段的正误结构分析

草图设计阶段的常见正误结构对比见表5.2。

表 5.2　箱体及附件设计中正误结构示例

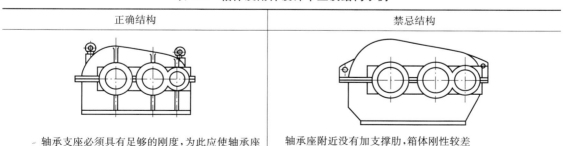

正确结构	禁忌结构
轴承支座必须具有足够的刚度,为此应使轴承座有足够的厚度,并在轴承座附近加支撑肋	轴承座附近没有加支撑肋,箱体刚性较差

续表

正确结构	禁忌结构
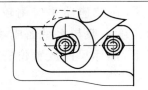	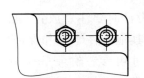
设计轴承座宽度时,必须考虑螺栓扳手操作空间	轴承座宽度不能满足螺栓扳手操作空间
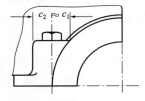	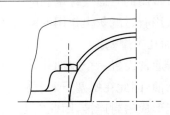
轴承旁连接螺栓凸台高度应满足扳手操作,一般在轴承尺寸最大的轴承旁螺栓中心线确定后,根据螺栓直径确定扳手空间 c_1、c_2,最后确定凸台的高度	凸台高度不够,不能满足扳手操作空间
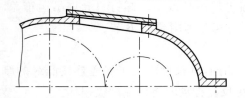	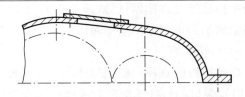
箱盖增设凸台,检查孔在啮合处上方,盖下加软钢纸板制垫片	箱盖在检查孔处无凸起,不便加工;检查孔距齿轮啮合处太远,不便观察;检查孔盖下无垫片,易漏油
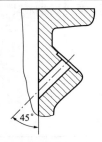	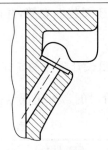
油标尺座孔位置、倾斜角度适中(常为 45°),便于加工,装配时油标尺不与箱缘干涉	油标尺座孔倾斜过大,座孔无法加工,油标尺无法装配
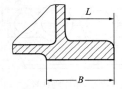	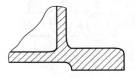
为保证整个箱体的刚度,箱体底座底部凸缘的接触宽度 B 应超过箱体底座的内壁,$B>L$,并且凸缘应具有一定厚度	$B \leqslant L$,箱体的刚度较差

续表

正确结构	禁忌结构
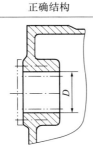	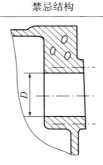
机体各部分壁厚要均匀	由于铸造工艺的特点,金属局部积聚容易形成缩孔
	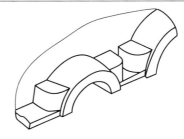
高度相同较接近的两凸台应将其连在一起,便于取模和加工	箱体上应尽量避免出现狭缝,否则砂型强度不够,在取模和浇铸时极易形成废品
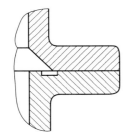	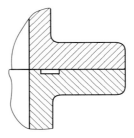
输油沟设计时应使溅起的油能顺利地沿箱盖内壁经斜面流入输油沟内	箱盖内壁的油很难流入输油沟内
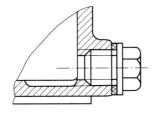	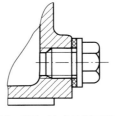
螺纹小径略低于箱座底面,并用扁铲铲出一块凹坑或铸出一块凹坑,以免钻孔时偏钻打刀	放油孔开设得过高,油孔下方的油污不能排净

正确结构	禁忌结构
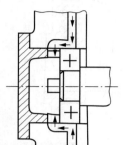	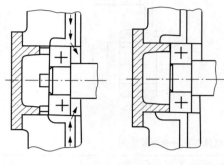
为使输油沟中的润滑油顺利流入轴承,必须在轴承盖上开设导油孔	左图输油沟位置开设不正确,润滑油大部分流回油池;右图轴承盖上没有开设导油孔,润滑油将无法流入轴承进行润滑
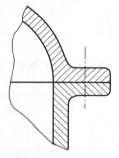	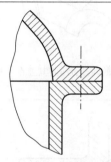
分箱面上不积存油	油积存在分箱面的接合面上。从分箱面渗油,主要是由接合面的毛细管现象引起的,在这种情况下,即使油完全没有压力也容易渗出
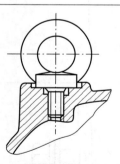	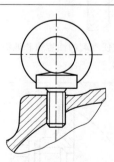
箱盖外表面加高凸台,内表面增设凸台,凸台上表面锪沉头座;螺纹根部螺孔扩孔	支承面未锪削出沉头座;螺钉根部的螺孔未扩孔,螺钉不能完全拧入;装螺钉处凸台高度不够,螺钉连接的圈数太少,连接强度不够;箱盖内表面螺钉处无凸台,加工时易偏钻打刀

续表

正确结构	禁忌结构
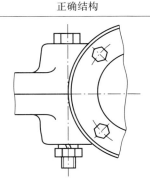	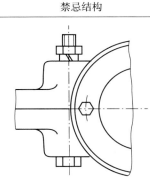
分箱面上不允许布置螺纹连接	轴承盖与箱体的螺钉连接,不应布置在分箱面上,因为这样会使箱体中的油沿剖面通过螺纹连接缝隙渗出箱外
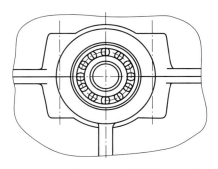	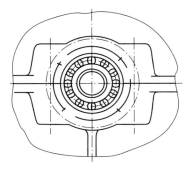
为防止减速器箱体漏油,禁止在分箱面上加垫片等任何添料,允许涂密封油漆或水玻璃	在分箱面上加垫片,因为垫片等有一定厚度,改变了箱体孔的尺寸(不能保证圆柱度),破坏了轴承外圈与箱体的配合性质,轴承不能正常工作,且轴承孔分箱面处漏油
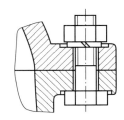	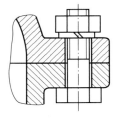
箱缘在安装钉头及垫圈处锪出沉头座,保证了支承面与钻孔中心线垂直	箱缘在安装钉头及垫圈处铸造面未加工,螺栓易受偏心载荷
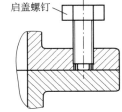	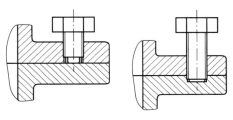
启盖螺钉上的螺纹长度应大于凸缘厚度,钉杆端部要制成圆柱形、大倒角或半圆形,以免顶坏螺纹	左图启盖螺钉螺纹长度太短,启盖时比较困难;右图下箱体上不应有螺纹

续表

正确结构	禁忌结构
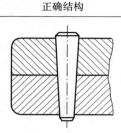 定位销的长度应大于箱盖和箱座连接凸缘的总厚度,使两头露出,便于安装和拆卸	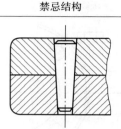 定位销太短,安装拆卸不便
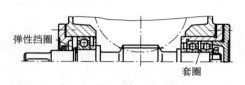 蜗杆外径尺寸小于套杯座孔内径尺寸,蜗杆轴能顺利装拆	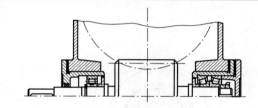 蜗杆外径尺寸大于套杯座孔内径尺寸,蜗杆轴无法装拆

5.4　圆锥-圆柱齿轮减速器装配草图设计

圆锥-圆柱齿轮减速器装配草图的设计内容和绘图步骤与二级圆柱齿轮减速器类似,因此在设计时应仔细阅读本章有关二级圆柱齿轮减速器装配草图设计的内容。

设计圆锥-圆柱齿轮减速器时,有关箱体的结构尺寸,可查表5.1并参看图2.2。表5.1中的传动中心距取低速级(圆柱齿轮)中心距。

圆锥-圆柱齿轮减速器的箱体,一般都采用以小锥齿轮的轴线为对称线的对称结构,以便大齿轮调头安装时,可改变出轴方向。

1. 俯视图的绘制

同二级圆柱齿轮减速器一样,布置好视图位置后,一般先画俯视图,画到一定程度后再与其他视图同时进行。在齿轮中心线的位置确定后,应首先将大、小锥齿轮的外廓画出,在画出锥齿轮的轮廓后,可使小锥齿轮大端轮缘的端面线与箱体内壁线距离 $\Delta \geqslant \delta$,如图 5.28 所示,大锥齿轮轮毂端面与箱体内壁距离 $\Delta_2 \geqslant \delta$,然后以小锥齿轮的轴线为对称线,画出箱体沿小锥齿轮轴线长度方向的另一侧内壁。低速级小圆柱齿轮的齿宽通常比大齿轮宽 5~10mm,小圆柱齿轮端面与内壁距离 $\Delta_2 \geqslant \delta$。在画出大、小圆柱齿轮轮廓后,应检验一下大锥齿轮与大圆柱齿轮的间距是否大于 10mm,若小于 10mm,应将箱体适当加宽。在主视图中应使大圆柱齿轮的齿顶圆与箱体内壁之间的距离 $\Delta_1 \geqslant 1.2\delta$。

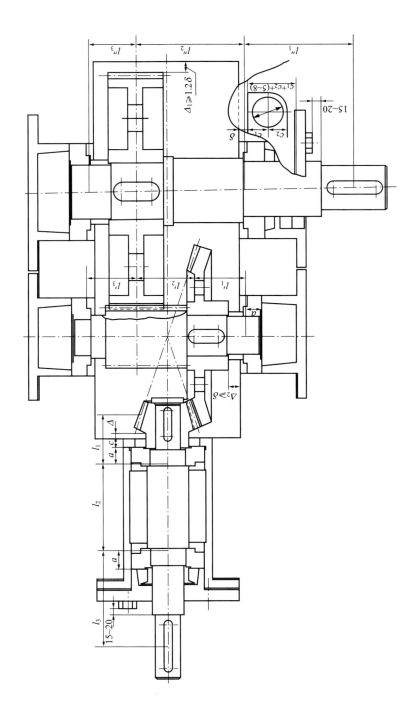

图 5.28　圆锥-圆柱齿轮减速器初绘草图

2. 锥齿轮的固定与调整

为保证锥齿轮传动的啮合精度,装配时两齿轮锥顶点必须重合,因此要调整大、小锥齿轮的轴向位置,小锥齿轮通常放在套杯内,用套杯凸缘端面与轴承座外端面之间的一组垫片 m 调节小锥齿轮的轴向位置(图 5.29)。采用套杯结构也便于固定轴承,固定轴承外圈的凸肩高度应使 D_a 不小于轴承的规定值。套杯厚度可取 8~10mm。

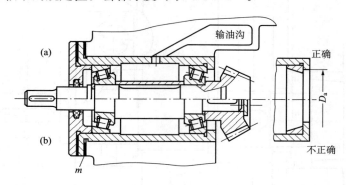

图 5.29　小锥齿轮轴承组合(面对面安装)

大、小锥齿轮轴的轴承一般常采用圆锥滚子轴承。当小锥齿轮轴采用圆锥滚子轴承时,轴承有两种布置方案,一种是面对面安装(图 5.29),另一种是背对背安装(图 5.30)。两种方案轴的刚度不同,轴承的固定方法也不同,背对背安装方案刚度大于面对面安装方案。

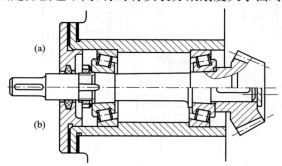

图 5.30　小锥齿轮轴承组合(背对背安装)

对面对面安装方案,轴承固定方法根据小锥齿轮与轴的结构关系而定。图 5.29 上半部分 (a)是针对齿轮轴结构的轴承固定方法,两轴承的内圈各端面都需要固定,而外圈各固定一个端面。这种结构方案适用小锥齿轮大端齿顶圆直径小于套杯凸肩孔径 D_a 的场合,因为齿轮外径大于套杯孔径时,轴承需在套杯内进行安装,很不方便。图 5.29 下半部分(b)是针对齿轮与轴分开时的轴承固定方法,轴承内外圈都只固定一个端面,这种结构方案轴承安装方便。图 5.29 所示两种方案的轴承游隙都是借助于轴承盖与套杯间的垫片进行调整的。

对背对背安装方案,轴承固定和游隙调整方法也和轴与齿轮的结构有关。图 5.30(a)为齿轮轴结构,轴承内圈借助右端凸肩和左端圆螺母固定,外圈借助套杯凸肩固定。图 5.30(b)为齿轮与轴分开的结构,右端轴承内圈借助轴环和齿轮端面固定,左端轴承内圈借助圆螺母固定,而两个轴承外圈都借助套杯凸肩固定。这种反装结构的缺点是轴承安装不便,轴承游隙靠圆螺母调整也很麻烦,故应用较少。

3. 确定小锥齿轮悬臂长与相关支承距离

小锥齿轮多采用悬臂安装结构,如图 5.31 所示,悬臂长 l_1 可这样确定:根据结构定出齿轮 M(M 为锥齿轮宽度中点到大端最远处距离);按 $\Delta = 10 \sim 12$mm 定出箱体内壁;轴承外圈宽边一侧距内壁距离(即套杯凸肩厚)$C = 8 \sim 12$mm;从轴承外圈宽边再定出尺寸 a(a 值可根据有关轴承型号确定),然后从图上量出悬臂长度 l_1。为使小锥齿轮轴具有较大的刚度,两轴承支点距离 l_2 不宜过小(图 5.28),通常取 $l_2 = 2.5d$ 或 $l_2 = (2 \sim 2.5)l_1$,式中 d 为轴颈的直径。在确定出支点跨距之后,画出轴承的轮廓。

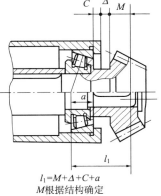

$$l_1 = M + \Delta + C + a$$
M根据结构确定

图 5.31　小锥齿轮悬臂长
l_1 的确定

4. 确定小锥齿轮处的轴承套杯及轴承盖的轮廓尺寸

5. 确定小锥齿轮轴外伸段长度

画出小锥齿轮轴的结构,根据外伸端所装零件的轮毂尺寸定出轴的外伸长度,确定外伸端所装零件作用于轴上力的位置。

6. 确定中间轴和低速轴结构

滚动轴承端面至箱体内壁间距离的原则同二级圆柱齿轮减速器,轴承采用油润滑时取 $3 \sim 5$mm,脂润滑时取 $10 \sim 15$mm,然后画出中间轴和低速轴轴承的轮廓。

7. 确定轴承座孔长度

在俯视图上根据箱体壁厚和螺栓的配置尺寸(即能容纳下扳手的空间)确定轴承孔的总长度 $l = \delta + c_1 + c_2 + (5 \sim 8)$mm(图 5.28),画出中间轴和低速轴的轴承盖的轮廓。根据低速轴外伸端所装零件确定轴伸长度,并画出轴的其他各部结构。

8. 确定轴上力点与支点

从初绘草图中量取支点间和受力点间的距离 l_1、l_2、l_3,l_1'、l_2'、l_3' 和 l_1''、l_2''、l_3''(图 5.28),并圆整成整数。然后校核轴、轴承和键的强度。

9. 完成装配草图设计

根据本章 5.3 节中所述内容完成装配草图设计。

在画主视图时,若采用圆弧形的箱盖造型,还需检验小锥齿轮与箱盖内壁间的距离 Δ_1 是否大于等于 $1.2\delta_1$,δ_1 为箱盖壁厚,如图 5.32 所示,如果 $\Delta_1 < 1.2\delta_1$,则需修改箱内壁的位置直到满足要求为止。

图 5.33 表示出大锥齿轮在油池中的浸油深度,一般应将整个齿宽或至少 0.7 倍齿宽浸入油中。对于圆锥-圆柱齿轮减速器一般按保证大锥齿轮有足够的浸油深度确定油面位置,然后检验低速级大齿轮浸油深度,浸油深度不应超过 1/3 分度圆半径。

依据以上原则绘出箱体全部结构,完成装配草图。

图 5.32　小锥齿轮与箱壁间隙

图 5.33　锥齿轮油面的确定

5.5　蜗杆减速器装配草图设计

因为蜗杆和蜗轮的轴线呈空间交错,所以不可能在一个视图上画出蜗杆和蜗轮轴的结构。画装配草图时需主视图和左视图同时绘制。在动手绘图之前,应仔细阅读本章 5.1～5.3 节中所阐述的内容。蜗杆减速器箱体的结构尺寸可参看图 2.3,利用表 5.1 的经验公式确定。设计蜗杆-齿轮或二级蜗杆减速器时,应取低速级中心距计算有关尺寸。现以单级蜗杆减速器为例说明其绘图步骤。

1. 传动零件位置及轮廓的确定

如图 5.34 所示,在各视图上定出蜗杆和蜗轮的中心线位置。画出蜗杆的节圆、齿顶圆、齿根圆、长度,以及蜗轮的节圆、外圆及蜗轮的轮廓,画出蜗杆轴的结构。

2. 蜗杆轴轴承座位置的确定

为了提高蜗杆轴的刚度,应尽量缩小其支点间的距离。为此轴承座体常伸到箱体内部,如图 5.35 所示,内伸部分的端面位置应由轴承外套圈直径 D(或套杯外径 $D+2S$)确定。内伸部分的外径 D_1 一般近似等于螺钉连接式轴承盖外径 D_2,即 $D_1 \approx D_2$。在内伸部分确定之后,应注意使轴承座与蜗轮外圆之间的距离 $\Delta \geqslant 15\text{mm}$,这样就可以确定出轴承座内伸部分端面 A 的位置及主视图中箱体内壁的位置。为了增加轴承座的刚度,在内伸部分的下面还应加支撑肋。

3. 确定轴上力点与支点

通过轴及轴承组合的结构设计,可确定出蜗杆轴上受力点和支点间的距离 l_1、l_2、l_3 等,如图 5.34 所示。

蜗轮轴支点和受力点间的距离,通常是在左视图上绘图确定的。箱体宽度一般取 $B \approx D_2$,D_2 为蜗杆轴轴承盖外径,如图 5.36(a)所示。有时为了缩小蜗轮轴的支点距离和提高刚度,也可采用图 5.36(b)所示的箱体结构,此时 B 略小于 D_2。

确定箱体宽度后,即可在侧视图上进行蜗轮轴及轴承组合结构设计。首先定出箱体外表面,然后画出箱壁的内表面,务必使蜗轮轮毂端面至箱体内壁的距离 $\Delta_2 \geqslant 15\text{mm}$。

箱体内壁与轴承端面间的距离,当轴承采用油润滑时取 3～5mm;采用脂润滑时取 10～15mm。在轴承位置确定后,画出轴承轮廓。

通过蜗轮轴及轴承组合的初步设计,就可以从图上量得支点和受力点间的距离 l'_1、l'_2 及 l'_3,如图 5.34 所示。

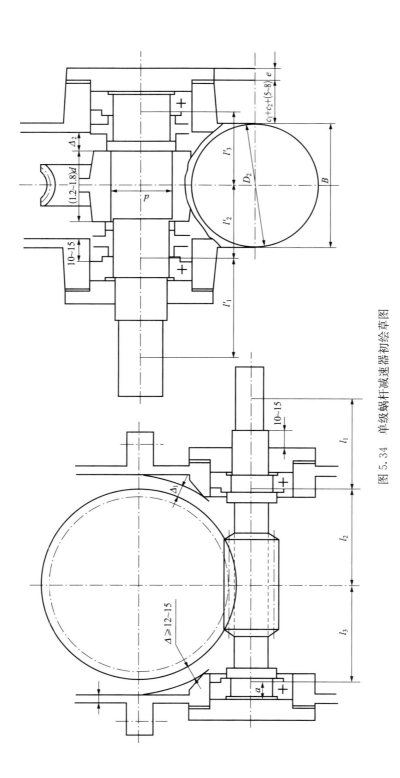

图 5.34 单级蜗杆减速器初绘草图

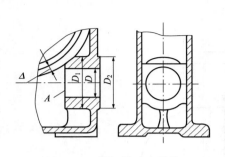

图 5.35　蜗杆轴承座结构

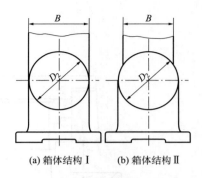

(a) 箱体结构 I 　　(b) 箱体结构 II

图 5.36　蜗杆减速器箱体宽度

4. 蜗杆传动及其轴承的润滑

蜗杆减速器轴承组合的润滑与蜗杆传动的布置方案有关。当蜗杆圆周速度小于 10m/s 时,通常采用蜗杆布置在蜗轮的下面,称为蜗杆下置式。这时蜗杆轴承组合靠油池中的润滑油润滑,比较方便。蜗杆浸油深度为 $(0.75 \sim 1.0)h$,h 为蜗杆的螺牙高或全齿高。当蜗杆轴承的浸油深度已达到要求,而蜗杆尚未浸入油中或浸油深度不够时,可在蜗杆轴上设溅油环,如图 5.37 所示,利用溅油环飞溅的油润滑传动零件及轴承,这样也可防止蜗杆轴承浸油过深。

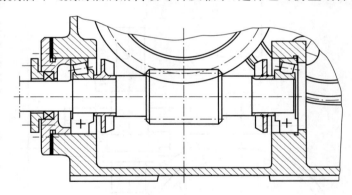

图 5.37　溅油环结构

蜗杆置于蜗轮上面称为上置式,这种结构用于蜗杆圆周速度大于 10m/s 的传动。由于蜗轮速度低,故搅油损失小,油池中杂质和磨料进入啮合处的可能性小,但蜗杆在上,其轴承组合的润滑比较困难,此时可采用脂润滑或设计特殊的导油结构。

5. 轴承游隙的调整

轴承游隙的调整通常靠箱体轴承座与轴承盖间的垫片或套杯与轴承盖间的垫片实现。

6. 蜗杆传动的密封

对于蜗杆下置式减速器,蜗杆轴应采用较可靠的密封装置,如橡胶圈密封或混合密封。

7. 蜗杆减速器箱体形式

大多数蜗杆减速器都采用沿蜗轮轴线的水平面剖分的箱体结构,这种结构可使蜗轮轴的安装调整比较方便,中心距较小的蜗杆传动减速器也可采用整体式大端盖箱体结构,其结构简单、紧凑、质量小,但蜗轮及蜗轮轴的轴承调整不便。

8. 蜗杆传动的热平衡计算

蜗杆传动效率较低,发热量较大,因此对于连续工作的蜗杆减速器需进行热平衡计算,当热平衡计算满足不了要求时,应增大箱体散热面积和增设散热片。若仍不满足要求时可考虑在蜗杆轴头上加设风扇等强迫冷却的方法,以加强散热。

9. 根据本章 5.3 节中所述步骤完成装配草图设计

第6章 减速器装配工作图设计

装配图内容包括减速器结构的各个视图、尺寸、技术要求、技术特性表、零件编号、明细表和标题栏等。经过前面几个阶段的设计,已将减速器的各个零部件结构确定下来,但作为完整的装配图,还要完成其他内容。

6.1 对减速器装配工作图视图的要求

减速器装配工作图应选择两个或三个视图为主,附以必要的剖视图和局部视图,要求全面、正确地反映出各零件的结构形状及相互装配关系,各视图间的投影应正确、完整。线条粗细应符合制图标准,图面要清晰、整洁、美观。

绘图时应注意以下几点:

(1) 完成装配图时,应尽量把减速器的工作原理和主要装配关系集中表达在一个基本视图上。对齿轮减速器,尽量集中在俯视图上;对蜗杆减速器,则可在主视图上表示。装配图上尽量避免用虚线表示零件结构,必须表达的内部结构(如附件结构)可采用局部剖视图或局部视图表达清楚。

(2) 画剖视图时,对于相邻的不同零件,其剖面线的方向应不同,以示区别,但一个零件在各剖视图中剖面线方向和间距应一致。对于很薄的零件(如垫片)其剖面尺寸较小,可不打剖面线,可以涂黑。

(3) 螺栓、螺钉、滚动轴承等可以按机械制图中规定的投影关系绘制,也可用标准中规定的简化画法。

(4) 齿轮轴和斜齿轮的螺旋线方向应表达清楚,螺旋角应与计算相符。

绘制装配图时注意先不要加深,因设计零件工作图时可能还要修改装配图中的某些局部结构或尺寸。

6.2 减速器装配图内容

1. 标注尺寸

装配图上应标注的尺寸如下。

(1) 特性尺寸:传动零件中心距。

(2) 配合尺寸:主要零件的配合处都应标出尺寸、配合性质和精度等级。配合性质和精度等级的选择对减速器的工作性能、加工工艺及制造成本等有很大影响,应根据手册中有关资料确定。配合性质和精度也是选择装配方法的依据。表6.1给出了减速器主要零件的荐用配合,供设计时参考。

(3) 安装尺寸:机体底面尺寸(包括长、宽、厚),地脚螺栓孔中心的定位尺寸,地脚螺栓孔之间的中心距和直径,减速器中心高,主动轴与从动轴外伸端的配合长度和直径,以及轴外伸端面与减速器某基准轴线的距离等。

（4）外形尺寸：减速器总长、总宽、总高等。它是表示减速器大小的尺寸，以便考虑所需空间大小及工作范围等，供车间布置及装箱运输时参考。

标注尺寸时，应使尺寸的布置整齐清晰，多数尺寸应布置在视图外面，并尽量集中在反映主要结构的视图上。

表 6.1　减速器主要零件的荐用配合

配合零件	荐用配合	装拆方法
大中型减速器的低速级齿轮（蜗轮）与轴的配合，轮缘与轮芯的配合	$\dfrac{H7}{r6}$；$\dfrac{H7}{s6}$	用压力机或温差法（中等压力的配合，小过盈配合）
一般齿轮、蜗轮、带轮、联轴器与轴的配合	$\dfrac{H7}{r6}$	用压力机（中等压力的配合）
要求对中性良好及很少装拆的齿轮、蜗轮、联轴器与轴的配合	$\dfrac{H7}{n6}$	用压力机（较紧的过渡配合）
小锥齿轮及较常装拆的齿轮、联轴器与轴的配合	$\dfrac{H7}{m6}$；$\dfrac{H7}{k6}$	手锤打入（过渡配合）
滚动轴承内孔与轴的配合（内圈旋转）	j6（轻负荷）；k6，m6（中等负荷）	用压力机（实际为过盈配合）
滚动轴承外圈与机体的配合（外圈不转）	H7，H6（精度高时要求）	木槌或徒手装拆
轴套、挡油盘、溅油轮与轴的配合	$\dfrac{D11}{k6}$；$\dfrac{F9}{k6}$；$\dfrac{F9}{m6}$；$\dfrac{H8}{h7}$；$\dfrac{H8}{h8}$	木槌或徒手装拆
轴承套杯与机孔的配合	$\dfrac{H7}{js6}$；$\dfrac{H7}{h6}$	木槌或徒手装拆
轴承盖与箱体孔（或套杯孔）的配合	$\dfrac{H7}{d11}$；$\dfrac{H7}{h8}$	木槌或徒手装拆
嵌入式轴承盖的凸缘厚与箱体孔凹槽之间的配合	$\dfrac{H11}{h11}$	木槌或徒手装拆
与密封件相接触轴段的公差带	f9；h11	木槌或徒手装拆

2. 减速器技术特性

应在装配图上适当位置写出减速器的技术特性，包括输入功率和转速、传动效率、总传动比及各级传动比、传动特性（如各级传动件的主要几何参数、精度等级）等，也可在装配图上列表表示。二级圆柱斜齿轮减速器技术特性的示范表见表 6.2。

表 6.2　技术特性

输入功率 /kW	输入转速 /(r/min)	效率 η	总传动比 i	传动特性							
				第一级				第二级			
				m_n	z_2/z_1	β	精度等级	m_n	z_2/z_1	β	精度等级

3. 编写技术条件

装配工作图的技术要求是用文字说明在视图上无法表达的有关装配、调整、检验、润滑、维护等方面的内容，正确制订技术条件能保证减速器的工作性能。技术条件主要包括以下几方面。

1）润滑剂

润滑剂对减少运动副间的摩擦、降低磨损和散热、冷却起着重要作用，技术条件中应写明传动件及轴承的润滑剂品种、用量及更换时间。

选择传动件的润滑剂时，应考虑传动特点、载荷性质、大小及运转速度。如重型齿轮传动可选用黏性高、油性好的齿轮油；蜗杆传动由于不利于形成油膜，可选用既含有极压添加剂又含有油性添加剂的工业齿轮油；对轻载、高速、间歇工作的传动件可选黏度较低的润滑油；对开式齿轮传动可选耐腐蚀、抗氧化及减摩性好的开式齿轮油。

当传动件与轴承采用同一润滑剂时，应优先满足传动件的要求，并适当兼顾轴承要求。

对多级传动，应按高速级和低速级对润滑剂要求的平均值选择润滑剂。

对于圆周速度 $v<2\text{m/s}$ 的开式齿轮传动和滚动轴承，常采用润滑脂。具体牌号根据工作温度、运转速度、载荷大小和环境情况选择。

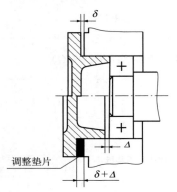

调整垫片

图 6.1　用垫片调整轴承间隙

传动件和轴承所用润滑剂的选择方法参看机械设计教材。换油时间一般为半年左右。

2）滚动轴承轴向游隙及其调整方法

对于固定间隙的向心球轴承，一般留有 $\Delta = 0.25 \sim 0.4\text{mm}$ 的轴向间隙。这些轴向间隙（游隙）值 Δ 应标注在技术要求中。

如图 6.1 所示，用垫片调整轴向间隙，先用端盖将轴承完全顶紧，则端盖与箱体端面之间有间隙 δ（见图的上半部分），用厚度为 $\delta+\Delta$ 的一组垫片置于端盖与箱体端面之间即可得到需要的间隙 Δ（见图的下半部分）。也可用螺纹件调整轴承游隙，可将螺钉或螺母拧紧至基本消除轴向游隙，然后再退转到留有需要的轴向游隙位置，最后锁紧螺纹。

3）传动侧隙

齿轮副的侧隙用最小极限偏差 $j_{n\min}$（或 $j_{t\min}$）与最大极限偏差 $j_{n\max}$（或 $j_{t\max}$）规定，最小、最大极限偏差应根据齿厚极限偏差和传动中心距极限偏差等通过计算确定。

检查侧隙的方法可用塞尺测量，或将铅丝放进传动件啮合的间隙中，然后测量铅丝变形后的厚度即可。

4）接触斑点

检查接触斑点的方法是在主动件齿面上涂色，并将其转动，观察从动件齿面的着色情况，由此分析接触区位置及接触面积大小。若侧隙和接触斑点不符合要求，可调整传动件的啮合位置或对齿面进行跑合。对于锥齿轮减速器，可通过垫片调整大、小锥齿轮位置，使两轮锥顶重合。对于蜗杆减速器，可调整蜗轮轴承端盖与箱体轴承座之间的垫片，使蜗轮中间平面与蜗杆中心面重合，以改善接触状况。

5）减速器的密封

在箱体剖分面、各接触面及密封处均不允许漏油。剖分面上允许涂密封胶或水玻璃，但不允许塞入任何垫片或填料。轴伸处密封应涂上润滑油。

6）对实验的要求

减速器装配好后应做空载实验，正反转各一小时，要求运转平稳、噪声小，连接固定处不得松动。做负载实验时,油池温升不得超过 35℃,轴承温升不得超过 40℃。

　　7) 外观、包装和运输的要求

　　箱体表面应涂漆,外伸轴及零件需涂油并包装严密,运输及装卸时不可倒置。

　　4. 零件编号

　　零件编号要完全,不得重复。图上相同零件只能有一个零件编号,对于标准件,也可分开单独编号。编号引线不应相交,并尽量不与剖面线平行。独立组件(如滚动轴承、通气器)可作为一个零件编号。对装配关系清楚的零件组(如螺栓、螺母及垫圈)可利用公共引线。编号应按顺时针或逆时针方向顺次排列,编号的数字高度应比图中所注尺寸的数字高度大一号。

　　5. 编制明细表和标题栏

　　明细表是减速器所有零件的详细目录,每一个编号的零件都应在名细表内列出,编制名细表的过程也是最后确定材料及标准件的过程。因此,填写时应考虑节约材料,特别是贵重材料,还应注意减少标准件的品种和规格。标准件必须按照规定标记,完整的写出零件名称、材料、规格及标准代号。

　　6. 检查装配工作图

　　完成工作图后,应对此阶段的设计再进行一次检查。其主要内容包括:

　　(1) 视图的数量是否足够,是否能清楚地表达减速器的工作原理和装配关系。

　　(2) 尺寸标注是否正确,配合和精度的选择是否适当。

　　(3) 技术条件和技术性能是否完善、正确。

　　(4) 零件编号是否齐全,标题栏和明细表是否符合要求,有无多余或遗漏。

　　(5) 所有文字和数字是否清晰,是否按制图规定写出。图纸经检查并修改后,待画完零件工作图再加深。

第 7 章　零件工作图设计

零件工作图是制造、检验和制定零件工艺规程的基本技术文件。它是在装配工作图的基础上拆绘和设计而成的。它既要反映设计者的意图,又要考虑到制造、装拆的可能性和结构的合理性。零件工作图应包括制造和检验零件所需的全部详细内容,现对零件工作图的设计简述如下。

1. 视图的选择

每个零件必须单独绘制在一张标准图幅中。应合理地选用一组视图,将零件的结构形状和尺寸都完整、准确而又清晰地表达出来。

零件的基本结构与主要尺寸,均应根据装配工作图绘制,不得随意改动,如果必须改动时则应对装配工作图作相应的修改。

2. 尺寸及其偏差的标注

标注尺寸要符合机械制图的规定,尺寸既要足够又不多余,同时标注尺寸应考虑设计要求,并便于零件的加工和检验,因此在设计中要注意以下几点:

(1) 从保证设计要求及便于加工制造出发,正确选择尺寸基准。

(2) 图面上应有供加工测量用的足够尺寸,尽量避免加工时做任何计算。

(3) 大部分尺寸应尽量集中标注在最能反映零件特征的视图上。

(4) 对配合尺寸及要求精确的几何尺寸(如轴孔配合尺寸、键配合尺寸、箱体孔中心距等)均应注出尺寸的极限偏差。

(5) 零件工作图上的尺寸必须与装配工作图中的尺寸一致。

3. 零件表面粗糙度的标注

零件的所有表面都应注明表面粗糙度的数值,如较多平面具有同样的粗糙度,可在图纸右下角标题栏上边统一标注出粗糙度代号,并在右侧加"√"(相当于"其余"),但只允许就其中使用最多的一种粗糙度如此标注。粗糙度的标注可参考附录 C.3 节。

4. 形位公差的标注

零件工作图上应标注必要的形位公差。这也是评定零件加工质量的重要指标之一。不同零件的工作性能要求不同,所需标注的形位公差项目及等级也不相同。其具体数值及标注方法可参考有关手册和图册。

5. 技术条件

对于零件在制造时必须保证的技术要求,当不便用图形或符号表示时,可用文字简明扼要地书写在技术条件中。

6. 标题栏

零件工作图的标题栏位置应布置在图幅的右下角,用以说明该零件的名称、材料、数量、图号、比例及责任者姓名等,标题栏尺寸必须按有关标准规定的尺寸,可参考附录 A.2 节。

7.1　轴零件工作图设计

1. 视图

根据轴零件的结构特点,只需画一个视图,即将轴线水平横置,且使键槽朝上,以便能表达轴类零件的外形和尺寸,再在键槽、圆孔等处加画辅助的剖面图。对于零件的细部结构,如退刀槽、砂轮越程槽、中心孔等处,必要时可画局部放大图。

2. 标注尺寸

轴的零件图主要是标注各段直径尺寸和轴向长度尺寸。标注直径尺寸时,各段直径都要逐一标注,若是配合直径,还需标出尺寸偏差。各段之间的过渡圆角或倒角等结构的尺寸也应标出(或在技术条件中加以说明)。标注轴向长度尺寸时,为了保证轴上所装零件的轴向定位,应根据设计和工艺要求确定主要基准和辅助基准,并选择合理的标注形式。标注的尺寸应反映加工工艺及测量的要求,还应注意避免出现封闭的尺寸链。通常将轴中最不重要的一段轴向尺寸作为尺寸的封闭环而不标注。此外在标注键槽尺寸时,除标注键槽长度尺寸,还应注意标注键槽的定位尺寸。

图 7.1 为齿轮减速器输出轴的直径和长度尺寸的标注示例。图中 I 基准为主要基准。图中 L_2、L_3、L_4、L_5 和 L_7 等尺寸都以 I 基面作为基准注出,以减少加工误差。标注 L_2 和 L_4 考虑到齿轮固定及轴承定位的可靠性,而 L_3 则与控制轴承支点的跨距有关。L_6 涉及开式齿轮的固定,L_8 为次要尺寸。封闭段和左轴承的轴段长度误差不影响装配及使用,故作为封闭环不注尺寸,使加工误差积累在该轴段上,避免了封闭的尺寸链。该轴的主要加工过程见表 7.1。

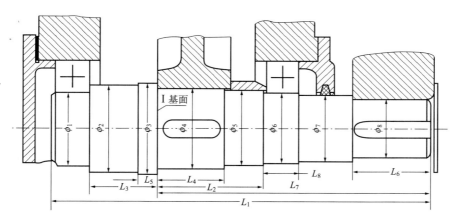

图 7.1　轴的直径和长度尺寸的标注

表 7.1　轴的车削主要工序过程

工序号	工序名称	工序草图	所需尺寸
1	下料,车外圆 车端面,钻中心孔		L_1, ϕ_3
2	卡住一头 量 L_7 车 ϕ_4		L_7, ϕ_4
3	量 L_4 车 ϕ_5		L_4, ϕ_5
4	量 L_2 车 ϕ_6		L_2, ϕ_6
5	量 L_6 车 ϕ_8		L_6, ϕ_8
6	量 L_8 车 ϕ_7		L_8, ϕ_7
7	调头量 L_5 车 ϕ_2		L_5, ϕ_2
8	量 L_3 车 ϕ_1		L_3, ϕ_1

3. 公差及表面粗糙度的标注

　　轴的重要尺寸(如安装齿轮、链轮及联轴器部位的直径)均应依据装配工作图上所选定的配合性质查出公差值标注在零件图上;轴上装轴承部位直径公差,应根据轴承与轴的配合性质查公差表后加以标注;键槽尺寸及公差也应依据键连接公差的规定进行标注。

　　轴类零件图除需标注上述各项尺寸公差,还需标注必要的形位公差,以保证轴的加工精度和轴的装配质量。表 7.2 给出了轴的形状公差和位置公差的推荐标注项目和精度等级。形位公差的具体数值见有关标准。

表 7.2　轴的形位公差推荐标注项目

类别	标注项目	符号	精度等级	对工作性能的影响
形状公差	与滚动轴承相配合的直径的圆柱度	⌀	7～8	影响轴承与轴配合松紧及对中性,也会改变轴承内圈跑道的几何形状缩短轴承寿命
位置公差	与滚动轴承相配合的轴颈表面对中心线的圆跳动	↗	6～8	影响传动件及轴承的运转偏心
位置公差	轴承的定位端面相对轴心线的端面圆跳动	↗	6～7	影响轴承的定位,造成轴承套圈歪斜;改变跑道的几何形状,恶化轴承的工作条件
位置公差	与齿轮等传动零件相配合表面对中心线的圆跳动	↗	6～8	影响传动件的运转(偏心)
位置公差	齿轮等传动零件的定位端面对中心线的垂直度或端面圆跳动	↗	6～8	影响齿轮等传动零件的定位及其受载均匀性
位置公差	键槽对轴中心线的对称度(要求不高时可不注)	═	7～9	影响键受载均匀性及装拆的难易

　　由于轴的各部分精度不同,加工方法不同,表面粗糙度也不相同。表面粗糙度高度参数值的选择见表 7.3。

表 7.3　轴加工表面粗糙度 Ra 荐用值　　　　　　　　　μm

加工表面	表面粗糙度			
与传动件及联轴器等轮毂相配合的表面	3.2;1.6～0.8;0.4			
与滚动轴承相配合的表面	1.0(轴承内径 $D\leqslant80mm$) 1.6(轴承内径 $D>80mm$)			
与传动件及联轴器相配合的轴肩端面	6.3;3.2;1.6			
与滚动轴承相配合的轴肩端面	2.0($D\leqslant80mm$)　　　2.5($D>80mm$)			
平键键槽	6.3;3.2(工作面)　　　12.5;6.3(非工作面)			
密封处的表面	毡圈式	橡胶密封式		油沟及迷宫式
	与轴接触处的圆周速度 m/s			6.3;3.2;1.6
	$\leqslant3$	>3	>5	
	3.2;1.6;0.8	1.6;0.8;0.4	0.8;0.4;0.2	

4. 技术条件

轴类零件图上的技术条件包括以下内容:

(1)对材料和表面性能的要求,如所选材料牌号及热处理方法,热处理后应达到的硬度值等。

(2)中心孔的类型尺寸。如果零件图上未画中心孔,应在技术条件中注明中心孔的类型及国标代号,或在图上作指引线标出。

（3）对图中未注明的圆角、倒角尺寸及其他特殊要求的说明等。

7.2　齿轮等零件工作图设计

1. 视图的安排

圆柱齿轮可视为回转体，一般用 1～2 个视图即可表达清楚，选择主视图时，常把齿轮的轴线水平横置，且用全剖或半剖视图表示孔、键槽、轮毂、轮辐及轮缘的结构；左或右侧视图可以全部画出，也可以只表示轴孔和键槽的形状和尺寸，而绘成局部视图。总之，齿轮零件工作图的视图安排与轴类零件工作图很相似。

2. 尺寸、公差及表面粗糙度的标注

齿轮零件工作图上的尺寸按回转体尺寸的标注方法进行。以轴线为基准线，端面为齿宽方向的尺寸基准。既不要遗漏（如各圆角、倒角、斜度、锥度、键槽尺寸等），又要注意避免重复。

齿轮的分度圆直径是设计计算的基本尺寸，齿顶圆直径、轮毂直径、轮辐（或腹板）等尺寸，都是加工中不可缺少的尺寸，都应标注在图纸上。而齿根圆直径则是根据其他尺寸参数加工的结果，按规定不予标注。

齿轮零件工作图上所有配合尺寸或精度要求较高的尺寸，均应标注尺寸公差、形位公差及表面粗糙度。

齿轮的毛坯公差对齿轮的传动精度影响很大，也应根据齿轮的精度等级进行标注。

齿轮的轴孔是加工、检验和装配时的重要基准，其直径尺寸精度要求较高，应根据装配工作图上选定的配合性质和公差精度等级查公差表，标出各极限偏差值。

齿轮的形位公差还包括键槽两个侧面对于中心线的对称度公差，可按 7～9 级精度选取。

此外，还要标注齿轮所有表面相应的表面粗糙度参数值，见表 7.4。

表 7.4　齿（蜗）轮加工表面粗糙度 Ra 荐用值　　　　　　μm

加工表面		表面粗糙度			
		齿轮第 II 公差组精度等级			
		6	7	8	9
齿轮工作面	圆柱齿轮	1.6～0.8	3.2～0.8	3.2～1.6	6.3～3.2
	圆锥齿轮		1.6～0.8		
	蜗杆及蜗轮				
	齿顶圆	12.5～3.2			
	轴孔	3.2～1.6			
	与轴肩相配合的端面	6.3～3.2			
	平键键槽	6.3～3.2（工作面）　　12.5～6.3（非工作面）			
	其他加工表面	12.5～6.3			

3. 啮合特性表

齿轮的啮合特性表应布置在齿轮零件工作图幅的右上角，其内容包括齿轮的基本参数（模数 m_n、齿数 z、齿形角 α 及斜齿轮的螺旋角 β）、精度等级和相应各检验项目的公差值。

7.3　箱体零件工作图设计

1. 视图的安排

箱体零件的结构较复杂,为了把它的各部结构表达清楚,通常不能少于三个视图,另外还应增加必要的剖视图、向视图和局部放大图。

2. 标注尺寸

箱体的尺寸标注比轴、齿轮等零件要复杂得多,标注尺寸时应注意以下各点。

(1) 选好基准。最好采用加工基准作为标注尺寸的基准,这样便于加工和测量。如箱座和箱盖的高度方向尺寸最好以剖分面(加工基准面)为基准;箱体宽度方向尺寸应采用宽度对称中心线作为基准;箱体长度方向尺寸可取轴承孔中心线作为基准。

(2) 机体尺寸可分为形状尺寸和定位尺寸。形状尺寸是箱体各部位形状大小的尺寸,如壁厚、圆角半径、槽的深宽、箱体的长宽高、各种孔的直径和深度及螺纹孔的尺寸等,这类孔的尺寸应直接标出,而不应有任何运算。定位尺寸是确定箱体各部位相对于基准的位置尺寸,如孔的中心线、曲线的中心位置及其他有关部位的平面及基准的距离等,对这类尺寸都应从基准(或辅助基准)直接标注。

(3) 对于影响机械工作性能的尺寸(如箱体轴承座孔的中心距及其偏差)应直接标出,以保证加工准确性。

(4) 配合尺寸都应标出其偏差。标注尺寸时应避免出现封闭尺寸链。

(5) 所有圆角、倒角、拔模斜度等都必须标注,或在技术条件中说明。

(6) 各基本形体部分的尺寸,在基本形体的定位尺寸标出后,都应从自己的基准出发进行标注。

3. 形位公差

箱体形位公差推荐标注项目见表 7.5。

表 7.5　箱体形位公差推荐标注项目

类别	标注项目名称	符号	荐用精度等级	对工作性能的影响
形状公差	轴承座孔的圆柱度	⌭	6~7	影响箱体与轴承的配合性能及对中性
	分箱面的平面度	▱	7~8	影响箱体剖分面的防渗漏性能及密合性
位置公差	轴承座孔中心线相互间的平行度	//	6~7	影响传动零件的接触精度及传动的平稳性
	轴承座孔的端面对其中心线的垂直度	⊥	7~8	影响轴承固定及轴向受载的均匀性
	锥齿轮减速器轴承座孔中心线相互间的垂直度	⊥	7	影响传动零件的传动平稳性和载荷分布的均匀性
	两轴承座孔中心线的同轴度	◎	7~8	影响减速器的装配及传动零件载荷分布的均匀性

4．表面粗糙度

箱体加工表面粗糙度的荐用值见表 7.6。

表 7.6　箱体加工表面粗糙度 *Ra* 荐用值　　　　　　　　　μm

加工表面	表面粗糙度
箱体剖分面	3.2～1.6
与滚动轴承相配合的轴承座孔	1.6(轴承孔径 *D*≤80mm) 3.2(轴承孔径 *D*>80mm)
轴承座外端面	6.3～3.2
箱体底面	12.5～6.3
油沟及检查孔的接触面	12.5～6.3
螺栓孔、沉头座	25～12.5
圆锥销孔	3.2～1.6
轴承盖及套杯的其他配合面	6.3～3.2

5．技术条件

技术条件应包括下列一些内容：
(1) 清砂及时效处理。
(2) 箱盖与箱座的轴承孔应在连接并装入定位销后镗孔。
(3) 箱盖与箱座合箱后边缘的平齐性及错量允许值。
(4) 剖分面上的定位销孔加工，应将箱盖和箱座固定配钻、配铰。
(5) 铸件斜度及圆角半径。
(6) 箱体内表面需用煤油清洗，并涂防腐漆。

第8章　编写设计计算说明书

设计计算说明书是整个设计计算过程的整理和总结,是图纸设计的理论依据,也是审核设计是否合理的技术文件之一。

8.1　设计计算说明书的内容

设计计算说明书应写出全部计算过程、所用各种参数选择依据及最后结论,并且还应该有必要的草图。设计计算说明书的内容视设计任务而定,对于以减速器为主的机械传动装置设计,其内容大致包括以下几方面:

(1) 目录(标题及页次);

(2) 设计任务书;

(3) 传动方案的分析和拟定,包括传动方案简图;

(4) 计算电动机所需功率,选择电动机;

(5) 传动装置的运动和动力参数计算(分配各级传动比,计算各轴的转速、功率和扭矩);

(6) 传动零件的设计计算(包括必要的结构草图和计算简图);

(7) 轴的设计计算;

(8) 滚动轴承的选择和计算;

(9) 键连接的选择和验算;

(10) 联轴器的选择;

(11) 润滑方式、润滑油牌号及密封装置的选择;

(12) 设计小结(对课程设计有何心得体会、该设计的优缺点及改进意见等);

(13) 参考资料(资料编号、作者、书名、版次、出版地、出版社及年份)。

8.2　设计计算说明书的要求及注意事项

设计说明书要求计算正确、论述清楚、文字简练、插图简明、书写工整。

具体要求及注意事项有以下几点:

(1) 设计计算说明书以计算内容为主,要求写明整个设计的所有计算和简要说明,不允许出现只有结果而没有运算过程的情况,并且应标出大小标题。

(2) 设计计算部分的书写,首先应列出用文字符号表达的计算公式,再代入各文字符号的数值,中间运算过程不必写出,应直接写出计算结果,并注明单位。对计算结果应做出简短的结论,如"满足强度要求"等。对于重要的公式和数据应注明来源(参考资料的编号及页次)。

(3) 设计计算说明书中应附有必要的简图,例如,轴的设计计算部分应该画出轴的结构草图、空间受力图、水平面及垂直面受力图、水平面及垂直面的弯矩图、合成弯矩图、扭矩图、当量弯矩图等,各个图应用同一比例。相关的图应尽量画在同一页纸中,便于查阅、核对。

(4) 设计计算说明书必须用钢笔或圆珠笔书写,也可以打字,不得用铅笔或彩色笔书写。

（5）设计计算说明书一般用 16 开纸书写，同时必须按规定的格式书写（图 8.1）。

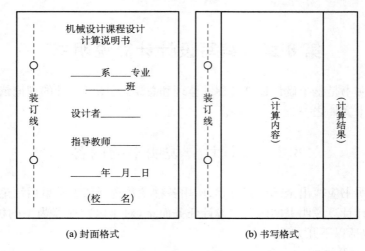

(a) 封面格式　　　　　　　　　　　(b) 书写格式

图 8.1　格式纸

8.3　设计计算说明书的书写格式示例

计算项目	计算及说明	计算结果
选材、设计螺旋副尺寸 （1）选材	螺杆：45 钢 ⋯⋯⋯⋯⋯⋯⋯⋯⋯⋯ 因为 $[\sigma]=\dfrac{\sigma_s}{S}=\dfrac{350}{4}\approx 88\text{MPa}$ 螺母：铸锡青铜 ZCuSn10P1	螺杆：45 钢 $[\sigma]=88\text{MPa}$ 螺母：铸锡青铜 ZCuSn10P1 $[p]=18\text{MPa}$
（2）由耐磨性计算螺纹中径 d_2、旋合圈数 Z 及螺母高度 H'	$d_2\geqslant\sqrt{\dfrac{FP}{\pi\phi h[p]}}$ 选 T 型螺纹 $h=0.5P$，取 $\phi=1.2$ $d_2\geqslant\sqrt{\dfrac{20000P}{\pi\times1.2\times0.5P\times18}}=23.03\text{(mm)}$ 选 Tr28×5LH—7H/7e（GB 5796.4—2005） 旋合圈数 $Z=\dfrac{\phi d_2}{P}=\dfrac{1.2\times25.5}{5}=6.12$ 取 $Z=7$ 圈<10，所以合适 $H'=Z_p=7\times5=35\text{(mm)}$	选 Tr28×5LH—7H/7e $d=28\text{mm}$ $P=5\text{mm}$ $d_1=22.5\text{mm}$ $d_2=25.5\text{mm}$ $d'=28.5\text{mm}$ （d'——螺母螺纹大径） $Z=7$ $H'=35\text{mm}$
（3）自锁性验算	$\rho_v=\arctan\mu_v$，由表 $6.7\mu_v=0.09$ $\rho_v=\arctan0.09=5°8'34''$ $\psi=\arctan\dfrac{P}{\pi d_2}=\arctan\dfrac{5}{\pi\times25.5}=3°34'17''$ $\psi<\rho_v-1°=4°8'34''$，所以自锁	$\psi=3°34'17''$
（4）螺杆强度验算	$\sigma=\sqrt{\left(\dfrac{4F}{\pi d_1^2}\right)^2+3\left(\dfrac{T_1}{0.2d_1^3}\right)^2}$ $=\sqrt{\left[\dfrac{4\times20000}{\pi(22.5\times10^{-3})^2}\right]^2+3\left[\dfrac{T_1}{0.2(22.5\times10^{-3})^3}\right]^2}$ $T_1=\tan(\psi+\rho_v)\times\dfrac{d_2}{2}$	

计算项目	计算及说明	计算结果
（5）稳定性验算	$=\dfrac{1}{2}\times20000\tan(3°34'17''+5°8'34'')\times25.5\times10^{-3}$ $=39.09(\text{N}\cdot\text{m})$ 代入上式 $\sigma=58.4\text{MPa}<[\sigma]=88\text{MPa}$ 柔度 $\lambda=\dfrac{4\beta l}{d_1}$，按下端固定，上端自由取 $\beta=2$，l 可按下式估算 $l=H+\dfrac{H'}{2}+d=140+\dfrac{35}{2}+28=185.5(\text{mm})$ ……………………………… 参考资料 ………………………………	螺杆强度足够 稳定性满足

第9章 课程设计的总结与答辩

总结与答辩是课程设计的最后一个重要环节,通过总结答辩,可以系统地分析所做设计的优缺点,找出设计中应该注意的问题,掌握常用机械设计的一般方法和步骤,通过答辩也可以检查学生实际掌握机械设计课程及其相关课程知识的情况,以及了解学生进行实际机械设计的能力,作为评定学生课程设计成绩的依据之一。

9.1 课程设计的总结与答辩

在答辩前,应做好以下两方面工作:

(1) 图纸装订。按要求完成规定的任务后把图纸叠好(图9.1),说明书装订好,一同放在图纸袋中,图纸袋封面见图9.2。

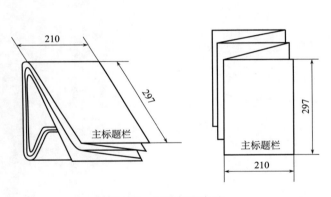

图 9.1 图纸折叠方法

图 9.2 图纸袋封面

(2) 回顾与总结。平时的努力固然是首要的,但是最后的总结也非常重要,总结可从三个方面进行:第一是结构方面,包括总体结构的选择是否合理、设计是否满足设计要求、各个零(部)之间的相互关系是否正确等;第二是理论计算方面,包括零件的选材、受力分析、失效形式、承载能力计算、主要尺寸参数的确定是否正确等;第三是手册与规范运用是否熟练。

答辩主要围绕本次设计所涉及的内容,如结构设计(总图及零件图),以及材料、公差、加工工艺、机械制图等方面的问题。理论计算方面包括设计方法、设计步骤等设计说明书涉及的问题,如零件的失效形式、设计准则、受力分析、参数选择、润滑密封、标准手册的查找等。

答辩的方式采用集体答辩(每个答辩组由 2~3 名教师组成),对于学生是单独答辩(每个学生 10~15 分钟),答辩成绩的评定以设计图纸、设计说明书及答辩中回答问题的情况为依据,并参考设计过程中的出勤情况、独立思考情况、知识掌握情况及设计能力等方面进行评定,分为优、良、中、及格、不及格五个等级。

9.2　答辩思考题

（1）通用减速器有哪几种主要类型？其特点如何？

（2）选择通用减速器类型的主要依据是什么？

（3）合理分配两级以上减速器的传动比时，应考虑哪些主要问题？

（4）你所设计的减速器如何起吊？其结构形式如何？

（5）确定减速器的润滑方式时，应考虑哪些主要因素？

（6）减速器在什么情况下需要开设油沟？试说明油的走向。

（7）减速器箱体的底座与地基接触处为何要挖进去一些，而不做成整个一块平面？

（8）减速器箱体装油塞处及装通气器处为何要凸出一些？

（9）铸造减速箱的壁厚为什么要大于 8mm？

（10）放油塞有何作用？它的位置为什么要选择在最低位置？

（11）如何考虑减速器检查孔的位置设计？

（12）为何要在减速器上开设通气器？通气器有几种结构形式？

（13）轴承盖有几种结构形式？各有何优缺点？

（14）定位销有何作用？如何选择其位置？

（15）启盖螺钉有何作用？其工作原理如何？

（16）轴承盖的连接螺钉位置应如何考虑？能否放在上下箱接合面处？

（17）为何箱体在轴承旁螺栓连接处要设凸台？凸台的高度如何确定？

（18）在减速器上下箱体连接螺栓处及地角螺栓处为何要有沉孔？

（19）如何考虑减速器滚动轴承的润滑问题？

（20）试说明减速器齿轮（或蜗杆、蜗轮）径向力、圆周力、轴向力的传递路线，这些力最终由哪些零件所承受？

（21）减速器上下分箱面为何要涂以水玻璃或密封胶而不允许用任何材料的垫片？

（22）减速器的筋板（如轴承座下边的筋板）起什么作用？

（23）减速器装润滑油高度应如何确定？

（24）设计圆锥-圆柱齿轮传动时，小锥齿轮为何要放在高速级？

（25）你所设计的齿轮减速器选用的是软齿面还是硬齿面？使用若干年后，该齿轮将首先发生什么失效？为什么？如果该齿轮失效后再重新设计齿轮，将按什么强度设计？按什么强度校核？为什么？

（26）电动机的功率如何确定？

（27）电动机的型号和转速是如何确定的？

（28）工作机的实际转速应如何确定？

（29）传动装置中各轴间的功率、转速和转矩是什么关系？

（30）试述带传动或链传动设计的大致设计步骤。

（31）V 带或链传动设计时要确定哪些主要参数？

（32）V 带的根数是如何确定的？

（33）带传动的包角有何限制？为什么？

（34）在齿轮设计中，当接触强度不满足时，应采用哪些措施提高齿轮的接触强度？

（35）在齿轮设计中，当弯曲强度不满足时，应采用哪些措施提高齿轮的弯曲强度？

（36）齿轮设计中的齿数、模数应如何确定？

（37）为何大、小齿轮的弯曲强度要分别校核？

（38）试述齿轮强度计算时所用计算载荷的意义。

（39）选择齿轮材料要考虑哪些因素？

（40）齿轮接触应力和弯曲应力的变化规律如何？

（41）说明计算载荷中的载荷系数 K 的意义。

（42）试述闭式齿轮传动主要失效形式和设计准则。

（43）斜齿圆柱齿轮传动中，轮齿的螺旋角大小和旋向是根据什么确定的？

（44）大、小齿轮的硬度为什么有差别？你设计的大、小齿轮齿面硬度是否相同？接触强度计算中用哪一个齿轮的极限应力值？

（45）大、小齿轮的宽度如何进行设计？两者是否相同？为什么？

（46）齿轮的轴向固定有哪些方法？你采用了什么方法？

（47）根据所设计的减速器，说明如何选择滚动轴承的类型、尺寸，并简述选择过程。

（48）滚动轴承的代号是由哪几部分组成的？

（49）角接触轴承面对面安装和背对背安装布置各有哪些优缺点？你选择的布置有何特点？

（50）对角接触轴承应如何考虑轴向力方向？

（51）滚动轴承应计算哪些内容？为什么？

（52）试述轴的设计步骤和方法。

（53）在什么条件下采用齿轮轴？

（54）轴上零件的轴向固定应考虑哪些问题？

（55）轴承如何拆装？在轴的设计中应如何考虑？

（56）轴承为何留有轴向间隙？如何进行调整？

（57）轴承的密封方式有几种？你在设计中是如何选择的？

（58）根据什么条件选择联轴器？联轴器与箱体最外缘的距离应如何考虑？

（59）试述低速轴上零件的装拆顺序。

（60）上下箱体连接螺栓的位置和个数是根据什么确定的？

（61）你选用了哪种形式的轴承盖？为什么？

（62）轴承旁连接螺栓起何作用？其位置及凸台高度是如何确定的？

（63）轴的强度计算中应力修正系数 α 意义是什么？其值如何确定？

（64）中间轴（或低速轴、高速轴）哪段受弯？哪段受扭？

（65）键的宽度 b、高度 h 和长度 L 应如何确定？键在轴上的安装位置如何确定？

（66）键的强度验算主要考虑什么强度？为什么？

（67）箱缘宽度根据什么条件确定的？

（68）减速器的上、下箱体连接处的定位销起什么作用？它的直径、安装位置如何确定？

（69）在确定油面指示装置位置时，应考虑哪些问题？

（70）检查孔的作用是什么？所开孔的大小和位置根据什么条件确定？

（71）为减少箱体加工面，在设计中采取哪些措施？

（72）减速器上吊钩、吊环或吊耳的作用是什么？

（73）减速器的油塞起什么作用？布置其位置时应考虑哪些问题？

（74）装配图中应标注哪些尺寸？结合你所设计的图纸说明各尺寸的作用？

（75）轴的标注尺寸和加工工艺有何关系？

（76）为何尺寸链不能封闭？

（77）尺寸标注中哪些尺寸需要圆整？哪些尺寸不能圆整？

（78）减速器的轴通常采用什么材料？为什么？

（79）轴承盖的连接螺栓是受拉还是受剪连接螺栓？其受的力是从哪里传来的？

（80）减速器上下箱体连接螺栓是受拉还是受剪连接螺栓？简述其所受的外力性质（轴向力、横向力、扭矩、翻倒力矩），并说明外力的来源。

第10章 参考图例

10.1 装配图和结构图图例

10.1.1 圆柱齿轮减速器

一级圆柱齿轮减速器装配图(图 10.1)
一级圆柱齿轮减速器装配图(有油沟)(图 10.2)
二级展开式圆柱齿轮减速器结构图(软齿面、铸造箱体)(图 10.3)
二级同轴式圆柱齿轮减速器结构图(图 10.4)

10.1.2 圆锥齿轮减速器

一级圆锥齿轮减速器装配图(图 10.5)

10.1.3 圆锥-圆柱齿轮减速器

圆锥-圆柱齿轮减速器结构图(图 10.6)

10.1.4 蜗杆-蜗轮减速器

一级蜗杆减速器装配图(剖分式、蜗杆在下)(图 10.7)
一级蜗杆减速器结构图(整体式)(图 10.8)

10.1.5 蜗杆-圆柱齿轮减速器

蜗杆-圆柱齿轮减速器结构图(图 10.9)

10.1.6 圆柱齿轮-蜗杆减速器

圆柱齿轮-蜗杆减速器结构图(图 10.10)

10.2 零件工作图图例

10.2.1 箱体类零件工作图

箱盖零件工作图(图 10.11)
箱体零件工作图(图 10.12)

10.2.2 轴类零件工作图

轴零件工作图(图 10.13)

10.2.3 齿轮类零件工作图

圆柱齿轮轴零件工作图(图 10.14)

　　圆柱齿轮零件工作图(图 10.15)

　　锥齿轮轴零件工作图(图 10.16)

　　锥齿轮零件工作图(图 10.17)

10.2.4　蜗杆蜗轮零件的工作图

　　蜗杆零件工作图(图 10.18)

　　蜗轮装配(零件)工作图(图 10.19)

　　蜗轮轮芯、轮缘零件工作图(图 10.20)

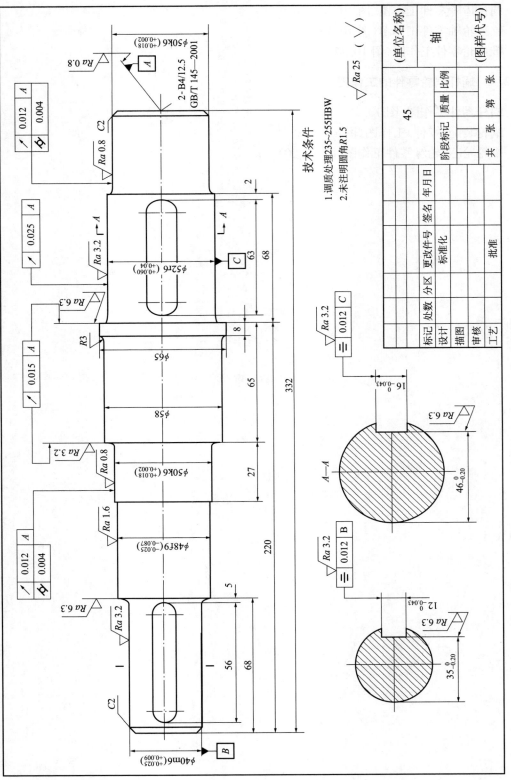

图 10.13　轴零件工作图

法向模数	m_n	3
齿数	z_1	20
齿形角	α	20°
齿形高系数	h_a^*	1
螺旋角	β	13°55′50″
螺旋角方向		左旋
径向变位系数	x	0
精度等级	7GB/T 10095.1—2001	
齿轮副中心距及其极限偏差	$a\pm f_a$	170±0.036
配对齿轮齿数	图号	
	齿数	90
齿距累计总公差	F_p	0.038
单个齿距极限偏差	$\pm f_{pt}$	0.012
径向跳动公差	F_r	0.030
齿廓总公差	F_α	0.016
螺旋线总公差	F_β	0.020
公法线平均长度及其上下偏差	w_k	$23.048_{-0.162}^{-0.081}$
齿距数	K	3

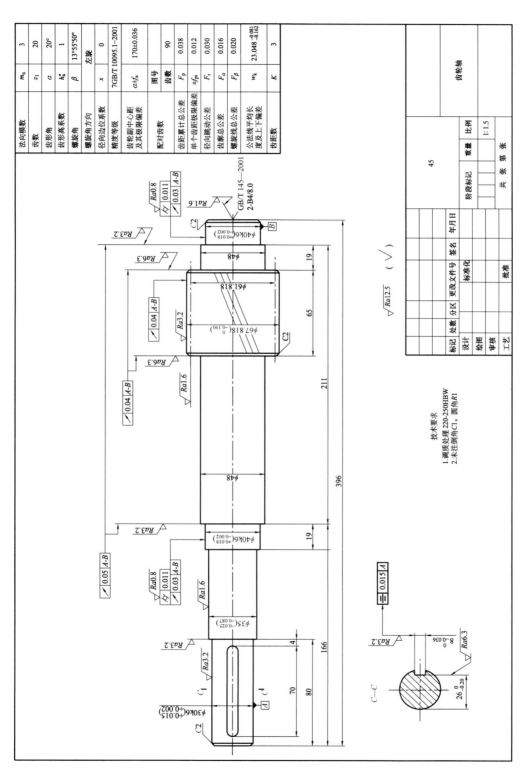

技术要求
1. 调质处理 220~250HBW
2. 未注倒角C1，圆角R1

$\sqrt{Ra12.5}$ 　（ $\sqrt{}$ ）

标记	处数	分区	更改文件号	签名	年月日				
设计			标准化			阶段标记	重量	比例	
绘图								1:1.5	
审核						45			
工艺			批准			共 张 第 张			齿轮轴

图 10.14　圆柱齿轮轴零件工作图

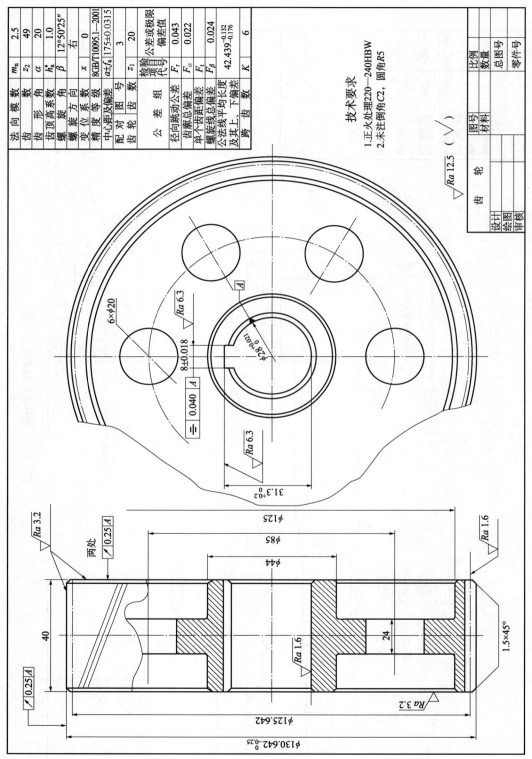

法向模数	m_n	2.5
齿数	z_2	49
齿形角	α	20
齿顶高系数	h_a^*	1.0
螺旋方向角	β	12°50′25″
旋向		右
变位系数	x	0
精度等级	8GB/T10095.1—2001
中心距及偏差	$a\pm f_a$	175±0.0315
配对齿轮图号		
齿轮 齿数	z_1	20
公差组	检验项目代号	公差或极限偏差值
径向跳动公差	F_r	0.043
齿廓总偏差	F_α	0.022
单个齿距偏差	F_t	0.024
螺旋线总偏差	F_β	
公法线平均长度及其上、下偏差	42.439$^{-0.132}_{-0.176}$
跨齿数	K	6

技术要求

1.正火处理220—240HBW
2.未注倒角C2，圆角R5

$\sqrt{Ra\ 12.5}$ ($\sqrt{}$)

齿　轮

图号		比例	
材料		数量	
		总图号	
		零件号	
设计			
绘图			
审核			

图 10. 15　圆柱齿轮零件工作图

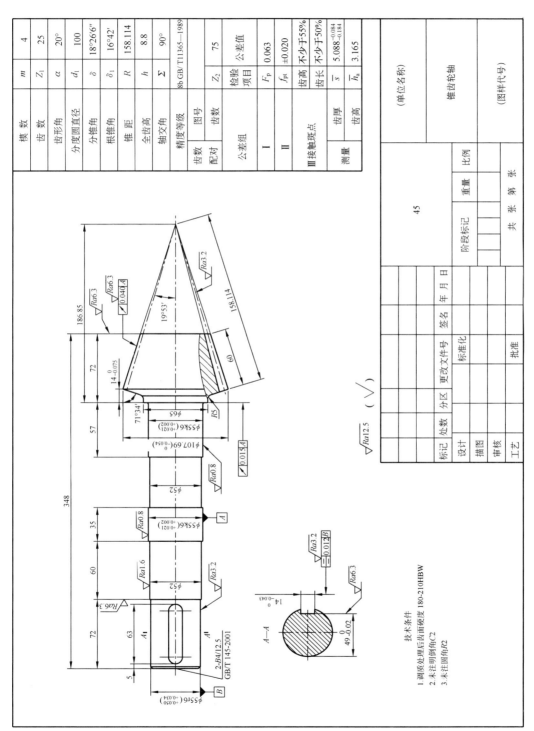

模 数	m	4
齿 数	Z_1	25
齿形角	α	20°
分度圆直径	d_1	100
分锥角	δ	18°2′6″
根锥角	δ_1	16°42′
锥 距	R	158.114
全齿高	h	8.8
轴交角	Σ	90°
精度等级		8b GB/T 11365—1989

齿数 配对	图号	
	齿数 Z_2	75

公差组	检验 项目	公差值
I	F_p	0.063
II	f_{pt}	±0.020
III 接触斑点	齿高	不少于55%
	齿长	不少于50%

测量	齿厚	$\bar{s}$	$5.088^{-0.084}_{-0.184}$
	齿高	$\bar{h}_a$	3.165

$\sqrt{Ra12.5}$ $(\sqrt{})$

技术条件
1. 调质处理后齿面硬度180-210HBW
2. 未注明倒角C2
3. 未注圆角R2

标记	处数	分区	更改文件号	签名	年 月 日		(单位名称)	
设计			标准化				锥齿轮轴	
描图						45		
审核			批准			阶段标记	重量	比例
工艺						共 张	第 张	
							(图样代号)	

图 10.16 锥齿轮轴零件工作图

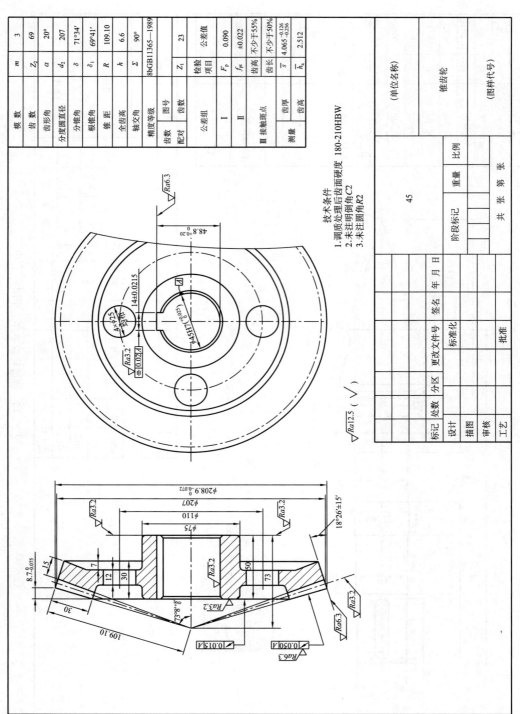

图 10.17　锥齿轮零件工作图

模　数	m	3			
齿　数	Z_2	69			
齿形角	α	20°			
分度圆直径	d_2	207			
分锥角	δ	71°34′			
根锥角	δ_1	69°41′			
锥距	R	109.10			
全齿高	h	6.6			
轴交角	Σ	90°			
精度等级		8bGB11365—1989			
配对	图号				
齿轮	齿数	Z_1	23		
公差组	检验项目	公差值			
Ⅰ	F_P	0.090			
Ⅱ	f_{pt}	±0.022			
Ⅲ接触斑点	齿高 不少于55%				
	齿长 不少于50%				
测量	齿厚	$\bar{s}$	$4.065^{-0.126}_{-0.256}$		
	齿高	$\bar{h}_a$	2.512		

技术条件
1.调质处理后齿面硬度 180-210HBW
2.未注明倒角C2
3.未注圆角R2

$\sqrt{Ra12.5}$ ($\sqrt{}$)

（单位名称）

45

锥齿轮

（图样代号）

标记	处数	分区	更改文件号	签名	年 月 日
设计				标准化	
描图					
审核				批准	
工艺					

| 阶段标记 | 重量 | 比例 |
| 共 张 | 第 张 | |

模数	m	4
头数	Z	1
齿形角	α	20°
齿顶高系数	h_a^*	1.0
径向间隙系数	c	0.2
螺旋线方向		右旋
导程角	γ	5°42'38"
分度圆直径	d_1	40
中心距及其偏差	$a\pm f_m$	80±0.037
蜗杆类型		阿基米德
精度等级		7cGN 10084—88
相啮合蜗轮	图号	
	齿数 Z_2	30
轴向齿距极限偏差	$\pm f_{px}$	±0.014
轴向齿距累积公差	f_{px1}	0.024
齿形公差	f_{f1}	0.022
	h_a	4
	S_a	6.283
蜗杆轴向、法面齿厚	S_n	$6.252^{-0.136}_{-0.192}$

技术要求

1. 调质处理220~240HBW
2. 未注圆角半径R2

$\sqrt{Ra\,6.3}$ ($\sqrt{}$)

	图号		比例	1:1
	材料	45	数量	
蜗杆轴				
设计(姓名)				
审计(姓名)				
成绩				
日期				

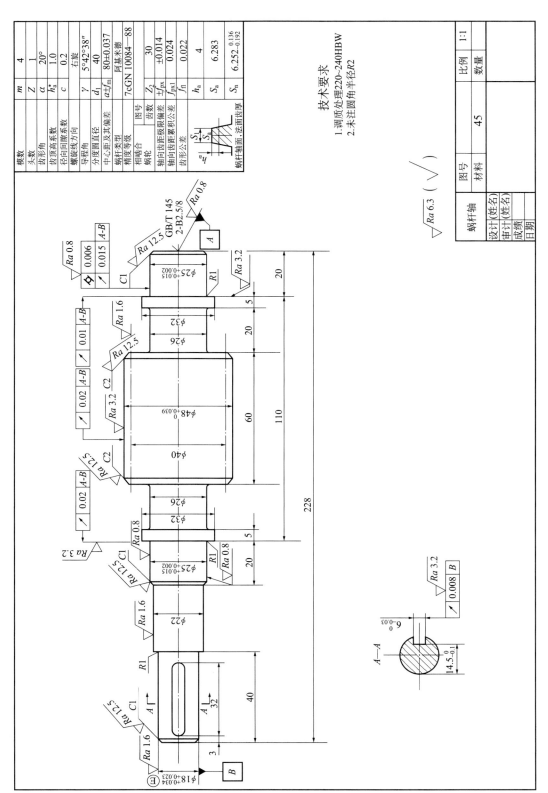

图 10.18　蜗杆零件工作图

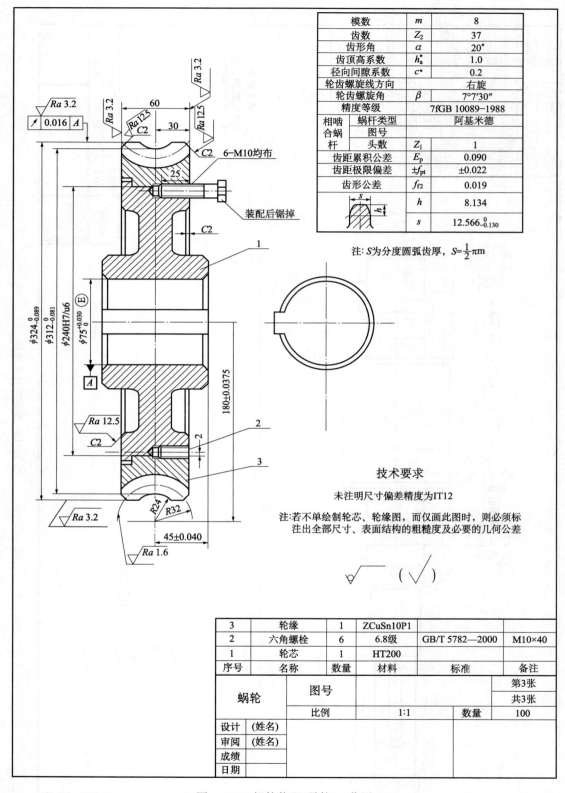

模数	m	8
齿数	Z_2	37
齿形角	α	20°
齿顶高系数	h_a^*	1.0
径向间隙系数	c^*	0.2
轮齿螺旋线方向		右旋
轮齿螺旋角	β	7°7′30″
精度等级		7fGB 10089–1988
相啮合蜗杆	蜗杆类型	阿基米德
	图号	
	头数 Z_1	1
	齿距累积公差 E_p	0.090
	齿距极限偏差 $\pm f_{pt}$	±0.022
	齿形公差 f_{f2}	0.019
	h	8.134
	s	$12.566^{0}_{-0.130}$

注: S为分度圆弧齿厚, $S=\frac{1}{2}\pi m$

技术要求

未注明尺寸偏差精度为IT12

注:若不单绘制轮芯、轮缘图, 而仅画此图时, 则必须标
注出全部尺寸、表面结构的粗糙度及必要的几何公差

3	轮缘	1	ZCuSn10P1		
2	六角螺栓	6	6.8级	GB/T 5782—2000	M10×40
1	轮芯	1	HT200		
序号	名称	数量	材料	标准	备注

蜗轮	图号		第3张
			共3张
	比例	1:1	数量 100
设计	(姓名)		
审阅	(姓名)		
成绩			
日期			

图 10.19　蜗轮装配(零件)工作图

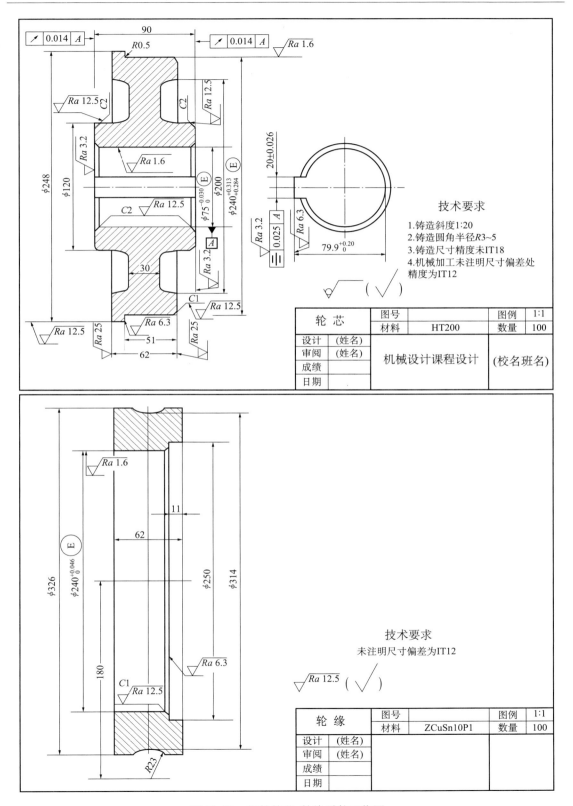

图 10.20 蜗轮轮芯、轮缘零件工作图

第2篇 设计题目

题目1 设计一级圆柱齿轮减速器

【第1组题】

设计用于带式运输机的一级圆柱齿轮减速器。

传动装置简图：

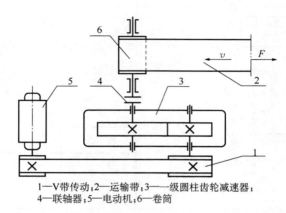

1—V带传动；2—运输带；3——级圆柱齿轮减速器；
4—联轴器；5—电动机；6—卷筒

原始数据：

数据编号	A1	A2	A3	A4	A5	A6	A7	A8	A9	A10
运输带工作拉力 F/N	1100	1150	1200	1250	1300	1350	1450	1500	1500	1600
运输带工作速度 v/(m/s)	1.50	1.60	1.70	1.50	1.55	1.60	1.55	1.65	1.70	1.80
卷筒直径 D/mm	250	260	270	240	250	260	250	260	280	300

工作条件：连续单向运转，载荷平稳，空载起动，使用期限10年，小批量生产，两班制工作，运输带速度允许误差为±5%。

【第2组题】

设计用于螺旋输送机的一级圆柱齿轮减速器。

传动装置简图：

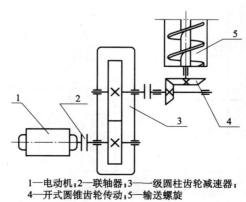

1—电动机；2—联轴器；3——级圆柱齿轮减速器；
4—开式圆锥齿轮传动；5—输送螺旋

原始数据：

数据编号	B1	B2	B3	B4	B5	B6	B7	B8	B9	B10
运输机工作轴转矩 $T/(\text{N}\cdot\text{m})$	700	720	750	780	800	820	850	880	900	950
运输机工作轴转速 $n/(\text{r/min})$	150	145	140	140	135	130	125	125	120	120

　　工作条件：连续单向运转，工作时有轻微振动，使用期限为 8 年，生产 10 台，两班制工作，输送机工作转速允许误差±5%。

　　设计任务(第 1、2 组)：

　　(1) 减速器装配图一张(0 号图纸)；

　　(2) 零件图 3～4 张(图号自定，尽量采用 1∶1 的比例)；

　　(3) 设计说明书一份(4000～6000 字)。

题目 2 设计二级展开式圆柱齿轮减速器

【第 1 组题】

设计热处理车间零件清洗用设备,该传送设备的动力由电动机经减速装置后传至传送带。

传动装置简图:

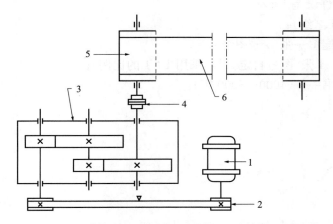

1—电动机;2—带传动;3—减速器;4—联轴器;5—鼓轮;6—传送带

原始数据:

数据编号	C1	C2	C3	C4	C5	C6	C7	C8	C9	C10
鼓轮直径 D/mm	300	330	350	350	380	300	360	320	360	380
传送带运行速度 v/(m/s)	0.63	0.75	0.85	0.8	0.8	0.7	0.83	0.75	0.85	0.9
传送带主动轴所需扭矩 T/(N·m)	700	670	650	950	1050	900	660	900	900	950

工作条件:连续单向运转,载荷平稳,空载起动,每日两班制工作,工作期限为 10 年,批量生产,运输带速度允许误差为 ±5%。

设计任务:

(1) 减速器装配图一张(0 号图纸);

(2) 零件图 3~4 张(图号自定,尽量采用 1∶1 的比例);

(3) 设计说明书一份(4000~6000 字)。

【第 2 组题】

设计用于带式运输机的二级展开式圆柱齿轮减速器,该传送设备的动力由电动机经减速装置后传至传送带。

传动装置简图:

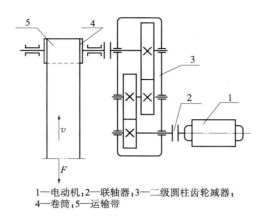

1—电动机;2—联轴器;3—二级圆柱齿轮减速器;
4—卷筒;5—运输带

原始数据:

数据编号	D1	D2	D3	D4	D5	D6	D7	D8	D9	D10
运输带工作拉力 F/N	1900	1800	1600	2200	2250	2500	2450	1900	2200	2000
运输带工作速度 $v/(m/s)$	1.30	1.35	1.40	1.45	1.50	1.30	1.35	1.45	1.50	1.55
卷筒直径 D/mm	250	260	270	280	290	300	250	260	280	300

工作条件:连续单向运转,工作时有轻微振动,空载起动,使用期限为 8 年,小批量生产,单班制工作,运输带速度允许误差为±5%。

设计任务:

(1) 减速器装配图一张(0 号图纸);

(2) 零件图 3～4 张(图号自定,尽量采用 1∶1 的比例);

(3) 设计说明书一份(4000～6000 字)。

【第 3 组题】

设计用于带式运输机的二级展开式圆柱齿轮减速器,该传送设备的动力由电动机经 V 带、齿轮减速后传至传送带。

传动装置简图:

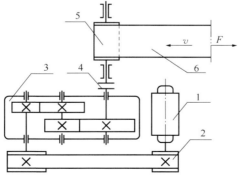

1—电动机;2—V带传动;3—二级圆柱齿轮减速器;
4—联轴器;5—卷筒;6—运输带

原始数据:

数据编号	E1	E2	E3	E4	E5	E6	E7	E8	E9	E10
运输机工作轴转矩 $T/(\text{N·m})$	800	850	900	950	800	850	900	800	850	900
运输带工作速度 $v/(\text{m/s})$	1.20	1.25	1.30	1.35	1.40	1.45	1.20	1.30	1.35	1.40
卷筒直径 D/mm	360	370	380	390	400	410	360	370	380	390

　　工作条件:连续单向运转,工作时有轻微振动,空载起动,单班制工作,工作期限为 10 年,批量生产,运输带速度允许误差为±5%。

　　设计任务:

　　(1) 减速器装配图一张(0 号图纸);

　　(2) 零件图 3～4 张(图号自定,尽量采用 1:1 的比例);

　　(3) 设计说明书一份(4000～6000 字)。

题目 3　设计二级同轴式圆柱齿轮减速器

设计汽车发动机装配车间的皮带运输机。该运输机由电动机经传动装置驱动,用以输送装配用零件。要求减速器在运输带方向具有最小的尺寸,且电动机必须与鼓轮轴平行安置。

传动装置简图:

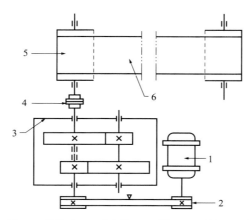

1—电动机;2—带传动;3—减速器;4—联轴器;5—鼓轮;6—传送带

原始数据:

已知条件	题　号									
	F1	F2	F3	F4	F5	F6	F7	F8	F9	F10
鼓轮直径 D/mm	300	350	320	360	400	350	380	365	370	365
传送带运行速度 v/(m/s)	0.68	0.75	0.7	0.8	0.9	0.77	0.8	0.8	0.8	0.8
传送带主动轴所需扭矩 T/(N·m)	1300	1400	1350	1300	1300	1750	1700	1800	1850	1800

工作条件:连续单向运转,载荷平稳,空载起动,每日两班制工作,工作期限为 10 年,批量生产,运输带速度允许误差为±5%。

设计任务:

(1) 减速器装配图一张(0 号图纸);

(2) 零件图 3~4 张(图号自定,尽量采用 1:1 的比例);

(3) 设计说明书一份(4000~6000 字)。

题目 4　设计圆柱齿轮-蜗杆减速器

设计热处理车间零件清洗用设备,该传送设备的动力由电动机经减速装置后传至传送带。
传动装置简图:

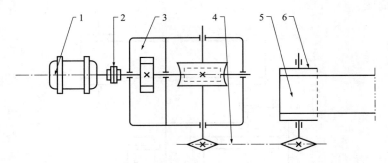

1—电动机;2—联轴器;3—齿轮-蜗杆减速器;4—链传动;5—运送带;6—滚筒

原始数据:

已知条件	题　号							
	G1	G2	G3	G4	G5	G6	G7	G8
运送带曳引力 F/N	8000	7500	9000	7500	7250	8500	9500	9800
运送带速度 $v/(m/s)$	0.12	0.13	0.15	0.17	0.18	0.12	0.14	0.13
滚筒直径 D/mm	350	300	350	300	350	350	300	300

　　工作条件:连续单向运转,载荷平稳,空载起动,每日两班制工作,工作期限为 8 年,批量生产,运输带速度允许误差为±5%。

　　设计任务:

(1) 减速器装配图一张(0 号图纸);

(2) 零件图 3~4 张(图号自定,尽量采用 1:1 的比例);

(3) 设计说明书一份(4000~6000 字)。

题目5　设计圆锥-圆柱齿轮减速器

【第1组题】

设计铸工车间的砂型运输设备,该传送设备的传动系统由电动机-减速器-运输带组成。

传动装置简图:

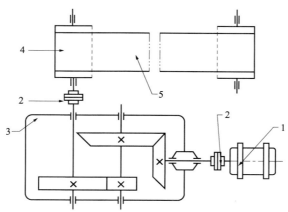

1—电动机;2—联轴器;3—减速器;4—鼓轮;5—传送带

原始数据:

数据编号	H1	H2	H3	H4	H5	H6	H7	H8
牵引力 F/N	4000	6000	10000	8000	6000	10000	21000	28000
传送速度 $v/(m/s)$	0.8	0.9	0.85	0.85	0.8	0.9	0.85	0.85
鼓轮直径 D/mm	300	300	280	200	300	300	280	200

工作条件:连续单向运转,载荷平稳,空载起动,每日两班制工作,工作期限为10年,批量生产,运输带速度允许误差为±5%。

设计任务:

(1) 减速器装配图一张(0号图纸);

(2) 零件图3~4张(图号自定,尽量采用1:1的比例);

(3) 设计说明书一份(4000~6000字)。

【第2组题】

设计用于带式运输机用的圆锥-圆柱齿轮减速器,该传送设备的传动系统由电动机-减速器-运输带组成。

传动装置简图:

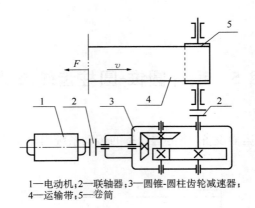

1—电动机；2—联轴器；3—圆锥-圆柱齿轮减速器；
4—运输带；5—卷筒

原始数据：

数据编号	I1	I2	I3	I4	I5	I6	I7	I8	I9	I10
运输带工作拉力 F/N	2 500	2 400	2 300	2 200	2 100	2 100	2 800	2 700	2 600	2 500
运输带工作速度 v/(m/s)	1.40	1.50	1.60	1.70	1.80	1.90	1.30	1.40	1.50	1.60
卷筒直径 D/mm	250	260	270	280	290	300	250	260	270	280

　　工作条件：连续单向运转，载荷平稳，空载起动，每日两班制工作，工作期限为 10 年，批量生产，运输带速度允许误差为 ±5%。

　　设计任务：

（1）减速器装配图一张（0 号图纸）；

（2）零件图 3～4 张（图号自定，尽量采用 1:1 的比例）；

（3）设计说明书一份（4000～6000 字）。

题目6 设计蜗杆-圆柱齿轮减速器

设计热处理车间零件清洗用设备,该传送设备的动力由电动机经减速装置后传至传送带。
传动装置简图:

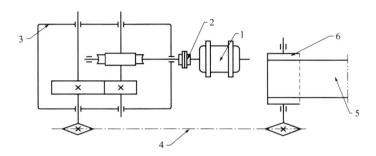

1—电动机;2—联轴器;3—蜗杆-齿轮减速器;4—链传动;5—运送带;6—滚筒

原始数据:

数据编号	J1	J2	J3	J4	J5	J6	J7	J8	J9	J10
运送带曳引力 F/N	2500	2800	3000	3800	4000	4200	4500	5000	5500	6000
运送带速度 $v/(\mathrm{m/s})$	0.2	0.2	0.3	0.3	0.3	0.4	0.3	0.4	0.3	0.5
滚筒直径 D/mm	350	350	400	400	450	350	400	400	350	400

工作条件:每日两班制工作,工作期限为 8 年。连续单向运转,载荷平稳,空载起动,批量生产,运输带速度允许误差为 $\pm 5\%$。

设计任务:

(1) 减速器装配图一张(0 号图纸);

(2) 零件图 3~4 张(图号自定,尽量采用 1:1 的比例);

(3) 设计说明书一份(4000~6000 字)。

附　　录

附录 A　常用设计资料和一般标准、规范

A.1　常　用　资　料

表 A.1　机械传动效率值和传动比范围

类别	传动形式	效率	单级传动比范围	
			最大	常用
圆柱齿轮传动	7 级精度(稀油润滑)	0.98		
	8 级精度(稀油润滑)	0.97	10	3～5
	9 级精度(稀油润滑)	0.96		
	开式传动(脂润滑)	0.94～0.96	15	4～6
锥齿轮传动	7 级精度(稀油润滑)	0.97	6	2～3
	8 级精度(稀油润滑)	0.94～0.97	6	2～3
	开式传动(脂润滑)	0.92～0.95	6	4
带传动	V 带传动	0.95	7	2～4
链传动	滚子链(开式)	0.9～0.93	7	2～4
	滚子链(闭式)	0.95～0.97		
蜗杆传动	自锁	0.4～0.45	闭式 100	15～16
	单头	0.70～0.75	开式 80	10～40
	双头	0.75～0.82		
	4 头	0.82～0.92		
螺旋传动	滑动丝杠	0.30～0.60		
	滚动丝杠	0.85～0.90		
一对滚动轴承	球轴承	0.99		
	滚子轴承	0.98		
一对滑动轴承	润滑不良	0.94		
	正常润滑	0.97		
	液体摩擦	0.99		
联轴器	齿式联轴器	0.99		
	弹性联轴器	0.99～0.995		
运输滚筒		0.96		

A.2　一般标准及规范

A.2.1　图纸幅面、比例

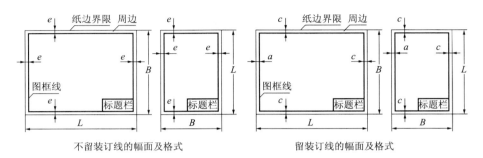

不留装订线的幅面及格式　　　　　留装订线的幅面及格式

图 A.1　图纸幅面（GB/T 14689—2008）

表 A.2　图纸基本幅面（GB/T 14689—2008）　　　　　mm

幅面代号 / 尺寸参数	A0	A1	A2	A3	A4
$B×L$	841×1189	594×841	420×594	297×420	210×297
e	20			10	
c	10			5	
a	25				

加大幅面			
幅面代号	$B×L$	幅面代号	$B×L$
A0×2	1189×1682	A3×6	420×1783
A0×3	1189×2523	A3×7	420×2080
A1×3	841×1738	A4×3	297×630
A1×4	841×2378	A4×4	297×841
A2×3	594×1261	A4×5	297×1051
A2×4	594×1682	A4×6	297×1261
A2×5	594×2102	A4×7	297×1471
A3×3	420×891	A4×8	297×1682
A3×4	420×1189	A4×9	297×1892
A3×5	420×1486		

表 A. 3　图样比例(GB/T 14690—1993)

原值比例	1∶1	应用说明
缩小比例	1∶2　1∶5　1∶10 $1∶2×10^n$　$1∶5×10^n$　$1∶1×10^n$ (1∶1.5)　(1∶2.5)　(1∶3)　(1∶4)　(1∶6) $(1∶1.5×10^n)$　$(1∶2.5×10^n)$ $(1∶3×10^n)$　$(1∶4×10^n)$ $(1∶6×10^n)$	1. 绘制同一机件的各个视图时,应尽可能采用相同的比例,使绘图和看图都很方便 2. 比例应标注在标题栏的比例栏内,必要时,可在视图名称的下方或右侧标注比例,如: $\dfrac{1}{2∶1}$　$\dfrac{A}{1∶10}$　$\dfrac{B-B}{2.5∶1}$ $\dfrac{墙板位置图}{1∶100}$　$\dfrac{平面图}{1∶50}$
放大比例	5∶1　2∶1 $5×10^n∶1$　$2×10^n∶1$　$1×10^n∶1$ (4∶1)　(2.5∶1) $(4∶10^n∶1)$　$(2.5×10^n∶1)$	3. 当图形中孔的直径或薄片的厚度等于或小于 2mm,以及斜度和锥度较小时,可不按比例而夸大画出 4. 表格图或空白图不必标注比例

注:n 为正整数。优先选用不带括号的比例,必要时,也允许选用括号内的比例

A. 2. 2　图纸标题栏(GB/T 10609. 1—2008)

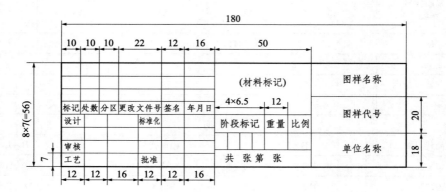

图 A. 2　标题栏

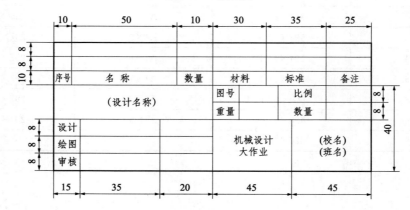

图 A. 3　学生用标题栏及明细表

A.2.3　剖面符号标题栏尺寸及格式

表 A.4　剖面符号(GB/T 4457.5—1984)

名称	符号	名称	符号
金属材料 (已有规定的剖面符号者除外)		转子、变压器、电抗器等的叠钢片	
线圈绕组元件		非金属材料 (已有规定的剖面符号者除外)	
型砂、填砂、粉末冶金、砂轮、陶瓷刀片、硬质合金刀片等		混凝土	
木质胶合板		钢筋混凝土	
基础周围的泥土		砖	
玻璃及供观察用的其他透明材料		网格(筛网、过滤网等)	
木材	纵剖面		液体	
	横剖面			

A.2.4　标准尺寸

表 A.5　标准尺寸(直径、长度、高度等)(GB 2822—2005)　　　　　mm

R			Ra			R			Ra			R			Ra		
R10	R20	R40	Ra10	Ra20	Ra40	R10	R20	R40	Ra10	Ra20	Ra40	R10	R20	R40	Ra10	Ra20	Ra40
2.50	2.50		2.5	2.5		40.0	40.0	40.0	40	40	40		280	280		280	280
	2.80			2.8				42.5			42			300			300
3.15	3.15		3.0	3.0			45.0	45.0		45	45	315	315	315	320	320	320
	3.55			3.5				47.5			48			335			340
4.00	4.00		4.0	4.0		50.0	50.0	50.0	50	50	50		355	355		360	360
	4.50			4.5				53.0			53			375			380
5.00	5.00		5.0	5.0			56.0	56.0		56	56	400	400	400	400	400	400
	5.60			5.5				60.0			60			425			420
6.30	6.30		6.0	6.0		63.0	63.0	63.0	63	63	63		450	450		450	450
	7.10			7.0				67.0			67			475			480
8.00	8.00		8.0	8.0			71.0	71.0		71	71	500	500	500	500	500	500
	9.00			9.0				75.0			75			530			530
10.0	10.0		10.0	10.0		80.0	80.0	80.0	80	80	80		560	560		560	560
	11.2			11				85.0			85			600			600
12.5	12.5	12.5	12	12	12		90.0	90.0		90	90	630	630	630	630	630	630
		13.2			13			95.0			95			670			670
	14.0	14.0		14	14	100	100	100	100	100	100		710	710		710	710
		15.0			15			106			105			750			750
16.0	16.0	16.0	16	16	16		112	112		110	110	800	800	800	800	800	800
		17.0			17			118			120			850			850
	18.0	18.0		18	18	125	125	125	125	125	125		900	900		900	900
		19.0			19			132			130			950			950
20.0	20.0	20.0	20	20	20		140	140		140	140	1000	1000	1000	1000	1000	1000
		21.2			21			150			150			1060			
	22.4	22.4		22	22	160	160	160	160	160	160		1120	1120			
		23.6			24			170			170			1180			
25.0	25.0	25.0	25	25	25		180	180		180	180	1250	1250	1250			
		26.5			26			190			190			1320			
	28.0	28.0		28	28	200	200	200	200	200	200		1400	1400			
		30.0			30			212			210			1500			
31.5	31.5	31.5	32	32	32		224	224		220	220	1600	1600	1600			
		33.5			34			236			240			1700			
	35.5	35.5		36	36	250	250	250	250	250	250		1800	1800			
		37.5			38			265			260			1900			

注：1. 选择系列及单个尺寸时,应首先在优先数系 R 系列中选用标准尺寸。选用顺序为 R10、R20、R40。如果必须将数值圆整,可在相应的 Ra 系列中选用标准尺寸

　　2. 本标准适用于机械制造业中有互换性或系列化要求的主要尺寸,其他结构尺寸也应尽量采用。对于由主要尺寸导出的因变量尺寸和工艺上工序间的尺寸,不受本标准限制。对已有专用标准规定的尺寸,可按专用标准选用

A.2.5　中心孔

表 A.6　中心孔（GB 145—2001）　　　　　　　　　　　　　mm

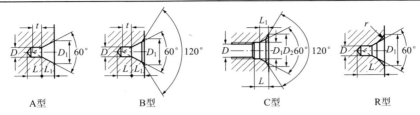

A 型　　　　B 型　　　　　C 型　　　　R 型

A 型不带护锥中心孔　　B 型带护锥中心孔　　C 型带螺纹中心孔　　R 型弧形中心孔

标记示例

直径 $D=4$mm 的 A 型中心孔：A4/8.5 GB 145—2001

D		D_1			L_1（参考）			t	D_2	L	l_{min}	r_{max}	r_{min}	选择中心孔 参考数据
A、B、R 型	C 型	A、R 型	B 型	C 型	A 型	B 型	C 型	A、B 型	C 型		R 型			轴状原料 最大直径
2.00	M3	4.25	6.30	3.2	1.95	2.54	1.8	1.8	5.8	2.6	4.4	6.30	5.00	>10~18
2.50	M4	5.30	8.00	4.3	2.42	3.20	2.1	2.2	7.4	3.2	5.5	8.00	6.30	>18~30
3.15	M5	6.70	10.00	5.3	3.07	4.03	2.4	2.8	8.8	4.0	7.0	10.00	8.00	>30~50
4.00	M6	8.50	12.50	6.4	3.90	5.05	2.8	3.5	10.5	5.0	8.9	12.50	10.00	>50~80
(5.00)	M8	10.60	16.00	8.4	4.85	6.41	3.3	4.4	13.2	6.0	11.2	16.00	12.50	>80~120
6.30	M10	13.20	18.00	10.5	5.98	7.36	3.8	5.5	16.3	7.5	14.0	20.00	16.00	>120~180
(8.00)	M12	17.00	22.40	13.0	7.79	9.36	4.4	7.0	19.8	9.5	17.9	25.00	20.00	>180~200
10.00	M16	21.20	28.00	17.0	9.70	11.66	5.2	8.7	25.3	12.0	22.5	31.50	25.00	>200~220
	M20			21.0			6.4		31.3	15.0				
	M24			25.0			8.0		38.0	18.0				

注：1. A 型和 B 型中心孔的尺寸 l 取决于中心钻的长度，此值不应小于 t 值

　　2. 括号内的尺寸尽量不采用

　　3. 不要求保留中心孔的零件采用 A 型；要求保留中心孔的零件采用 B 型；轴端有挡板的零件采用 C 型

A.2.6　配合表面的圆角半径和倒角尺寸

表 A.7　配合表面的圆角半径和倒角尺寸（GB 6403—2008）

倒圆、倒角形式	倒圆、倒角（45°）的四种装配形式

续表

倒圆、倒角尺寸												
R 或 C	0.1	0.2	0.3	0.4	0.5	0.6	0.8	1.0	1.2	1.6	2.0	2.5	3.0
	4.0	5.0	6.0	8.0	10	12	16	20	25	32	40	50	—

与直径 Φ 相应的倒角 C、倒圆 R 的推荐值																
Φ	—3	>3 ~6	>6 ~10	>10 ~18	>18 ~30	>30 ~50	>50 ~80	>80 ~120	>120 ~180	>180 ~250	>250 ~320	>320 ~400	>400 ~500	>500 ~630	>630 ~800	>800 ~1000
C 或 R	0.2	0.4	0.6	0.8	1.0	1.6	2.0	2.5	3.0	4.0	5.0	6.0	8.0	10	12	16

内角倒角、外角倒圆时 C_{max} 与 R_1 的关系																				
R_1	0.1	0.2	0.3	0.4	0.5	0.6	0.8	1.0	1.2	1.6	2.0	2.5	3.0	4.0	5.0	6.0	8.0	10	12	16	20	25
C_{max} ($C<0.58R_1$)	—	0.1		0.2		0.3	0.4	0.5	0.6	0.8	1.0	1.2	1.6	2.0	2.5	3.0	4.0	5.0	6.0	8.0	10	12

注：$\alpha=45°$，也可采用 $30°$ 或 $60°$

A.2.7　圆形过渡圆角半径

表 A.8　圆形零件自由表面过渡圆角半径

$D-d$	2	5	8	10	15	20	25	30	35	40	50	55	65	70	90	100
R	1	2	3	4	5	8	10	12	12	16	16	20	20	25	25	30

A.2.8　铸造零件的外圆角半径

表 A.9　铸造外圆角 R 值（JB/ZQ 4256—1997）　　　　　　　mm

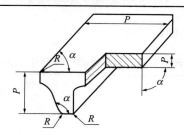

表面的最小边尺寸 P/mm	外 圆 角 α					
	$<50°$	$51°\sim75°$	$76°\sim105°$	$106°\sim135°$	$136°\sim165°$	$>165°$
$\leqslant25$	2	2	2	4	6	8
$>25\sim60$	2	4	4	6	10	16
$>60\sim160$	4	4	6	8	16	25
$>160\sim250$	4	6	8	12	20	30
$>250\sim400$	6	8	10	16	25	40
$>400\sim600$	6	8	12	20	30	50
$>600\sim1000$	8	12	16	25	40	60

注：如果铸件按上表可选出不同的圆角 R 数值，应尽量减少或只取一适当的 R 值以求统一

A. 2. 9　铸造零件的拔模斜度

表 A. 10　铸造斜度 (JB/ZQ 4257—1997)

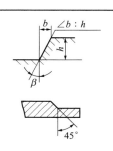

斜度 $b:h$	角度 β	使 用 范 围
1 ： 5	11°30′	$h<25$mm 时钢和铁的铸件
1 ： 10	5°30′	$h=25\sim500$mm 时钢和铁的铸件
1 ： 20	3°	
1 ： 50	1°	$h>500$mm 时钢和铁的铸件
1 ： 100	30′	有色金属铸件

注：当设计不同壁厚的铸件时，在转折点处的斜角最大增到 30°～45°

A. 2. 10　铸造零件的过渡斜度

表 A. 11　铸造过渡斜度 (JB/ZQ 4254—1997)　　　　　　　mm

铸铁和铸钢件的壁厚 δ	K	h	R	
＞10～15	3	15	5	
＞15～20	4	20	5	
＞20～25	5	25	5	
＞25～30	6	30	8	
＞30～35	7	35	8	
＞35～40	8	40	10	
＞40～45	9	45	10	
＞45～50	10	50	10	
＞50～55	11	55	10	
＞55～60	12	60	15	
＞60～65	13	65	15	
＞65～70	14	70	15	
＞70～75	15	75	15	

附录 B 材 料

B.1 黑色金属材料

表 B.1 碳素结构钢的力学性能(GB/T 700—2006)

牌号	等级	屈服强度[①]R_{eH}/(N/mm²),不小于						抗拉强度[②] R_m/ (N/mm²)	断后伸长率 A/%,不小于					冲击试验(V形缺口)	
		厚度(或直径)/mm							厚度(或直径)/mm					温度/℃	冲击吸收功(纵向)/J 不小于
		≤16	>16 ~ 40	>40 ~ 60	>60 ~ 100	>100 ~ 150	>150 ~ 200		≤40	>40 ~ 60	>60 ~ 100	>100 ~ 150	>150 ~ 200		
Q195	—	195	185					315～430	33					—	—
Q215	A	215	205	195	185	175	165	335～450	31	30	29	27	26	—	—
	B													+20	27
Q235	A	235	225	215	215	195	185	370～500	26	25	24	22	21	—	—
	B													+20	27[③]
	C													0	
	D													—20	
Q275	A	275	265	255	245	225	215	410～540	22	21	20	18	17	—	—
	B													+20	27
	C													0	
	D													—20	

注:①Q195 的屈服强度值仅供参考,不作交货条件

②厚度大于 100mm 的钢材,抗拉强度下限允许降低 20N/mm²。宽带钢(包括剪切钢板)抗拉强度上限不作交货条件

③厚度小于 25mm 的 Q235B 级钢材,如供方能保证冲击吸收功值合格,经需方同意,可不作检验

表 B.2 碳素结构钢的性能特点和用途(GB/T 700—2006)

牌号	性能特点	用途举例
Q195	较高的塑性、韧性和焊接性能,良好的压力加工性能,但强度低	载荷较小的零件、垫块、铆钉、地脚螺栓、低碳钢丝、薄板、焊管、拉杆、开口销,以及冲压零件、焊接件等
Q215-A	性能与 Q195 相近,但塑性稍差	薄板、镀锌钢丝、钢丝网、焊管、地脚螺栓、铆钉、垫圈、渗碳零件、焊接件等
Q215-B		
Q235-A	良好的塑性、韧性和焊接性能、冷冲压性能,以及一定的强度、好的冷弯性能,适合钢结构及钢筋混凝土结构用钢要求	广泛用于制造薄板、钢筋、钢结构用各种型钢、建筑结构、桥梁、机座、机械零件、渗碳或碳氮共渗零件、焊接件、支架、受力不大的拉杆、连杆、销、轴、螺钉、螺母、套圈等
Q235-B		
Q235-C		
Q235-D		
Q255-A	较好的强度和冷、热压力加工性能,塑性和焊接性能稍差	钢结构用各种型钢、条钢、钢板、桥梁,强度要求不高的机械零件,如螺栓、键、摇杆、轴、拉杆等
Q255-B		
Q275	具有较高的强度、硬度,较好的耐磨性,一定的焊接性能和切削加工性能,小型零件可以淬火强化,塑性和韧性低于 Q255	钢筋混凝土结构配筋、钢构件,要求强度较高的零件,如齿轮、轴、链轮、键、刹车杆、连杆、吊钩螺栓、螺母、农机用型钢、输送链和链节等

表 B.3 优质碳素结构钢(GB/T 699—1999、JB/T 6397—1992)

| 牌号 | 标准号 | 推荐热处理 | | | 试件毛坯尺寸/mm | 机械性能 不小于 | | | | | 钢材交货状态硬度 HB 不大于 | | 特性和用途 |
		正火	淬火	回火		σ_b MPa	σ_s MPa	δ_5 %	ψ %	$A_{k(U)}$ J	未热处理	退火钢	
20	JB/T 6397	正火或正火+回火			≤100	340~470	215	24	53	54		105~156	冷变形塑性高,一般供弯曲、压延用。为了获得好的深冲压延性能。板材应正火或高温回火。用于不经受很大应力而要求大韧性的机械零件,如杠杆、轴套、螺钉、起重钩等。还可用于表面硬度高而心部强度要求不大的渗碳与氰化零件
					>100~250	320~470	205	23	50	49			
					>250~500	320~470	195	22	45	49			
30	GB/T 699	880	860	600	25	490	295	21	50	63	179		截面尺寸不大时,淬火并回火后呈索氏体组织,从而获得良好的强度和韧性的综合性能。用于制造螺钉、拉杆、轴、套筒、机座等
	JB/T 6397	正火或正火+回火			≤100	410~540	235	20	50	49		120~155	
					>100~250	390~520	225	19	48	39			
					>250~500	390~520	215	18	40	39			
35	GB/T 699	870	850	600	25	530	315	20	45	55	197		有好的塑性和适当的强度,多在正火和调质状态下使用。焊接性能尚可,但焊前要预热,焊后要回火处理,一般不作焊接。用于制造曲轴、转轴、杠杆、连杆、圆盘、钩环、飞轮、机身、法兰、螺栓、螺母等
	JB/T 6397	调质			≤16	630~780	430	17	35	40	140~172		
					>16~40	600~750	370	19	40	40	—		
					>40~100	550~750	320	20	45	40	—		
					>100~250	490~640	295	22	40	40	196~241		
					>250~500	490~640	275	21	—	38	189~229		
											163~219		
40	GB/T 699	860	840	600	25	570	335	19	45	47	217		有较高强度,加工性良好,塑性中等,焊接性差,焊前高预热,焊后应热处理,多在正火和调质状态下使用,用于制造曲轴、曲柄销、活塞杆等
	JB/T 6397	正火或正火+回火调质				同本标准 35 钢					187		

续表

牌号	标准号	推荐热处理			试样毛坯尺寸/mm	机械性能					钢材交货状态硬度 HB		特性和用途
		正火	淬火	回火		σ_b	σ_s	δ_5	ψ	$A_{kU)}$	未热处理	退火钢	
						MPa		%		J	不大于		
						不小于							
45	GB/T 699	850	840	600	25	600	355	16	40	39	229	197	强度较高,塑性和韧性尚好,用于制作承受载荷较大的小截面调质件和应力较小的大型正火零件,以及对心部强度要求不高的表面淬火件,如曲轴,传动轴,齿轮,蜗杆,键,销等。水淬时有形成裂纹的倾向,形状复杂的零件应在热水或油中淬火。焊接性差
	JB/T 6397	正火或正火+回火			≤100	570~710	295	14	38	29	170~207		
					>100~250	550~690	280	13	35	24			
					>250~500	550~690	260	12	32	24			
		调质			≤16	700~850	500	14	30	31	—		
					>16~40	650~800	430	16	35	31	—		
					>40~100	630~780	370	17	40	31	207~302		
					>100~250	590~740	345	18	35	31	197~286		
					>250~500	590~740	345	17	—	—	187~255		
50	GB/T 699	830	830	600	25	630	375	14	40	31	241	207	强度高,塑性,韧性较差,切削性中等,焊接性差。水淬时有形成裂纹的倾向。一般在正火,调质状态下使用,用做强度,耐磨性或弹性,动载荷及冲击负荷不大的零件,如齿轮,轧辊,机床主轴,次要弹簧等
	JB/T 6397	正火或正火+回火调质			同本标准 45 钢								
55	GB/T 699	820	820	600	25	645	380	13	35		255	217	在正火或淬火与回火状态下应用。切削加工性好,焊接性不良。用于制造承受疲劳负荷的零件,如转轴,心轴,滚子及高应力下的工作螺钉,螺母等
60	GB/T 699	810			25	675	400	12	35		255	229	
20Mn	GB/T 699	910			25	450	275	24	50		197		用于制造受磨损的零件,如转轴,心轴,齿轮,螺栓,螺母,地脚螺栓等,还可作焊接性较差
30Mn	GB/T 699	880	860	600	25	540	315	20	45	63	217	187	
40Mn	GB/T 699	860	840	600	25	590	355	17	45	47	229	207	用于制造受磨损的零件,如转轴,花键轴,万向节,凸轮轴,汽车后轴,曲轴,齿轮轴等
45Mn	GB/T 699	850	840	600	25	620	375	15	40	39	241	217	

续表

牌号	标准号	推荐热处理			试件毛坯尺寸/mm	机械性能					钢材交货状态硬度 HB		特性和用途
		正火	淬火	回火		σ_b	σ_s	δ_5	ψ	A_{kU}	未热处理 不大于	退火钢	
						MPa		%		J			
						不小于					不大于		
50Mn	GB/T 699	830	830	600	25	645	390	13	40	31	255	217	弹性、温度、硬度均高，多次淬火与回火后应用；在某些情况下也可在正火后应用。用于制造耐磨性要求很高，在高负荷作用下的热处理零件，如齿轮、齿轮轴、摩擦盘和截面在 80mm 以下的心轴等
60Mn	GB/T 699	810			25	695	410	11	35		269	229	强度高，淬透性较大，脱碳倾向性小，但有过热敏感性，易产生淬火裂纹，并有回火脆性。适宜制造较大尺寸的各种扁弹簧、圆弹簧、发条，以及其他经受摩擦的农机零件，如犁、切刀等，也可制作轻车载汽车离合器弹簧

注：1. 表中所列正火推荐保温时间不少于 30min，空冷；淬火推荐保温时间不少于 30min，水冷；回火推荐保温时间不少于 1h

2. 表中 GB/T 699 所列钢号适用于截面尺寸不大于 80mm 的钢材

3. 标准 JB/T 6397 所列钢号分为 1 级钢和 2 级钢（但调质状态不分）。本表仅列出 1 级钢的性能。2 级钢用于出口或要求较高的产品

4. GB/T 699 一般适用于直径不大于 250mm 的优质碳素结构钢棒材，尺寸超出 250mm 者需供需协商

表 B.4　合金结构钢（GB/T 3077—1999、JB/T 6396—1992）

钢号	标准号	热处理 淬火 第一次淬火温度	第二次淬火温度	冷却剂	回火温度	回火冷却剂	试样毛坯尺寸	σ_b	σ_s	δ	ψ	A_k	供应状态硬度 HB100/3000	特性和用途
35Mn2	GB/T 3077	840		水	500	水	25	835	685	12	45	55	≤207	截面小时与40Cr相当。作载重汽车的各种要冷镦螺栓及小轴等，表淬硬度 HRC40~50
45Mn2	GB/T 3077	840		油	550	水、油	25	885	735	10	45	47	≤217	强度、耐磨性和淬透性均较高，调质后有良好的综合力学性能，也可正火后使用。可代替40Cr，表淬硬度 HRC45~55
35SiMn	GB/T 3077	900		水	570	水	25	885	735	15	45	47	≤229	要求低温冲击韧性不高时可替代40Cr作调质件，耐磨及耐疲劳性较好，适合作轴、齿轮及430℃以下的重要紧固件
35SiMn	JB/T 6396	调质					≤100	785	510	15	45	47	229~286	
							101~300	735	440	14	35	39	217~265	
							301~400	685	390	13	30	35	215~255	
							401~500	635	375	11	28	31	196~255	
20Cr	GB/T 3077	一淬＋回火					15（心部）	835	540	10	40	47	退火硬度 HB≤197	用于制造截面小于30mm，形状简单，心部强度和韧性要求较高，表面受磨损的渗碳或渗氧化件，如齿轮、凸轮、活塞销等，渗碳表面 HRC56~62
		二淬＋回火					30（心部）	635	390	12	40	47		
40Cr	GB/T 3077	850		油	520	水、油	≤60	980	785	9	45	47	≤207	调质后拥有良好的综合力学性能，是应用广泛的调质钢，用于制造轴类零件及曲轴、汽车转向节、连杆、螺栓、齿轮等。表面硬度 HRC48~55。截面在50mm以下时，油淬后有较高的疲劳强度，一定条件下可用 40MnB、45MnB、35SiMn、42SiMn 等代用
	JB/T 6396	调质					≤100	735	540	15		39	241~286	
							101~300	685	490	14		31	241~286	
							301~500	635	440	10		23	229~269	
							501~800	590	345	8		16	217~255	
	JB/T 6396	渗碳＋淬火＋回火					试样毛坯 15	1080	835	10	45	55		

B.2 灰 铸 铁

表 B.5 灰铸铁的力学性能(GB/T 9439—2010)

牌　号	铸件壁厚/mm		最小抗拉强度 R_{mmin}(强制性值)		铸件本体预期
	>	≤	单铸试棒/MPa	附铸试棒或试块/MPa	抗拉强度 R_{mmin}/MPa
HT100	5	40	100	—	—
HT150	5	10	150	—	155
	10	20		—	130
	20	40		120	110
	40	80		110	95
	80	150		100	80
	150	300		*90*	—
HT200	5	10	200	—	205
	10	20		—	180
	20	40		170	155
	40	80		150	130
	80	150		140	115
	150	300		*130*	—
HT225	5	10	225	—	230
	10	20		—	200
	20	40		190	170
	40	80		170	150
	80	150		155	135
	150	300		*145*	—
HT250	5	10	250	—	250
	10	20		—	225
	20	40		210	195
	40	80		190	170
	80	150		170	155
	150	300		*160*	—
HT350	10	20	350	—	315
	20	40		290	280
	40	80		260	250
	80	150		230	225
	150	300		*210*	—

注:1. 当铸件壁厚超过 300mm 时,其力学性能由供需双方商定

2. 当某牌号的铁液浇注壁厚均匀、形状简单的铸件时,壁厚变化引起抗拉强度的变化,可从本表查出参考数据,当铸件壁厚不均匀或有型芯时,此表只能给出不同壁厚处大致的抗拉强度值,铸件的设计应根据关键部位的实测值进行

3. 表中斜体字数值表示指导值,其余抗拉强度值均为强制性值,铸体本体预期抗拉强度值不作为强制性值

表 B. 6　灰铸铁的常用牌号和应用(GB/T 9439—2010)

牌号	用途举例
HT100	机床中受轻载荷、磨损无关重要的铸件,如托盘、盖、罩、手轮、把手、重锤等形状简单且性能要求不高的零件;冶金矿山设备中的高炉平衡锤、炼钢炉重锤、钢锭模
HT150	承受中等弯曲应力、摩擦面间压强不高于 0.49MPa 的铸件,如多数机床的底座,有相对运动和磨损的零件,汽车中的变速箱、排气管、进气管等,拖拉机中的液压泵进出油管、鼓风机底座,内燃机车水泵壳、止回阀体,电动机轴承盖,汽轮机操纵座外壳,缓冲器外壳等
HT200	承受较大弯曲应力,要求保持气密性的铸件,如机床立柱、刀架、齿轮箱体、多数机床床身、滑板、箱体、液压缸、泵体、阀体、刹车毂、飞轮、汽缸盖、分离器本体、鼓风机座、带轮、叶轮、压缩机机身、轴承架、内燃机车风缸体、阀套、活塞、导水套筒、前缸盖等
HT250	炼钢用轨道板、汽缸套、齿轮、机床立柱、齿轮箱体、机床床身、磨床转体、液压缸泵体、阀体等
HT300	承受高弯曲应力、拉应力,要求保持高度气密性的铸件,如重型机床床身、多轴机床主轴箱、卡盘齿轮、高压液压缸、泵体、阀体、水压出水段、进水段、吸入盖、双螺旋分级机机座、锥齿轮、大型卷筒、轧钢机座、焦化炉导板、汽轮机隔板、泵壳、收缩管、轴承支架、主配阀壳体、环形缸座等
HT350	轧钢滑板、辊子、炼焦柱塞、圆筒混合机齿圈、支撑轮座等

B.3　球 墨 铸 铁

表 B. 7　球墨铸铁单铸试样的力学性能(GB/T 1348—2009)

材料牌号	抗拉强度 R_{m}/MPa,不小于	屈服强度 $R_{\mathrm{p0.2}}$/MPa,不小于	伸长率 A/%,不小于	布氏硬度 HBW	主要基体组织
QT350-22L	350	220	22	≤160	铁素体
QT350-22R	350	220	22	≤160	铁素体
QT350-22	350	220	22	≤160	铁素体
QT400-18L	400	240	18	120~175	铁素体
QT400-18R	400	250	18	120~175	铁素体
QT400-18	400	250	18	120~175	铁素体
QT400-15	400	250	15	120~180	铁素体
QT400-10	450	310	10	160~210	铁素体
QT500-7	500	320	7	170~230	铁素体+珠光体
QT550-5	550	350	5	180~250	铁素体+珠光体
QT600-3	600	370	3	190~270	珠光体+铁素体
QT700-2	700	420	2	225~305	珠光体
QT800-2	800	480	2	245~335	珠光体或索氏体
QT900-2	900	600	2	280~360	回火马氏体或屈氏体+索氏体

注:1. 字母"L"表示该牌号有低温(−20℃或−40℃)下的冲击性能要求;字母"R"表示该牌号有室温(23℃)下的冲击性能要求

　　2. 伸长率是从原始标距 $L_0 = 5d$ 上测得的,d 是试样上原始标距处的直径

表 B.8　常见牌号球墨铸铁的应用举例（GB/T 1348—2009）

牌号	性能特点及用途举例
QT900-2	具有高强度、较好的耐磨性、较高的弯曲疲劳强度。用于制作内燃机中的凸轮轴、拖拉机的减速齿轮、汽车中的准双曲面齿轮、农机中的耙片等
QT800-2	具有较高的强度、耐磨性及一定的韧性。用于制作部分机床的主轴、空压机、冷冻机、制氧机、泵的曲轴、缸体、缸套、球磨机齿轴、矿车轮、汽油机的曲轴、部分轻型柴油机、汽油机的凸轮轴、汽缸套、进排气门座、连杆、小载荷齿轮等
QT700-2	
QT600-3	
QT500-7	具有中等的强度和韧性。用于制作内燃机中油泵齿轮、汽轮机的中温气缸隔板、水轮机阀门体、机车车辆轴瓦、输电线路的联板
QT450-10	
QT400-15	韧性高、低温性能较好、具有一定的耐蚀性。用于制作汽车拖拉机中的牵引枢、轮毂、驱动桥壳体、离合器壳体、差速器壳体、减速器壳、离合器拨叉、弹簧吊耳、阀盖、支架、收割机的导架、护刃器等
QT400-18	

B.4　一般工程用铸造碳钢

表 B.9　一般工程用铸钢（≥）（GB/T 11352—2009）

牌号	屈服强度 $R_{eH}(R_{p0.2})$/MPa	抗拉强度 R_m/MPa	伸长率 A_s/%	断面收缩率 Z/%	冲击吸收功 A_{KV}/J	冲击吸收功 A_{KU}/J
ZG 200-400	200	400	25	40	30	47
ZG 230-450	230	450	22	32	25	35
ZG 270-500	270	500	18	25	22	27
ZG 310-570	310	570	15	21	15	24
ZG 340-640	340	640	10	18	10	16

注:1. 表中所列的各牌号性能，适应于厚度为100mm以下的铸件。当铸件厚度超过100mm时，表中规定的 $R_{eH}(R_{p0.2})$ 屈服强度仅供设计使用

　　2. 表中冲击吸收功 A_{KU} 的试样缺口为2mm

表 B.10　常用牌号铸钢的性能特点和用途举例（GB/T 11352—2009）

牌号	性能特点	用途举例
ZG 200-400	低碳铸钢，韧性及塑性均好，但强度和硬度较低，低温冲击韧性大，脆性转变温度低，导磁、导电性能良好，焊接性好，但铸造性差	机座、电气吸盘、变速箱体等受力不大但要求有韧性的零件
ZG 230-450		用于载荷不大、韧性较好的零件，如轴承盖、底板、阀体、侧架、轧钢机架、铁道车辆摇枕、箱体等
ZG 270-500	中碳铸钢，有一定的韧性及塑性，强度和硬度较高，切削性良好，焊接性尚可，铸造性能比低碳钢好	飞轮、车辆车钩、水压机工作缸、机架、蒸汽锤气缸、轴承座、连杆、箱体、曲拐
ZG 310-570		用于重载荷零件，如联轴器、大齿轮、缸体、气缸、机架、制动轮、轴及辊子
ZG 340-640	高碳铸钢，具有高强度、高硬度及高耐磨性，塑性韧性低，铸造焊接性均差，裂纹敏感性较大	起重运输机齿轮、联轴器、齿轮、车轮、棘轮、叉头

B.5　有色金属材料

表 B.11　铸造铜合金的力学性能

蜗轮材料	铸造方法	力学性能			
		σ_B	σ_S	δ_S	HB
ZCuSn10P1	S	220	130	3	785*
	J	310	170	2	885*
	Li	330	170*	4	885*
	La	360	170*	6	885*
ZCuSn5Pb5Zn5	S,J	200	90	13	590*
	Li,La	250	100*	13	635*
ZCuAl10Fe3	S	490	180	13	980*
	J	540	200	15	1080*
	Li,La	540	200	15	1080*
ZCuAl10Fe3Mn2	S	490		15	1080
	J	540		20	1175
ZCuZn25Al6Fe3Mn3	S	725	380	10	1570*
	J	740	400	7	1665*
	Li,La	740	400	7	1665*

注:1. S —砂型铸造;J—金属铸造;Li—离心铸造;La—连续铸造

2. 带 * 为参考数值

附录 C 极限偏差与配合、形位公差及表面粗糙度

C.1 极限偏差与配合

C.1.1 标准公差值

表 C.1 标准公差值（GB/T 1800.2—2009）

公称尺寸/mm		标准公差等级																		
大于	至	IT01	IT0	IT1	IT2	IT3	IT4	IT5	IT6	IT7	IT8	IT9	IT10	IT11	IT12	IT13	IT14	IT15	IT16	IT17	IT18
		μm													mm						
6	10	0.4	0.6	1	1.5	2.5	4	6	9	15	22	36	58	90	0.15	0.22	0.36	0.58	0.90	1.5	2.2
10	18	0.5	0.8	1.2	2	3	5	8	11	18	27	43	70	110	0.18	0.27	0.43	0.70	1.10	1.8	2.7
18	30	0.6	1	1.5	2.5	4	6	9	13	21	33	52	84	130	0.21	0.33	0.52	0.84	1.30	2.1	3.3
30	50	0.6	1	1.5	2.5	4	7	11	16	25	39	62	100	160	0.25	0.39	0.62	1.00	1.60	2.5	3.9
50	80	0.8	1.2	2	3	5	8	13	19	30	46	74	120	190	0.30	0.46	0.74	1.20	1.90	3.0	4.6
80	120	1	1.5	2.5	4	6	10	15	22	35	54	87	140	220	0.35	0.54	0.87	1.40	2.20	3.5	5.4
120	180	1.2	2	3.5	5	8	12	18	25	40	63	100	160	250	0.40	0.63	1.00	1.60	2.50	4.0	6.3
180	250	2	3	4.5	7	10	14	20	29	46	72	115	185	290	0.46	0.72	1.15	1.85	2.90	4.6	7.2
250	315	2.5	4	6	8	12	16	23	32	52	81	130	210	320	0.52	0.81	1.30	2.10	3.20	5.2	8.1
315	400	3	5	7	9	13	18	25	36	57	89	140	230	360	0.57	0.89	1.40	2.30	3.60	5.7	8.9
400	500	4	6	8	10	15	20	27	40	63	97	155	250	400	0.63	0.97	1.55	2.50	4.00	6.3	9.7
500	6.3	4.5	6	9	11	16	22	30	44	70	110	175	280	440	0.70	1.10	1.75	2.8	4.4	7.0	11.0
630	800	5	7	10	13	18	25	35	50	80	125	200	320	500	0.80	1.25	2.00	3.2	5.0	8.0	12.5
800	1000	5.5	8	11	15	21	29	40	56	90	140	230	360	560	0.90	1.40	2.30	3.6	5.6	9.0	14.0
1000	1250	6.5	9	13	18	24	34	46	66	105	165	260	420	660	1.05	1.65	2.60	4.2	6.6	10.5	16.5
1250	1600	8	11	15	21	29	40	54	78	125	195	310	500	780	1.25	1.95	3.10	5.0	7.8	12.5	19.5
1600	2000	9	13	18	25	35	48	65	92	150	230	370	580	920	1.50	2.30	3.70	6.2	9.2	15.0	23.0

C.1.2 各种加工方法所能达到的精度范围

表 C.2 各种加工方法所能达到的精度范围

加工方法	研磨	珩	圆磨、平磨	金刚石车金刚石镗	拉削	铰孔	车镗	铣	刨插	钻孔	滚压、挤压	冲压
公差等级（IT）	0～4	5～7	5～7	4～6	4～7	5～8	6～9	7～10	10～11	10～13	10～11	9～13

C.1.3 轴的极限偏差

表 C.3 轴的极限偏差（GB/T 1800.4—2009） μm

公称尺寸/mm		公差带											
大于	至	a					b					c	
		9	10	11	12	13	9	10	11	12	13	8	9
—	3	−270 −295	−270 −310	−270 −330	−270 −370	−270 −410	−140 −165	−140 −180	−140 −200	−140 −240	−140 −280	−160 −74	−60 −85
3	6	−270 −300	−270 −318	−270 −345	−270 −390	−270 −450	−140 −170	−140 −188	−140 −215	−140 −260	−140 −320	−70 −88	−70 −100
6	10	−280 −316	−280 −338	−280 −370	−280 −430	−280 −500	−150 −186	−150 −208	−150 −240	−150 −300	−150 −370	−80 −102	−80 −116
10	14	290 −333	−290 −360	−290 −400	−290 −470	−290 −560	−150 −193	−150 −220	−150 −260	−150 −330	−150 −420	−95 −122	−95 −138
14	18												
18	24	−300 −352	−300 −384	−300 −430	−300 −510	−300 −630	−160 −212	−160 −244	−160 −290	−160 −370	−160 −490	−110 −143	−110 −162
24	30												
30	40	−310 372	−310 −410	−310 −470	−310 −460	−310 −700	−170 −232	−170 −270	−170 −330	−170 −420	−170 −560	−120 −159	−120 −182
40	50	−320 −382	−320 −420	−320 −480	−320 −570	−320 −710	−180 −242	−180 −280	−180 −340	−180 −430	−180 −570	−130 −169	−130 −192
50	65	−340 −414	−340 −460	−340 −530	−340 −640	−340 −800	−190 −264	−190 −310	−190 −380	−190 −490	−190 −650	−140 −186	−140 −210
65	80	−360 −434	−360 −480	−360 −550	−360 −660	−360 −820	−200 −274	−200 −320	−200 −390	−200 −500	−200 −660	−150 −196	−150 −224
80	100	−380 −467	−380 −520	−380 −600	−380 −730	−380 −920	−220 −307	−220 −360	−220 −440	−220 −570	−220 −760	−170 −224	−170 −257
100	120	−410 −497	410 −550	−410 −630	−410 −760	−410 −950	−240 −327	−240 −380	−240 −460	−240 −590	−240 −780	−180 −234	−180 −267
120	140	−460 −560	−460 −620	−460 −710	−460 −860	−460 −1090	−260 −360	−260 −420	−260 −510	−260 −660	−260 −890	−200 −263	−200 −300
140	160	−520 −620	−520 −680	−520 −770	−520 920	−520 −1150	−280 −380	−280 −440	−280 −530	−280 −680	−280 −910	−210 −273	−210 −310
160	180	−580 −680	−580 −740	−580 −830	−580 −980	−580 −1210	−310 −410	−310 −470	−310 −560	−310 −710	−310 −940	−230 −293	−230 −330
180	200	−660 −775	−660 −845	−660 −950	−660 −1120	−660 −1380	−340 −455	−340 −525	−340 −630	−340 −800	−340 −1060	−240 −312	−240 −355
200	225	−740 −855	−740 −925	−740 −1030	−740 −1200	−740 −1460	−380 −495	−380 −565	−380 −670	−380 −840	−380 −1100	−260 −332	−260 −375
225	250	−820 −935	−820 −1005	−820 −1110	−820 −1280	−820 −1540	−420 −535	−420 −605	−420 −710	−420 −880	−420 −1140	−280 −352	−280 −395
250	280	−920 1050	−920 −1130	−920 −1240	−920 −1440	−920 −1730	−480 −610	−480 −690	−480 −800	−480 1000	−480 −1290	−300 −381	−300 −430
280	315	−1050 −1180	−1050 −1260	−1050 −1370	−1050 −1570	−1050 −1860	−540 −670	−540 −750	−540 −860	−540 −1060	−540 −1350	−330 −411	−330 −460
315	355	−1200 −1340	−1200 −1430	−1200 −1560	−1200 −1770	−1200 −2090	−600 −740	−600 −830	−600 −960	−600 −1170	−600 −1490	−360 −449	−360 −500
355	400	−1350 −1490	−1350 −1580	−1350 −1710	−1350 −1920	−1350 −2240	−680 −820	−680 −910	−680 −1040	−680 −1250	−680 −1570	−400 −489	−400 −540
400	450	−1500 −1655	−1500 −1750	−1500 −1900	−1500 −2130	−1500 −2470	−760 −915	−760 −1010	−760 −1160	−760 −1390	−760 −1730	−440 −537	−440 −595
450	500	−1650 −1805	−1650 −1900	−1650 −2050	−1650 −2280	−1650 −2620	−840 −995	−840 −1090	−840 −1240	−840 −1470	−840 −1810	−480 −577	−480 −635

续表

公称尺寸/mm 大于	至	c 10	11	12	13	d 7	8	9	10	11	e 6	7	8
—	3	−60/−100	−60/−120	−60/−160	−60/−200	−20/−30	−20/−34	−20/−45	−20/−60	−20/−80	−14/−20	−14/−24	−14/−28
3	6	−70/−118	−70/−145	−70/−190	−70/−250	−30/−42	−30/−48	−30/−60	−30/−78	−30/−105	−20/−28	−20/−32	−20/−38
6	10	−80/−138	−80/−170	−80/−230	−80/−300	−40/−55	−40/−62	−40/−76	−40/−98	−40/−130	−25/−34	−25/−40	−25/−47
10	14	−95/−165	−95/−205	−95/−275	−95/−365	−50/−68	−50/−77	−50/−93	−50/−120	−50/−160	−32/−43	−32/−50	−32/−59
14	18	−95/−165	−95/−205	−95/−275	−95/−365	−50/−68	−50/−77	−50/−93	−50/−120	−50/−160	−32/−43	−32/−50	−32/−59
18	24	−110/−194	−110/−240	−110/−320	−110/−440	−65/−86	−65/−98	−65/−117	−65/−149	−65/−195	−40/−53	−40/−61	−40/−73
24	30	−110/−194	−110/−240	−110/−320	−110/−440	−65/−86	−65/−98	−65/−117	−65/−149	−65/−195	−40/−53	−40/−61	−40/−73
30	40	−120/−220	−120/−280	−120/−370	−120/−510	−80/−105	−80/−119	−80/−142	−80/−180	−80/−240	−50/−66	−50/−75	−50/−89
40	50	−130/−230	−130/−290	−130/−380	−130/−520	−80/−105	−80/−119	−80/−142	−80/−180	−80/−240	−50/−66	−50/−75	−50/−89
50	65	−140/−260	−140/−330	−140/−440	−140/−600	−100/−130	−100/−146	−100/−174	−100/−220	−100/−290	−60/−79	−60/−90	−60/−106
65	80	−150/−270	−150/−340	−150/−450	−150/−610	−100/−130	−100/−146	−100/−174	−100/−220	−100/−290	−60/−79	−60/−90	−60/−106
80	100	−170/−310	−170/−390	−170/−520	−170/−710	−120/−155	−120/−174	−120/−207	−120/−260	−120/−340	−72/−94	−72/−107	−72/−126
100	120	−180/−320	−180/−400	−180/−530	−180/−720	−120/−155	−120/−174	−120/−207	−120/−260	−120/−340	−72/−94	−72/−107	−72/−126
120	140	−200/−360	−200/−450	−200/−600	−200/−830	−145/−185	−145/−208	−145/−245	−145/−305	−145/−395	−85/−110	−85/−125	−85/−148
140	160	−210/−370	−210/−460	−210/−610	−210/−840	−145/−185	−145/−208	−145/−245	−145/−305	−145/−395	−85/−110	−85/−125	−85/−148
160	180	−230/−390	−230/−480	−230/−630	−230/−860	−145/−185	−145/−208	−145/−245	−145/−305	−145/−395	−85/−110	−85/−125	−85/−148
180	200	−240/−425	−240/−530	−240/−700	−240/−960	−170/−216	−170/−242	−170/−285	−170/−355	−170/−460	−100/−129	−100/−146	−100/−172
200	225	−260/−445	−260/−550	−260/−720	−260/−980	−170/−216	−170/−242	−170/−285	−170/−355	−170/−460	−100/−129	−100/−146	−100/−172
225	250	−280/−465	−280/−570	−280/−740	−280/−1000	−170/−216	−170/−242	−170/−285	−170/−355	−170/−460	−100/−129	−100/−146	−100/−172
250	280	−300/−510	−300/−620	−300/−820	−300/−1110	190/−242	−190/−271	−190/−320	−190/−400	−190/−510	−110/−161	−110/−182	−110/−191
280	315	−330/−540	−330/−650	−330/−850	−330/−1140	190/−242	−190/−271	−190/−320	−190/−400	−190/−510	−110/−161	−110/−182	−110/−191
315	355	−360/−590	−360/−720	−360/−930	−360/−1250	−210/−267	−210/−299	−210/−350	−210/−440	−210/−570	−125/−161	−125/−182	−125/−214
355	400	−400/−630	−400/−760	−400/−970	−400/−1290	−210/−267	−210/−299	−210/−350	−210/−440	−210/−570	−125/−161	−125/−182	−125/−214
400	450	−440/−690	−440/−840	−440/−1070	−440/−1410	−230/−293	−230/−327	−230/−385	−230/−480	−230/−630	−135/−175	−135/−198	−135/−232
450	500	−480/−730	−480/−880	−480/−1110	−480/−1450	−230/−293	−230/−327	−230/−385	−230/−480	−230/−630	−135/−175	−135/−198	−135/−232

续表

公称尺寸/mm		公差带										
		e		f					g				
大于	至	9	10	5	6	7	8	9	4	5	6	7	8
—	3	−14 −39	−14 −54	−6 −10	−6 −12	−6 −16	−6 −20	−6 −31	−2 −5	−2 −6	−2 −8	−2 −12	−2 −16
3	6	−20 −50	−20 −68	−10 −15	−10 −18	−10 −22	−10 −28	−10 −40	−4 −8	−4 −9	−4 −12	−4 −16	−4 −22
6	10	−25 −61	−25 −83	−13 −19	−13 −22	−13 −28	−13 −35	−13 −49	−5 −9	−5 −11	−5 −14	−5 −20	−5 −27
10	14	−32 −75	−32 −102	−16 −24	−16 −27	−16 −34	−16 −43	−16 −59	−6 −11	−6 −14	−6 −17	−6 −24	−6 −33
14	18												
18	24	−40 −92	−40 −124	−20 −29	−20 −33	−20 −41	−20 −53	−20 −72	−7 −13	−7 −16	−7 −20	−7 −28	−7 −40
24	30												
30	40	−50 −112	−50 −150	−25 −36	−25 −41	−25 −50	−25 −64	−25 −87	−9 −16	−9 −20	−9 −25	−9 −34	−9 −48
40	50												
50	65	−60 −134	−60 −180	−30 −43	−30 −49	−30 −60	−30 −76	−30 −104	−10 −18	−10 −23	−10 −29	−10 −40	−10 −56
65	80												
80	100	−72 −159	−72 −212	−36 −51	−36 −58	−36 −71	−36 −92	−36 −123	−12 −22	−12 −27	−12 −34	−12 −47	−12 −66
100	120												
120	140	−85 −185	−85 −245	−43 −61	−43 −68	−43 −83	−43 −106	−43 −143	−14 −26	−14 −32	−14 −39	−14 −54	−14 −77
140	160												
160	180												
180	200	−100 −215	−100 −285	−50 −70	−50 −79	−50 −96	−50 −122	−50 −165	−15 −29	−15 −35	−15 −44	−15 −61	−15 −87
200	225												
225	250												
250	280	−110 −240	−110 −320	−56 −79	−56 −88	−56 −108	−56 −137	−56 −186	−17 −33	−17 −40	−17 −49	−17 −69	−17 −98
280	315												
315	355	−125 −265	−125 −355	−62 −87	−62 −98	−62 −119	−62 −151	−62 −202	−18 −36	−18 −43	−18 −54	−18 −75	−18 −107
355	400												
400	450	−135 −290	−135 −385	−68 −95	−68 −108	−68 −131	−68 −165	−68 −223	−20 −40	−20 −47	−20 −60	−20 −83	−20 −117
450	500												

续表

公称尺寸/mm		公　差　带											
		h											
大于	至	1	2	3	4	5	6	7	8	9	10	11	12
—	3	0 −0.8	0 −1.2	0 −2	0 −3	0 −4	0 −6	0 −10	0 −14	0 −25	0 −40	0 −60	0 −100
3	6	0 1	0 1.5	0 −2.5	0 −4	0 −5	0 −8	0· −12	0 −18	0 −30	0 −48	0 −75	0 −120
6	10	0 −1	0 −1.5	0 −2.5	0 −4	0 −6	0 −9	0 −15	0 −22	0 −36	0 −58	0 −90	0 −150
10	14	0 −1.2	0 −2	0 −3	0 −5	0 8	0 11	0 −18	0 −27	0 −43	0 −70	0 −110	0 −180
14	18												
18	24	0 −1.5	0 −2.5	0 −4	0 −6	0 −9	0 −13	0 −21	0 −33	0 −52	0 −84	0 −130	0 −210
24	30												
30	40	0 −1.5	0 −2.5	0 −4	0 −7	0 −11	0 −16	0 −25	0 −39	0 −62	0 −100	0 −160	0 −250
40	50												
50	65	0 −2	0 −3	0 −5	0 −8	0 −13	0 −19	0 −30	0 −46	0 −74	0 −120	0 −190	0 −300
65	80												
80	100	0 −2.5	0 −4	0 −6	0 −10	0 −15	0 −22	0 −35	0 −54	0 −87	0 −140	0 −220	0 −350
100	120												
120	140	0 −3.5	0 −5	0 −8	0 −12	0 −18	0 −25	0 −40	0 −63	0 −100	0 −160	0 −250	0 −400
140	160												
160	180												
180	200	0 −4.5	0 −7	0 −10	0 −14	0 −20	0 −29	0 −46	0 −72	0 −115	0 −185	0 −290	0 −460
200	225												
225	250												
250	280	0 −6	0 −8	0 −12	0 −16	0 −23	0 −32	0 −52	0 −81	0 −130	0 −210	0 −320	0 −520
280	315												
315	355	0 −7	0 −9	0 −13	0 −18	0 −25	0 −36	0 −57	0 −89	0 −140	0 −230	0 −360	0 −570
355	400												
400	450	0 −8	0 −10	0 −15	0 −20	0 −27	0 −40	0 −63	0 −97	0 −155	0 −250	0 −400	0 −630
450	500												

公称尺寸/mm		h	j			js							
大于	至	13	5	6	7	1	2	3	4	5	6	7	8
—	3	0 −140	—	+4 −2	+6 −4	±0.4	±0.5	±1	±1.5	±2	±3	±5	±7
3	6	0 −180	+3 −2	+6 −2	+8 −4	±0.5	±0.75	±1.25	±2	±2.5	±4	±6	±9
6	10	0 −220	+4 −2	+7 −2	+10 −5	±0.5	±0.75	±1.25	±2	±3	±4.5	±7	±11
10	14	0 −270	+5 −3	+8 −3	+12 −6	±0.6	±1	±1.5	±2.5	±4	±5.5	±9	±13
14	18												
18	24	0 −330	+5 −4	+9 −4	+13 −8	±0.75	±1.25	±2	±3	±4.5	±6.5	±10	±16
24	30												
30	40	0 −390	+6 −5	+11 −5	+15 −10	±0.75	±1.25	±2	±3.5	±5.5	±8	±12	±19
40	50												
50	65	0 −460	+6 −7	+12 −7	+18 −12	±1	±1.5	±2.5	±4	±6.5	±9.5	±15	±23
65	80												
80	100	0 −540	+6 −9	+13 −9	+20 −15	±1.25	±2	±3	±5	±7.5	±11	±17	±27
100	120												
120	140	0 −630	+7 −11	+14 −11	+22 −18	±1.75	±2.5	±4	±6	±9	±12.5	±20	±31
140	160												
160	180												
180	200	0 −720	+7 −13	+16 −13	+25 −21	±2.25	±3.5	±5	±7	±10	±14.5	±23	±36
200	225												
225	250												
250	280	0 −810	+7 −16	—	—	±3	±4	±6	±8	±11.5	±16	±26	±40
280	315												
315	355	0 −890	+7 −18	—	+29 −28	±3.5	±4.5	±6.5	±9	±12.5	±18	±28	±44
355	400												
400	450	+ −970	+7 −20	—	+31 −32	±4	±5	±7.5	±10	±13.5	±20	±31	±48
450	500												

续表

公称尺寸/mm		公 差 带											
		js					k					m	
大于	至	9	10	11	12	13	4	5	6	7	8	4	5
—	3	±12	±20	±30	±50	±70	+3 0	+4 0	+6 0	+10 0	+14 0	+5 +2	+6 +2
3	6	±15	±24	±37	±60	±90	+5 +1	+6 +1	+9 +1	+13 +1	+18 0	+8 +4	+9 +4
6	10	±18	±29	±45	±75	±110	+5 +1	+7 +1	+10 +1	+16 +1	+22 0	+10 +6	+12 +6
10	14	±21	±35	±55	±90	±135	+6 +1	+9 +1	+12 +1	+9 +1	+27 0	+12 +7	+15 +7
14	18												
18	24	±26	±42	±65	±105	±165	+8 +2	+11 +2	+15 +2	+23 +2	+33 0	+14 +8	+17 +8
24	30												
30	40	±31	±50	±80	±125	±195	+9 +2	+13 +2	+18 +2	+27 +2	+39 0	+16 +9	+20 +9
40	50												
50	65	±37	±60	±95	±150	±230	+10 +2	+15 +2	+21 +2	+32 +2	+46 0	+19 +11	+24 +11
65	80												
80	100	±43	±70	±110	±175	±270	+13 +3	+18 +3	+25 +3	+38 +3	+54 0	+23 +13	+28 +13
100	120												
120	140	±50	±80	±125	±200	±315	+15 +3	+21 +3	+28 +3	+43 +3	+63 0	+27 +15	+33 +15
140	160												
160	180												
180	200	±57	±92	±145	±230	±360	+18 +4	+24 +4	+33 +4	+50 +4	+72 0	+31 +17	+37 +17
200	225												
225	250												
250	280	±65	±105	±160	±260	±405	+20 +4	+27 +4	+36 +4	+56 +4	+81 0	+36 +20	+43 +20
280	315												
315	355	±70	±115	±180	±285	±445	+22 +4	+29 +4	+40 +4	+61 +4	+89 0	+39 +21	+46 +21
355	400												
400	450	±77	±125	±200	±315	±485	+25 +5	+32 +5	+45 +5	+68 +5	+97 0	+43 +23	+50 +23
450	500												

公称尺寸/mm		公差带											
		m			n					p			
大于	至	6	7	8	4	5	6	7	8	4	5	6	7
—	3	+8 +2	+12 +2	+16 +2	+7 +4	+8 +4	+10 +4	+14 +4	+18 +4	+9 +6	+10 +6	+12 +6	+16 +6
3	6	+12 +4	+16 +4	+22 +4	+12 +8	+13 +8	+16 +8	+20 +8	+26 +8	+16 +12	+17 +12	+20 +12	+24 +12
6	10	+15 +6	+21 +6	+28 +6	+14 +10	+16 +10	+19 +10	+25 +10	+32 +10	+19 +15	+21 +15	+24 +15	+30 +15
10	14	+18 +7	+25 +7	+34 +7	+17 +12	+20 +12	+23 +12	+30 +12	+39 +12	+23 +18	+26 +18	+29 +18	+36 +18
14	18												
18	24	+21 +8	+29 +8	+41 +8	+21 +15	+24 +15	+28 +15	+36 +15	+48 +15	+28 +22	+31 +22	+35 +22	+43 +22
24	30												
30	40	+25 +9	+34 +9	+48 +9	+24 +17	+28 +17	+33 +17	+42 +17	+56 +17	+33 +26	+37 +26	+42 +26	+51 +26
40	50												
50	65	+30 +11	+41 +11	+57 +11	+28 +20	+33 +20	+39 +20	+50 +20	+66 +20	+40 +32	+45 +32	+51 +32	+62 +32
65	80												
80	100	+35 +13	+48 +13	+67 +13	+33 +23	+38 +23	+45 +23	+58 +23	+77 +23	+47 +37	+52 +37	+59 +37	+72 +37
100	120												
120	140	+40 +15	+55 +15	+78 +15	+39 +27	+45 +27	+52 +27	+67 +27	+90 +27	+55 +43	+61 +43	+68 +43	+83 +43
140	160												
160	180												
180	200	+46 +17	+63 +17	+89 +17	+45 +31	+51 +31	+60 +31	+77 +31	+103 +31	+64 +50	+70 +50	+79 +50	+96 +50
200	225												
225	250												
250	280	+52 +20	+72 +20	+101 +20	+50 +34	+57 +34	+66 +34	+86 +34	+115 +34	+72 +56	+79 +56	+88 +56	+108 +56
280	315												
315	355	+57 +21	+78 +21	+110 +21	+55 +37	+62 +37	+73 +37	+94 +37	+126 +37	+80 +62	+87 +62	+98 +62	+119 +62
355	400												
400	450	+63 +23	+86 +23	+120 +23	+60 +40	+67 +40	+80 +40	+103 +40	+137 +40	+88 +68	+95 +68	+108 +68	+131 +68
450	500												

公称尺寸/mm		公差带											
		p	r					s					t
大于	至	8	4	5	6	7	8	4	5	6	7	8	5
—	3	+20 +6	+13 +10	+14 +10	+16 +10	+20 +10	+24 +10	+17 +14	+18 +14	+20 +14	+24 +14	+28 +14	—
3	6	+30 +12	+19 +15	+20 +15	+23 +15	+27 +15	+33 +15	+23 +19	+24 +19	+27 +19	+31 +19	+37 +19	—
6	10	+37 +15	+23 +19	+25 +19	+28 +19	+34 +19	+41 +19	+27 +23	+29 +23	+32 +23	+38 +23	+45 +23	—
10	14	+45 +18	+28 +23	+31 +23	+34 +23	+41 +23	+50 +23	+33 +28	+36 +28	+39 +28	+46 +28	+55 +28	—
14	18	+45 +18	+28 +23	+31 +23	+34 +23	+41 +23	+50 +23	+33 +28	+36 +28	+39 +28	+46 +28	+55 +28	—
18	24	+55 +22	+34 +28	+37 +28	+41 +28	+49 +28	+61 +28	+41 +35	+44 +35	+48 +35	+56 +35	+68 +35	—
24	30	+55 +22	+34 +28	+37 +28	+41 +28	+49 +28	+61 +28	+41 +35	+44 +35	+48 +35	+56 +35	+68 +35	+50 +41
30	40	+65 +26	+41 +34	+45 +34	+50 +34	+59 +34	+73 +34	+50 +43	+54 +43	+59 +43	+68 +43	+82 +43	+59 +48
40	50	+65 +26	+41 +34	+45 +34	+50 +34	+59 +34	+73 +34	+50 +43	+54 +43	+59 +43	+68 +43	+82 +43	+65 +54
50	65	+78 +32	+49 +41	+54 +41	+60 +41	+71 +41	+87 +41	+61 +53	+66 +53	+72 +53	+83 +53	+99 +53	+79 +66
65	80	+78 +32	+51 +43	+56 +43	+62 +43	+73 +43	+89 +43	+67 +59	+72 +59	+78 +59	+89 +59	+105 +59	+88 +75
80	100	+91 +37	+61 +51	+66 +51	+73 +51	+86 +51	+105 +51	+81 +71	+86 +71	+93 +71	+106 +71	+125 +71	+106 +91
100	120	+91 +37	+64 +54	+69 +54	+76 +54	+89 +54	+108 +54	+89 +79	+94 +79	+101 +79	+114 +79	+133 +79	+119 +104
120	140	+106 +43	+75 +63	+81 +63	+88 +63	+103 +63	+126 +63	+104 +92	+110 +92	+117 +92	+132 +92	+155 +92	+140 +122
140	160	+106 +43	+77 +65	+83 +65	+90 +65	+105 +65	+128 +65	+112 +100	+118 +100	+125 +100	+140 +100	+163 +100	+152 +134
160	180	+106 +43	+80 +68	+86 +68	+93 +68	+108 +68	+131 +68	+120 +108	+126 +108	+133 +108	+148 +108	+171 +108	+164 +146
180	200	+122 +50	+91 +77	+97 +77	+106 +77	+123 +77	+149 +77	+136 +122	+142 +122	+151 +122	+168 +122	+194 +122	+186 +166
200	225	+122 +50	+94 +80	+100 +80	+109 +80	+126 +80	+152 +80	+144 +130	+150 +130	+159 +130	+176 +130	+202 +130	+200 +180
225	250	+122 +50	+98 +84	+104 +84	+113 +84	+130 +84	+156 +84	+154 +140	+160 +140	+169 +140	+186 +140	+212 +140	+216 +196
250	280	+137 +56	+110 +94	+117 +94	+126 +94	+146 +94	+175 +94	+174 +158	+181 +158	+190 +158	+210 +158	+239 +158	+241 +218
280	315	+137 +56	+114 +98	+121 +98	+130 +98	+150 +98	+179 +98	+186 +170	+193 +170	+202 +170	+222 +170	+251 +170	+263 +240
315	355	+151 +62	+125 +108	+133 +108	+144 +108	+165 +108	+197 +108	+208 +190	+215 +190	+226 +190	+247 +190	+279 +190	+293 +268
355	400	+151 +62	+132 +114	+139 +114	+150 +114	+171 +114	+203 +114	+226 +208	+233 +208	+244 +208	+265 +208	+297 +208	+319 +294
400	450	+165 +68	+146 +126	+153 +126	+166 +126	+189 +126	+223 +126	+252 +232	+259 +232	+272 +232	+295 +232	+329 +232	+357 +330
450	500	+165 +68	+152 +132	+159 +132	+172 +132	+195 +132	+229 +132	+272 +252	+279 +252	+292 +252	+315 +252	+349 +252	+387 +360

公称尺寸/mm		公 差 带											
		t			u				v				x
大于	至	6	7	8	5	6	7	8	5	6	7	8	5
—	3	—	—	—	+22 +18	+24 +18	+28 +18	+32 +18	—	—	—	—	+24 +20
3	6	—	—	—	+28 +23	+31 +23	+35 +23	+41 +23	—	—	—	—	+33 +28
6	10	—	—	—	+34 +28	+37 +28	+43 +28	+50 +28	—	—	—	—	+40 +34
10	14	—	—	—	+41 +33	+44 +33	+51 +33	+60 +33	—	—	—	—	+48 +40
14	18	—	—	—					+47 +39	+50 +39	+57 +39	+66 +39	+53 +45
18	24	—	—	—	+50 +41	+54 +41	+62 +41	+74 +41	+56 +47	+60 +47	+68 +47	+80 +47	+63 +54
24	30	+54 +41	+62 +41	+74 +41	+57 +48	+61 +48	+69 +48	+81 +48	+64 +55	+68 +55	+76 +55	+88 +55	+73 +64
30	40	+64 +48	+73 +48	+87 +48	+71 +60	+76 +60	+85 +60	+99 +60	+79 +68	+84 +68	+93 +68	+107 +68	+91 +80
40	50	+70 +54	+79 +54	+93 +54	+81 +70	+86 +70	+95 +70	+109 +70	+92 +81	+97 +81	+106 +81	+120 +81	+108 +97
50	65	+85 +66	+96 +66	+112 +66	+100 +87	+106 +87	+117 +87	+133 +87	+115 +102	+121 +102	+132 +102	+148 +102	+135 +122
65	80	+94 +75	+105 +75	+121 +75	+115 +102	+121 +102	+132 +102	+148 +102	+133 +120	+139 +120	+150 +120	+166 +120	+159 +146
80	100	+113 +91	+126 +91	+145 +91	+139 +124	+146 +124	+159 +124	+178 +124	+161 +146	+168 +146	+181 +146	+200 +146	+193 +178
100	120	+126 +104	+139 +104	+158 +104	+159 +144	+166 +144	+179 +144	+198 +144	+187 +172	+194 +172	+207 +172	+226 +172	+225 +210
120	140	+147 +122	+162 +122	+185 +122	+188 +170	+195 +170	+210 +170	+233 +170	+220 +202	+227 +202	+242 +202	+265 +202	+266 +248
140	160	+159 +134	+174 +134	+197 +134	+208 +190	+215 +190	+230 +190	+253 +190	+246 +228	+253 +228	+268 +228	+291 +228	+298 +280
160	180	+171 +146	+186 +146	+209 +146	+228 +210	+235 +210	+250 +210	+273 +210	+270 +252	+277 +252	+292 +252	+315 +252	+328 +310
180	200	+195 +166	+212 +166	+238 +166	+256 +236	+265 +236	+282 +236	+308 +236	+304 +284	+313 +284	+330 +284	+356 +284	+370 +350
200	225	+209 +180	+226 +180	+252 +180	+278 +258	+287 +258	+304 +258	+330 +258	+330 +310	+339 +310	+356 +310	+382 +310	+405 +385
225	250	+225 +196	+242 +196	+268 +196	+304 +284	+313 +284	+330 +284	+356 +284	+360 +340	+369 +340	+386 +340	+412 +340	+445 +425
250	280	+250 +218	+270 +218	+299 +218	+338 +315	+347 +315	+367 +315	+396 +315	+408 +385	+417 +385	+437 +385	466 +385	+498 +475
280	315	+272 +240	+292 +240	+321 +240	+373 +350	+382 +350	+402 +350	+430 +350	+448 +425	+457 +425	+477 +425	+506 +425	+548 +525
315	355	+304 +268	+325 +268	+357 +268	+415 +390	+426 +390	+447 +390	+479 +390	+500 +475	+511 +475	+532 +475	+564 +475	+615 +590
355	400	+330 +294	+351 +294	+383 +294	+460 +435	+471 +435	+492 +435	+524 +435	+555 +530	+566 +530	+587 +530	+619 +530	+685 +660
400	450	+370 +330	+393 +330	+427 +330	+517 +490	+530 +490	+553 +490	+587 +490	+622 +595	+635 +595	+658 +595	+692 +595	+797 +740
450	500	+400 +360	+423 +360	+457 +360	+567 +540	+580 +540	+603 +540	+637 +540	+687 +660	+700 +660	+723 +660	+757 +660	+847 +820

注:当基本尺寸小于1mm时,各级的a和b均不采用

C.1.4　孔的极限偏差

表 C.4　孔的极限偏差(GB/T 1800.2—2009)

μm

公称尺寸/mm		公　差　带											
		A				B				C				
大于	至	9	10	11	12	9	10	11	12	8	9	10	11	12
—	3	+295 +270	+310 +270	+330 +270	+370 +270	+165 +140	+180 +140	+200 +140	+240 +140	+74 +60	+85 +60	+100 +60	+120 +60	+160 +60
3	6	+300 +270	+318 +270	+345 +270	+390 +270	+170 +140	+188 +140	+215 +140	+260 +140	+88 +70	+100 +70	+118 +70	+145 +70	+190 +70
6	10	+316 +280	+338 +280	+370 +280	+430 +280	+186 +150	+208 +150	+240 +150	+300 +150	+102 +80	+116 +80	+138 +80	+170 +80	+230 +80
10	14	+333 +290	+360 +290	+400 +290	+470 +290	+193 +150	+220 +150	+260 +150	+330 +150	+122 +95	+128 +95	+165 +95	+205 +95	+275 +95
14	18													
18	24	+352 +300	+384 +300	+430 +300	+510 +300	+212 +160	+244 +160	+290 +160	+370 +160	+143 +110	+162 +110	+194 +110	+240 +110	+320 +110
24	30													
30	40	+372 +310	+410 +310	+470 +310	+560 +310	+232 +170	+270 +170	+330 +170	+420 +170	+159 +120	+182 +120	+220 +120	+280 +120	+370 +120
40	50	+382 +320	+420 +320	+480 +320	+570 +320	+242 +180	+280 +180	+340 +180	+430 +180	+169 +130	+192 +130	+230 +130	+290 +130	+380 +130
50	65	+414 +340	+460 +340	+530 +340	+640 +340	+264 +190	+310 +190	+380 +190	+490 +190	+186 +140	+214 +140	+260 +140	+330 +140	+440 +140
65	80	+434 +360	480 +360	+550 +360	+660 +360	+274 +200	+320 +200	+390 +200	+500 +200	+196 +150	+224 +150	+270 +150	+340 +150	+450 +150
80	100	+467 +380	+520 +380	+600 +380	+730 +380	+307 +220	+360 +220	+440 +220	+570 +220	+224 +170	+257 +170	+310 +170	+390 +170	+520 +170
100	120	+497 +410	+550 +410	+630 +410	+760 +410	+327 +240	+380 +240	+460 +240	+590 +240	+234 +180	+267 +180	+320 +180	+400 +180	+530 +180
120	140	+156 +460	+620 +460	+710 +460	+860 +460	+360 +260	+420 +260	+510 +260	+660 +260	+263 +200	+300 +200	+360 +200	+450 +200	+600 +200
140	160	+620 +520	+680 +520	+770 +520	+920 +520	+380 +280	+440 +280	+530 +280	+680 +280	+273 +210	+310 +210	+370 +210	+460 +210	+610 +210
160	180	+680 +580	+740 +580	+830 +580	+980 +580	+410 +310	+470 +310	+560 +310	+710 +310	+293 +230	+330 +230	+390 +230	+480 +230	+630 +230
180	200	+775 +660	+845 +660	+950 +660	+1120 +660	+455 +340	+525 +340	+630 +340	+800 +340	+312 +240	+355 +240	+425 +240	+530 +240	+700 +240
200	225	+855 +740	+925 +740	+1030 +740	+1200 +740	+495 +380	+565 +380	+670 +380	+840 +380	+332 +260	+375 +260	+445 +260	+550 +260	+720 +260
225	250	+935 +820	+1005 +820	+1110 +820	+1280 +820	+535 +420	+605 +420	+710 +420	+880 +420	+352 +280	+395 +280	+465 +280	+570 +280	+740 +280
250	280	+1050 +920	+1130 +920	+1240 +920	+1440 +920	+610 +480	+690 +480	+800 +480	+1000 +480	+381 +300	+430 +300	+510 +300	+620 +300	+820 +300
280	315	+1180 +1050	+1260 +1050	+1370 +1050	+1570 +1050	+670 +540	+750 +540	+860 +540	+1060 +540	+411 +330	+460 +330	+540 +330	+650 +330	+850 +330
315	355	+1340 +1200	+1430 +1200	+1560 +1200	+1770 +1200	+740 +600	+830 +600	+960 +600	+1170 +600	+449 +360	+500 +360	+590 +360	+720 +360	+930 +360
355	400	+1490 +1350	+1580 +1350	+1710 +1350	+1920 +1350	+820 +680	+910 +680	+1040 +680	+1250 +680	+489 +400	+540 +400	+630 +400	+760 +400	+970 +400
400	450	+1655 +1500	+1750 +1500	+1900 +1500	+2130 +1500	+915 +760	+1010 +760	+1160 +760	+1390 +760	+537 +440	+595 +440	+690 +440	+840 +440	+1070 +440
450	500	+1805 +1650	+1900 +1650	+2050 +1650	+2280 +1650	+995 +840	+1090 +840	+1240 +840	+1470 +840	+577 +480	+635 +480	+730 +480	+880 +480	+1110 +480

公称尺寸/mm		公差带												
		D					E				F			
大于	至	7	8	9	10	11	7	8	9	10	6	7	8	9
—	3	+30 +20	+34 +20	+45 +20	+60 +20	+80 +20	+24 +14	+28 +14	+39 +14	+54 +14	+12 +6	+16 +6	+20 +6	+31 +6
3	6	+42 +30	+48 +30	+60 +30	+78 +30	+105 +30	+32 +20	+38 +20	+50 +20	+68 +20	+18 +10	+22 +10	+28 +10	+40 +10
6	10	+55 +40	+62 +40	+76 +40	+98 +40	+130 +40	+40 +25	+47 +25	+61 +25	+83 +25	+22 +13	+28 +13	+35 +13	+49 +13
10	14	+68 +50	+77 +50	+93 +50	+120 +50	+160 +50	+50 +32	+59 +32	+75 +32	+102 +32	+27 +16	+34 +16	+43 +16	+59 +16
14	18													
18	24	+86 +65	+98 +65	+117 +65	+149 +65	+195 +65	+61 +40	+73 +40	+92 +40	+124 +40	+33 +20	+41 +20	+53 +20	+72 +20
24	30													
30	40	+105 +80	+119 +80	+142 +80	+180 +80	+240 +80	+75 +50	+89 +50	+112 +50	+150 +50	+41 +25	+50 +25	+64 +25	+87 +25
40	50													
50	65	+130 +100	+146 +100	+174 +100	+220 +100	+290 +100	+90 +60	+106 +60	+134 +60	+180 +60	+49 +30	+60 +30	+76 +30	+104 +30
65	80													
80	100	+155 +120	+174 +120	+207 +120	+360 +120	+340 +120	+107 +72	+126 +72	+159 +72	+212 +72	+58 +36	+71 +36	+90 +36	+123 +36
100	120													
120	140	+185 +145	+208 +145	+245 +145	+305 +145	+395 +145	+125 +85	+148 +85	+185 +85	+245 +85	+68 +43	+83 +43	+106 +43	+143 +43
140	160													
160	180													
180	200	+216 +170	+242 +170	+285 +170	+355 +170	+460 +170	+146 +100	+172 +100	+215 +100	+285 +100	+79 +50	+96 +50	+122 +50	+165 +50
200	225													
225	250													
250	280	+242 +190	+271 +190	+320 +190	+400 +190	+510 +190	+162 +110	+191 +110	+240 +110	+320 +110	+88 +56	+108 +56	+137 +56	+186 +56
280	315													
315	355	+267 +210	+299 +210	+350 +210	+440 +210	+570 +210	+182 +125	+214 +125	+265 +125	+355 +125	+98 +62	+119 +62	+151 +62	+202 +62
355	400													
400	450	+293 +230	+327 +230	+385 +230	+480 +230	+630 +230	+198 +135	+232 +135	+290 +135	+385 +135	+108 +68	+131 +68	+165 +68	+223 +68
450	500													

公称尺寸/mm 大于	至	公差带 G 5	G 6	G 7	G 8	H 1	H 2	H 3	H 4	H 5	H 6	H 7	H 8	H 9
	3	+6 / +2	+8 / +2	+12 / +2	+16 / +2	+0.8 / 0	+1.2 / 0	+2 / 0	+3 / 0	+4 / 0	+6 / 0	+10 / 0	+14 / 0	+25 / 0
3	6	+9 / +4	+12 / +4	+16 / +4	+22 / +4	+1 / 0	+1.5 / 0	+2.5 / 0	+4 / 0	+5 / 0	+8 / 0	+12 / 0	+18 / 0	+30 / 0
6	10	+11 / +5	+14 / +5	+20 / +5	+27 / +5	+1 / 0	+1.5 / 0	+2.5 / 0	+4 / 0	+6 / 0	+9 / 0	+15 / 0	+22 / 0	+36 / 0
10	14	+14 / +6	+17 / +6	+24 / +6	+33 / +6	+1.2 / 0	+2 / 0	+3 / 0	+5 / 0	+8 / 0	+11 / 0	+18 / 0	+27 / 0	+43 / 0
14	18													
18	24	+16 / +7	+20 / +7	+28 / +7	+40 / +7	+1.5 / 0	+2.5 / 0	+4 / 0	+6 / 0	+9 / 0	+13 / 0	+21 / 0	+33 / 0	+52 / 0
24	30													
30	40	+20 / +9	+25 / +9	+34 / +9	+48 / +9	+1.5 / 0	+2.5 / 0	+4 / 0	+7 / 0	+11 / 0	+16 / 0	+25 / 0	+39 / 0	+62 / 0
40	50													
50	65	+23 / +10	+29 / +10	+40 / +10	+56 / +10	+2 / 0	+3 / 0	+5 / 0	+8 / 0	+13 / 0	+19 / 0	+30 / 0	+46 / 0	+74 / 0
65	80													
80	100	+27 / +12	+34 / +12	+47 / +12	+66 / +12	+2.5 / 0	+4 / 0	+6 / 0	+10 / 0	+15 / 0	+22 / 0	+35 / 0	+54 / 0	+87 / 0
100	120													
120	140	+32 / +14	+39 / +14	+54 / +14	+77 / +14	+3.5 / 0	+5 / 0	+8 / 0	+12 / 0	+18 / 0	+25 / 0	+40 / 0	+63 / 0	+100 / 0
140	160													
160	180													
180	200	+35 / +15	+44 / +15	+61 / +15	+87 / +15	+4.5 / 0	+7 / 0	+10 / 0	+14 / 0	+20 / 0	+29 / 0	+46 / 0	+72 / 0	+115 / 0
200	225													
225	250													
250	280	+40 / +17	+49 / +17	+69 / +17	+98 / +17	+6 / 0	+8 / 0	+12 / 0	+16 / 0	+23 / 0	+32 / 0	+52 / 0	+81 / 0	+130 / 0
280	315													
315	355	+43 / +18	+54 / +18	+75 / +18	+107 / +18	+7 / 0	+9 / 0	+13 / 0	+18 / 0	+25 / 0	+36 / 0	+57 / 0	+89 / 0	+140 / 0
355	400													
400	450	+47 / +20	+60 / +20	+83 / +20	+117 / +20	+8 / 0	+10 / 0	+15 / 0	+20 / 0	+27 / 0	+40 / 0	+63 / 0	+97 / 0	+155 / 0
450	500													

公称尺寸/mm		公差带												
		JS							K					M
大于	至	7	8	9	10	11	12	13	4	5	6	7	8	4
—	3	±5	±7	±12	±20	±30	±50	±70	0 −3	0 −4	0 −6	0 −10	0 −14	−2 −5
3	6	±6	±9	±15	±24	±37	±60	±90	+0.5 −3.5	0 −5	+2 −6	+3 −9	+5 −13	−2.5 −6.5
6	10	±7	±11	±18	±29	±45	±75	±110	+0.5 −3.5	+1 −5	+2 −7	+5 −10	+6 −16	−4.5 −8.5
10	14	±9	±13	±21	±35	±55	±90	±135	+1 −4	+2 −6	+2 −9	+6 −12	+8 −19	−5 −10
14	18													
18	24	±10	±16	±26	±42	±65	±105	±165	0 −6	+1 −8	+2 −11	+6 −15	+10 −23	−6 −12
24	30													
30	40	±12	±19	±31	±50	±80	±125	±195	+1 −6	+2 −9	+3 −13	+7 −18	+12 −27	−6 −13
40	50													
50	65	±15	±23	±37	±60	±95	±150	±230	+1 −7	+3 −10	+4 −15	+9 −21	+14 −32	−8 −16
65	80													
80	100	±17	±27	±43	±70	±110	±175	±270	+1 −9	+2 −13	+4 −18	+10 −25	+16 −38	−9 −19
100	120													
120	140	±20	±31	±50	±80	±125	±200	±315	+1 −11	+3 −15	+4 −21	+12 −28	+20 −43	−11 −23
140	160													
160	180													
180	200	±23	±36	±57	±92	±145	±230	±360	0 −14	+2 −18	+5 −24	+13 −33	+22 −50	−13 −27
200	225													
225	250													
250	280	±26	±40	±65	±105	±160	±260	±405	0 −16	+3 −20	+5 −27	+16 −36	+25 −56	−16 −32
280	315													
315	355	±28	±44	±70	±115	±180	±285	±445	+1 −17	+3 −22	+7 −29	+17 −40	+28 −61	−16 −34
355	400													
400	450	±31	±48	±77	±125	±200	±315	±485	0 −20	+2 −25	+8 −32	+18 −45	+29 −68	−18 −38
450	500													

续表

| 公称尺寸/mm | | 公差带 | | | | | | | | | | | | |
大于	至	M 5	M 6	M 7	M 8	N 5	N 6	N 7	N 8	N 9	P 5	P 6	P 7	P 8
—	3	−2 / −6	−2 / −8	−2 / −12	−2 / −16	−4 / −8	−4 / −10	−4 / −14	−4 / −18	−4 / −29	−6 / −10	−6 / −12	−6 / −16	−6 / −20
3	6	−3 / −8	−1 / −9	0 / −12	+2 / −16	−7 / −12	−5 / −13	−4 / −16	−2 / −20	0 / −30	−11 / −16	−9 / −17	−8 / −20	−12 / −30
6	10	−4 / −10	−3 / −12	0 / −15	+1 / −21	−8 / −14	−7 / −16	−4 / −19	−3 / −25	0 / −36	−13 / −19	−12 / −21	−9 / −24	−15 / −37
10	14	−4 / −12	−4 / −15	0 / −18	+2 / −25	−9 / −17	−9 / −20	−5 / −28	−3 / −30	0 / −43	−15 / −23	−15 / −26	−11 / −29	−18 / −45
14	18	−4 / −12	−4 / −15	0 / −18	+2 / −25	−9 / −17	−9 / −20	−5 / −28	−3 / −30	0 / −43	−15 / −23	−15 / −26	−11 / −29	−18 / −45
18	24	−5 / −14	−4 / −17	0 / −21	+4 / −29	−12 / −21	−11 / −24	−7 / −28	−3 / −36	0 / −52	−19 / −28	−18 / −31	−14 / −35	−22 / −55
24	30	−5 / −14	−4 / −17	0 / −21	+4 / −29	−12 / −21	−11 / −24	−7 / −28	−3 / −36	0 / −52	−19 / −28	−18 / −31	−14 / −35	−22 / −55
30	40	−5 / −16	−4 / −20	0 / −25	+5 / −34	−13 / −24	−12 / −28	−8 / −33	−3 / −42	0 / −62	−22 / −33	−21 / −37	−17 / −42	−26 / −65
40	50	−5 / −16	−4 / −20	0 / −25	+5 / −34	−13 / −24	−12 / −28	−8 / −33	−3 / −42	0 / −62	−22 / −33	−21 / −37	−17 / −42	−26 / −65
50	65	−6 / −19	−5 / −24	0 / −30	+5 / −41	−15 / −28	−14 / −33	−9 / −39	−4 / −50	0 / −74	−27 / −40	−26 / −45	−21 / −51	−32 / −78
65	80	−6 / −19	−5 / −24	0 / −30	+5 / −41	−15 / −28	−14 / −33	−9 / −39	−4 / −50	0 / −74	−27 / −40	−26 / −45	−21 / −51	−32 / −78
80	100	−8 / −23	−6 / −28	0 / −35	+6 / −48	−18 / −33	−16 / −38	−10 / −45	−4 / −58	0 / −87	−32 / −47	−30 / −52	−24 / −59	−37 / −91
100	120	−8 / −23	−6 / −28	0 / −35	+6 / −48	−18 / −33	−16 / −38	−10 / −45	−4 / −58	0 / −87	−32 / −47	−30 / −52	−24 / −59	−37 / −91
120	140	−9 / −27	−8 / −33	0 / −40	+8 / −55	−21 / −39	−20 / −45	−12 / −52	−4 / −67	0 / −100	−37 / −55	−36 / −61	−28 / −68	−43 / −106
140	160	−9 / −27	−8 / −33	0 / −40	+8 / −55	−21 / −39	−20 / −45	−12 / −52	−4 / −67	0 / −100	−37 / −55	−36 / −61	−28 / −68	−43 / −106
160	180	−9 / −27	−8 / −33	0 / −40	+8 / −55	−21 / −39	−20 / −45	−12 / −52	−4 / −67	0 / −100	−37 / −55	−36 / −61	−28 / −68	−43 / −106
180	200	−11 / −31	−8 / −37	0 / −46	+9 / −63	−25 / −45	−22 / −51	−14 / −60	−5 / −77	0 / −115	−44 / −64	−41 / −70	−33 / −79	−50 / −122
200	225	−11 / −31	−8 / −37	0 / −46	+9 / −63	−25 / −45	−22 / −51	−14 / −60	−5 / −77	0 / −115	−44 / −64	−41 / −70	−33 / −79	−50 / −122
225	250	−11 / −31	−8 / −37	0 / −46	+9 / −63	−25 / −45	−22 / −51	−14 / −60	−5 / −77	0 / −115	−44 / −64	−41 / −70	−33 / −79	−50 / −122
250	280	−13 / −36	−9 / −41	0 / −52	+9 / −72	−27 / −50	−25 / −57	−14 / −66	−5 / −86	0 / −130	−49 / −72	−47 / −79	−36 / −88	−56 / −137
280	315	−13 / −36	−9 / −41	0 / −52	+9 / −72	−27 / −50	−25 / −57	−14 / −66	−5 / −86	0 / −130	−49 / −72	−47 / −79	−36 / −88	−56 / −137
315	355	−14 / −39	−10 / −46	0 / −57	+11 / −78	−30 / −55	−26 / −62	−16 / −73	−5 / −94	0 / −140	−55 / −80	−51 / −87	−41 / −98	−62 / −151
355	400	−14 / −39	−10 / −46	0 / −57	+11 / −78	−30 / −55	−26 / −62	−16 / −73	−5 / −94	0 / −140	−55 / −80	−51 / −87	−41 / −98	−62 / −151
400	450	−16 / −43	−10 / −50	0 / −63	+11 / −86	−33 / −60	−27 / −67	−17 / −80	−6 / −103	0 / −155	−61 / −88	−55 / −95	−45 / −108	−68 / −165
450	500	−16 / −43	−10 / −50	0 / −63	+11 / −86	−33 / −60	−27 / −67	−17 / −80	−6 / −103	0 / −155	−61 / −88	−55 / −95	−45 / −108	−68 / −165

公称尺寸/mm		公差带												
		P	R				S				T			U
大于	至	9	5	6	7	8	5	6	7	8	6	7	8	6
—	3	-6/-31	-10/-14	-10/-16	-10/-20	-10/-24	-14/-18	-14/-20	-14/-24	-14/-28	—	—	—	-18/-24
3	6	-12/-42	-14/-19	-12/-20	-11/-23	-15/-33	-18/-23	-16/-24	-15/-27	-19/-37	—	—	—	-20/-28
6	10	-15/-51	-17/-23	-16/-25	-13/-28	-19/-41	-21/-27	-20/-29	-17/-32	-23/-45	—	—	—	-25/-34
10	14	-18/-61	-20/-28	-20/-31	-16/-34	-23/-50	-25/-33	-25/-36	-21/-39	-28/-55	—	—	—	-30/-41
14	18										—	—	—	-37/-50
18	24	-22/-74	-25/-34	-24/-37	-20/-41	-28/-61	-32/-41	-31/-44	-27/-48	-35/-68	—	—	—	-37/-50
24	30										-37/-50	-33/-54	-41/-74	-44/-57
30	40	-26/-88	-30/-41	-29/-45	-25/-50	-34/-73	-39/-50	-38/54	-34/-59	-43/-82	-43/-59	-39/-64	-48/-87	-55/-71
40	50										-49/-65	-45/-70	-54/-93	-65/-81
50	65	-32/-106	-36/-49	-35/-54	-30/-60	-41/-87	-48/-61	-47/-66	-42/-72	-53/-99	-60/-79	-55/-85	-66/-112	-81/-100
65	80		-38/-51	-37/-56	-32/-62	-43/-89	-54/-67	-53/-72	-48/-78	-59/-105	-69/-88	-64/-94	-75/-121	-96/-115
80	100	-37/-124	-46/-61	-44/-66	-38/-73	-51/-105	-66/-81	-64/-86	-58/-93	-71/-125	-84/-106	-78/-113	-91/-145	-117/-139
100	120		-49/-64	-47/-69	-41/-76	-54/-108	-74/-89	-72/-94	-66/-101	-79/-133	-97/-119	-91/-126	-104/-158	-137/-159
120	140	-43/143	-57/-75	-56/-81	-48/-88	-63/-126	-86/-104	-85/-110	-77/-117	-92/-155	-115/-140	-107/-147	-122/-185	-163/-188
140	160		-59/-77	-58/-83	-50/-90	-65/-128	-94/-112	-93/-118	-85/-125	-100/-163	-127/-152	-119/-159	-134/-197	-183/-208
160	180		-62/-80	-61/-86	-53/-93	-68/-131	-102/-120	-101/-126	-93/-133	-108/-171	-139/-164	-131/-171	-146/-209	-203/-228
180	200	-50/-165	-71/-91	-68/-97	-60/-106	-77/-149	-116/-136	-113/-142	-105/-151	-122/-194	-157/-186	-149/-195	-166/-238	-227/-256
200	225		-74/-94	-71/-100	-63/-109	-80/-152	-124/-144	-121/-150	-113/-159	-130/-202	-171/-200	-163/-209	-180/-252	-249/-278
225	250		-78/-98	-75/-104	-67/-113	-84/-156	-134/-154	-131/-160	-123/-169	-140/-212	-187/-216	-179/-225	-196/-268	-275/-304
250	280	-56/-186	-87/-110	-85/-117	-74/-126	-94/-175	-151/-174	-149/-181	-138/-190	-158/-239	-209/-241	-198/-250	-218/-299	-306/-338
280	315		-91/-114	-89/-121	-78/-130	-98/-179	-163/-186	-161/-193	-150/-202	-170/-251	-231/-263	-220/-272	-240/-321	-341/-373
315	355	-62/-202	-101/-126	-97/-133	-87/-144	-108/-197	-183/-208	-179/-215	-619/-226	-190/-279	-257/-293	-247/-304	-268/-357	-379/-415
355	400		-107/-132	-103/-139	-93/-150	-114/-203	-201/-226	-197/-233	-187/-244	-208/-297	-283/-319	-273/-330	-294/-383	-424/-460
400	450	-68/-223	-119/-146	-113/-153	-103/-166	-126/-223	-225/-252	-219/-259	-209/-272	-232/-329	-317/-357	-307/-370	-330/-427	-477/-517
450	500		-125/-152	-119/-159	-109/-172	-132/-229	-245/-272	-239/-279	-229/-292	-252/-349	-347/-387	-337/-400	-360/-457	-527/-567

续表

公称尺寸/mm 大于	至	U 7	U 8	V 6	V 7	V 8	X 6	X 7	X 8	Y 6	Y 7	Y 8	Z 6	Z 7	Z 8
—	3	-18	-18	—	—	—	-20	-20	-20	—	—	—	-26	-26	-26
		-28	-32				-26	-30	-34				-32	-36	-40
3	6	-19	-23	—	—	—	-25	-24	-28	—	—	—	-32	-31	-35
		-31	-41				-33	-36	-46				-40	-43	-53
6	10	-22	-28	—	—	—	-31	-28	-34	—	—	—	-39	-36	-42
		-37	-50				-40	-43	-56				-48	-51	-64
10	14	-26	-33	—	—	—	-37	-33	-40	—	—	—	-47	-43	-50
		-44	-60				-48	-51	-67				-58	-61	-77
14	18			-36	-32	-39	-42	-38	-45	—	—	—	-57	-53	-60
				-47	-50	-66	-53	-56	-72				-68	-71	-87
18	24	-33	-41	-43	-39	-47	-50	-46	-54	-59	-55	-63	-69	-65	-73
		-54	-74	-56	-60	-80	-63	-67	-87	-72	-76	-96	-82	-86	-106
24	30	-40	-48	-51	-47	-55	-60	-56	-64	-71	-67	-75	-84	-80	-88
		-61	-81	-64	-68	-88	-73	-77	-97	-84	-88	-108	-97	-101	-121
30	40	-51	-60	-63	-59	-68	-75	-71	-80	-89	-85	-94	-107	-103	-112
		-76	-99	-79	-84	-107	-91	-96	-119	-105	-110	-133	-123	-128	-151
40	50	-61	-70	-76	-72	-81	-92	-88	-97	-109	-105	-114	-131	-127	-136
		-86	-109	-92	-97	-120	-108	-113	-136	-125	-130	-153	-147	-152	-175
50	65	-76	-87	-96	-91	-102	-116	-111	-122	-133	-133	-144	-166	-161	-172
		-106	-133	-115	-121	-148	-135	-141	-168	-157	-163	-190	-185	-191	-218
65	80	-91	-102	-114	-109	-120	-140	-135	-146	-168	-163	-174	-204	-199	-210
		-121	-148	-133	-139	-166	-159	-165	-192	-187	-193	-220	-223	-229	-256
80	100	-111	-124	-139	-133	-146	-171	-165	-178	-207	-201	-214	-251	-245	-258
		-146	-178	-161	-168	-200	-193	-200	-232	-229	-236	-268	-273	-280	-312
100	120	-131	-144	-165	-159	-172	-203	-197	-210	-247	-241	-254	-303	-297	-310
		-166	-198	-187	-194	-226	-225	-232	-264	-269	-276	-308	-325	-332	-364
120	140	-155	-170	-195	-187	-202	-241	-233	-248	-293	-285	-300	-358	-350	-365
		-195	-233	-220	-227	-265	-266	-273	-311	-318	-325	-363	-383	-390	-428
140	160	-175	-190	-221	-213	-228	-273	-265	-280	-333	-325	-340	-408	-400	-415
		-215	-253	-246	-253	-291	-298	-305	-343	-358	-365	-403	-433	-440	-478
160	180	-195	-210	-245	-237	-252	-303	-295	-310	-373	-365	-380	-458	-450	-465
		-235	-273	-270	-277	-315	-328	-335	-373	-398	-405	-443	-483	-490	-528
180	200	-219	-236	-275	-267	-284	-341	-333	-350	-416	-408	-425	-511	-503	-520
		-265	-308	-304	-313	-356	-370	-379	-422	-445	-454	-497	-540	-549	-592
200	225	-241	-258	-301	-293	-310	-376	-368	-385	-461	-453	-470	-566	-558	-575
		-287	-330	-330	-339	-382	-405	-414	-457	-490	-499	-542	-595	-604	-647
225	250	-267	-284	-331	-323	-340	-416	-408	-425	-511	-503	-520	-631	-623	-640
		-313	-356	-360	-369	-412	-445	-454	-497	-540	-549	-592	-660	-669	-712
250	280	-295	-315	-376	-365	-385	-466	-455	-475	-571	-560	-580	-701	-690	-710
		-347	-396	-408	-417	-466	-498	-507	-556	-603	-612	-661	-733	-742	-791
280	315	-330	-350	-416	-405	-425	-516	-505	-525	-641	-630	-650	-781	-770	-790
		-382	-431	-448	-457	-506	-548	-557	-606	-673	-682	-731	-813	-822	-871
315	355	-369	-390	-464	-454	-475	-579	-569	-590	-719	-709	-730	-889	-879	-900
		-426	-479	-500	-511	-564	-615	-626	-679	-755	-766	-819	-925	-936	-989
355	400	-414	-435	-519	-509	-530	-649	-639	-660	-809	-799	-820	-989	-979	-1000
		-471	-524	-555	-566	-619	-685	-696	-749	-845	-856	-909	-1025	-1036	-1089
400	450	-467	-490	-582	-572	-595	-727	-717	-740	-907	-897	-920	-1087	-1077	-1100
		-530	-587	-622	-635	-692	-767	-780	-837	-947	-960	-1017	-1127	-1140	-1197
450	500	-517	-540	-647	-637	-660	-807	-797	-820	-987	-977	-1000	-1237	-1227	-1250
		-580	-637	-687	-700	-757	-847	-860	-917	-1027	-1040	-1097	-1277	-1290	-1347

注:1. 当基本尺寸小于 1mm 时,各级的 A 和 B 均不采用

2. 当基本尺寸为 250～315mm 时,M6 的 ES 等于 -9(不等于 -11)

3. 当基本尺寸为 1mm 时,IT8 的 N 不采用

C. 1. 5　未注公差尺寸的极限偏差

表 C. 5　未注公差尺寸的极限偏差（GB/T 1804—2000）　　　　mm

公差等级	线性尺寸的极限偏差数值								倒圆半径与倒角高度尺寸的极限偏差数值			
	尺寸分段								尺寸分段			
	0.5～3	>3～6	>6～30	>30～120	>120～400	>400～1000	>1000～2000	>2000～4000	0.5～3	>3～6	>6～30	>30
f（精密级）	±0.05	±0.05	±0.1	±0.15	±0.2	±0.3	±0.5	—	±0.2	±0.5	±1	±2
f（中等级）	±0.1	±0.1	±0.2	±0.3	±0.5	±0.8	±1.2	±2	±0.2	±0.5	±1	±2
c（粗糙级）	±0.2	±0.3	±0.5	±0.8	±1.2	±2	±3	±4	±0.4	±1	±2	±4
v（最粗级）	—	±0.5	±1	±1.5	±2.5	±4	±6	±8	±0.4	±1	±2	±4

注：本标准适用于金属切削加工的尺寸，也适用于一般的冲压加工的尺寸。其他情况参照使用

C. 2　表面形状和位置公差

C. 2. 1　表面形状和位置公差项目的符号

表 C. 6　几何公差的几何特性与符号（GB/T 1182—2008）

公差类型	几何特征	符号	有无基准	公差类型	几何特征	符号	有无基准
形状公差	直线度	—	无	方向公差	面轮廓度	⌒	有
	平面度	▱		位置公差	位置度	⊕	有或无
	圆度	○			同心度（用于中心点）	◎	有
	圆柱度	⌀			同轴度（用于轴线）	◎	
	线轮廓度	⌒			对称度	=	
	面轮廓度	⌒			线轮廓度	⌒	
方向公差	平行度	∥	有		面轮廓度	⌒	
	垂直度	⊥		跳动公差	圆跳动	↗	有
	倾斜度	∠			全跳动	↗↗	
	线轮廓度	⌒					

C. 2. 2　基准要素的标注

表 C. 7　几何公差的附加符号（GB/T 1182—2008）

说　明	符　号	说　明	符　号
被测要素		基准要素	Ⓐ　Ⓐ
基准目标	⌀2/A1	理论正确尺寸	50
最大实体要求	Ⓜ	最小实体要求	Ⓛ
延伸公差带	Ⓟ	自由状态条件（非刚性零件）	Ⓕ
包容要求	Ⓔ	可逆要求	Ⓡ
大径	MD	小径	LD
中径、节径	PD	公共公差带	CZ
线素	LE	不凸起	NC
任意横截面	ACS	全周（轮廓）	

C. 2. 3　被测要素的标注

表 C. 8　被测要素的标注（GB/T 1182—2008）

图　例	标注方法
	用带箭头的指引线将被测要素与公差框格的一端相连,指引线的箭头应指向公差带的宽度方向或直径 当被测要素为线或表面时,指引线的箭头应指在该要素的轮廓线或其引出线上,并应明显地与尺寸线错开
	当被测要素为轴线、球心或中心平面时,指引线的箭头应与该要素的尺寸线对齐
	当被测要素为单一要素的轴线或各要素的公共轴线、公共中心平面时,指引线的箭头可以直接指在轴线或中心线上
	当被测要素为圆锥体的轴线时,指引线的箭头应与圆锥体的直径尺寸线(大端或小端)对齐
	当指引线的箭头与尺寸线的箭头重叠时,则指引线的箭头可以代替尺寸线箭头

图　例	标注方法
	当被测要素不是螺纹中径的轴线时,则应在框格附近另加说明
	当被测要素是螺纹中径的轴线时,指引线的箭头应与中径尺寸线对齐;未画出螺纹中径时,指引线的箭头可与螺纹尺寸线对齐,但被测要素仍为螺纹中径的轴线
	当同一个被测要素有多项形位公差要求,其标注方法又是一致时,可以将这些框格绘制一起,并引用一根指引线。当多个被测要素有相同的形位公差(单项或多项)要求时,可以在从框格引出的指引线上绘制多个指标箭头并分别与各被测要素相连
	为了说明其他附加要求,或为了简化标注方法,可以在公差框格的周围附加文字说明;属于被测要素数量的说明,应写在公差框格的上方,属于解释性的说明(包括对测量方法的要求)应写在公差框格的下方

C.2.4　直线度、平面度的公差值及应用举例

表 C.9　直线度、平面度的公差值及应用举例(GB/T 1182—2008)　　　　　μm

公差等级	主参数 L/mm													应用举例
	≤10	>10~16	>16~25	>25~40	>40~63	>63~100	>100~160	>160~250	>250~400	>400~630	>630~1000	>1000~1600	>1600~2500	
5	2	2.5	3	4	5	6	8	10	12	15	20	25	30	1级平板,2级宽平尺,平面磨床的纵向导轨,垂直导轨
	Ra 0.2		Ra 0.2			Ra 0.8				Ra 1.6				
6	3	4	5	6	8	10	12	15	20	25	30	40	50	1级平板,普通车床床身导轨、龙门刨床导轨
	Ra 0.2		Ra 0.4			Ra 1.6				Ra 3.2				
7	5	6	8	10	12	15	20	25	30	40	50	60	80	2级平板,0.02游标卡尺尺身的直线度,机床床头箱
	Ra 0.4		Ra 0.8			Ra 1.6				Ra 6.3				
8	8	10	12	15	20	25	30	40	50	60	80	100	120	2级平板,车床溜板箱体
	Ra 0.8		Ra 0.8			Ra 3.2				Ra 6.3				
9	12	15	20	25	30	40	50	60	80	100	120	150	200	3级平板,机床溜板箱
	Ra 1.6		Ra 1.6			Ra 3.2				Ra 12.5				
	Ra 3.2		Ra 6.3			Ra 12.5				Ra 12.5				

续表

公差等级	主参数 L/mm													应用举例
	≤10	>10 ~16	>16 ~25	>25 ~40	>40 ~63	>63 ~100	>100 ~160	>160 ~250	>250 ~400	>400 ~630	>630 ~ 1000	> 1000 ~ 1600	> 1600 ~ 2500	
10	20	25	30	40	50	60	80	100	120	150	200	250	300	3级平板,自动车床床身底面
	$Ra\ 1.6$			$Ra\ 3.2$			$Ra\ 6.3$				$Ra\ 12.5$			
11	30	40	50	60	80	100	120	150	200	250	300	400	500	易变形的薄片、薄壳零件,如离合器的摩擦片,汽车发动机缸盖结合面
	$Ra\ 3.2$			$Ra\ 6.3$			$Ra\ 12.5$				$Ra\ 12.5$			
12	60	80	100	120	150	200	250	300	400	500	600	800	1000	
	$Ra\ 6.3$			$Ra\ 12.5$			$Ra\ 12.5$				$Ra\ 12.5$			

C.2.5　圆度、圆柱度公差值及应用举例

表 C.10　圆度、圆柱度公差值及应用举例(GB/T 1182—2008)　　　μm

主参数 $d(D)$ 图例

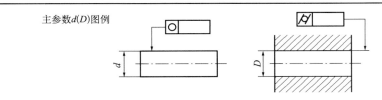

公差等级	主参数 d、(D) /mm												应用举例
	>3 ~6	>6 ~10	>10 ~18	>18 ~30	>30 ~50	>50 ~80	>80 ~120	>120 ~180	>180 ~250	>250 ~315	>315 ~400	>400 ~500	
5	1.5	1.5	2	2.5	2.5	3	4	5	7	8	9	10	一般量仪,主轴、机床主轴等
6	2.5	2.5	3	4	4	5	6	8	10	12	13	15	仪表端盖外圈,一般机床主轴及轴承孔
7	4	4	5	6	7	8	10	12	14	16	18	20	大功率低速柴油机曲轴、活塞销及连杆中装衬套的孔等
8	5	6	8	9	11	13	15	18	20	23	25	27	低速发动机、减速器、大功率曲柄轴颈等
9	8	9	11	13	16	19	22	25	29	32	36	40	空气压缩机缸体、拖拉机活塞环、套筒孔
10	12	15	18	21	25	30	35	40	46	52	57	63	起重机、卷扬机用的滑动轴承轴颈等
11	18	22	27	33	39	46	54	63	72	81	89	97	
12	30	36	43	52	62	74	87	100	115	130	140	155	

C.2.6　平行度、垂直度、倾斜度公差值及应用举例

表 C.11　平行度、垂直度、倾斜度公差值及应用举例(GB/T 1182—2008)　　　　μm

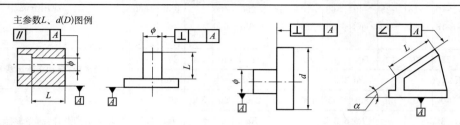

主参数 L、d(D)图例

精度等级	主参数 L、$d(D)$/mm													应用举例
	≤10	>10 ~16	>16 ~25	>25 ~40	>40 ~63	>63 ~100	>100 ~160	>160 ~250	>250 ~400	>400 ~630	>630 ~1000	>1000 ~1600	>1600 ~2500	
4	3	4	5	6	8	10	12	15	20	25	30	40	50	平行度用于泵体和齿轮及螺杆的端面,普通精度机床的工作面;高精度机械的导槽和导板
5	5	6	8	10	12	15	20	25	30	40	50	60	80	垂直度用于发动机轴和离合器的凸缘,气缸的支承端面,装 D、E 和 C 级轴承之箱体的凸肩
6	8	10	12	15	20	25	30	40	50	60	80	100	120	平行度用于中等精度钻模的工作面,7～10 级精度齿轮传动箱体孔的中心线;连杆头孔之轴线
7	12	15	20	25	30	40	50	60	80	100	120	150	200	垂直度用于装 F、G 级轴承之壳体孔的轴线;按 h6 和 g6 连接的锥形轴减速器的箱体孔中心线;活塞中销轴
8	20	25	30	40	50	60	80	100	120	150	200	250	300	平行度用于重型机械轴承盖的端面,卷扬机、手动传动装置中的传动轴
9	30	40	50	60	80	100	120	150	200	250	300	400	500	垂直度用于手动卷扬机及传动装置中轴承端面;按 f7 和 d8 连接的锥形轴减速机器箱孔中心线
10	50	60	80	100	120	150	200	250	300	400	500	600	800	零件的非工作面,卷扬机、运输机上的壳体平面
11	80	100	120	150	200	250	300	400	500	600	800	1000	1200	农业机械、齿轮端面等
12	120	150	200	250	300	400	500	600	800	1000	1200	1500	2000	

C. 2. 7　同轴度、对称度、圆跳动、全跳动公差值及应用举例

表 C. 12　同轴度、对称度、圆跳动、全跳动公差值及应用举例（GB/T 1182—2008）　　μm

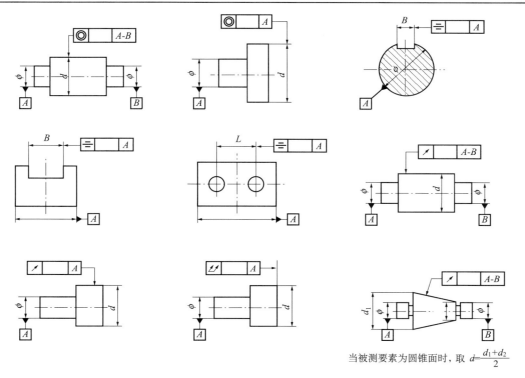

当被测要素为圆锥面时，取 $d = \dfrac{d_1 + d_2}{2}$

精度等级	主要参数 $d(D)$、L、B/mm											应用举例
	>3 ~6	>6 ~10	>10 ~18	>18 ~30	>30 ~50	>50 ~120	>120 ~250	>250 ~500	>500 ~800	>800 ~1250	>1250 ~2000	
5	3	4	5	6	8	10	12	15	20	25	30	6、7级精度齿轮轴的配合面，较高精度的高速轴，汽车发动机曲轴和分配轴的支承轴颈，较高精度机床的轴套
6	5	6	8	10	12	15	20	25	30	40	50	
7	8	10	12	15	20	25	30	40	50	60	80	8、9级精度齿轮轴的配合面，拖拉机发动机分配轴轴颈，普通精度高速轴（1000r/min 以下），长度在 1m 以下的主传动轴，起重运输机的鼓轮配合孔和导轮的滚动面
8	12	15	2C	25	30	40	50	60	80	100	120	
9	25	30	40	50	60	80	100	120	150	200	250	10、11级精度齿轮轴的配合面，发动机气缸套配合面，水泵叶轮，离心泵泵件，摩托车活塞，自行车中轴
10	50	60	80	100	120	150	200	250	300	400	500	
11	80	100	120	150	200	250	300	400	500	600	800	用于无特殊要求，一般按尺寸公差等级 IT12 制造的零件
12	150	200	250	300	400	500	600	800	1000	1200	1500	

C. 2. 8　形状位置公差未注公差值

1. 直线度和平面度

表 C. 13　直线度和平面度未注公差（GB/T 1182—2008）

公差等级	直线度和平面度基本长度的范围					
	≤10	>10～30	>30～100	>100～300	>300～1000	>1000～3000
H	0.02	0.05	0.1	0.2	0.3	0.4
K	0.05	0.1	0.2	0.4	0.6	0.8
L	0.1	0.2	0.4	0.8	1.2	1.6

2. 圆度

圆度的未注公差值等于给出的尺寸公差值,由于圆度误差仅是径向圆跳动误差的一部分,因此它不能大于表 C. 16 中规定的径向圆跳动值。

3. 圆柱度

对于圆柱度未注公差值标准中未作规定。

4. 平行度

平行度未注公差值等于给出的尺寸公差值,即两要素间的距离尺寸的公差值。也可采用表 C. 13 中规定的直线度和平面度未注公差值。

5. 垂直度

垂直度的未注公差值见表 C. 14。形成直角的两要素中的较长者作为基准要素,较短者为被测要素。如两者相等则可取任一要素为基准要素。

表 C. 14　垂直度的未注公差值（GB/T 1182—2008）

公差等级	垂直度公差值短边基本长度的范围			
	≤100	>100～300	>300～1000	>1000～3000
H	0.2	0.3	0.4	0.5
K	0.4	0.6	0.8	1
L	0.6	1	1.5	2

6. 对称度

对称度的未注公差值见表 C. 15。两要素中较长者作为基准要素。如两要素长度相等,可取任一要素作为基准要素。

表 C.15 对称度的未注公差值(GB/T 1182—2008)

公差等级	对称度公差值基本长度的范围			
	≤100	>100~300	>300~1000	>1000~3000
H	0.5	0.5	0.5	0.5
K	0.6	0.6	0.8	1
L	0.6	1	1.5	2

7. 同轴度

同轴度误差会直接反映到径向圆跳动值中,但径向圆跳动除包括同轴度误差还包括圆度误差。因此,在极限情况下.同轴度误差值可取表 C.16 中的径向圆跳动值。

8. 圆跳动

圆跳动,包括径向、端面和斜向圆跳动的未注公差值见表 C.16。

表 C.16 径向圆跳动、端面和斜向圆跳动未注公差值(GB/T 1182—2009)

公差等级	H	K	L
圆跳动公差值	0.1	0.2	0.5

C.3 表面粗糙度

C.3.1 评定参数及其系列值

表 C.17 轮廓算术平均偏差 Ra(GB/T 1031—2009)   mm

基本系列	补充系列	基本系列	补充系列	基本系列	补充系列	基本系列	补充系列	基本系列	补充系列
	0.008		0.032		0.125		0.50		2.0
	0.010		0.040		0.16		0.63		2.5
0.012		0.05		0.2		0.8		3.2	
	0.016		0.063		0.25		1.00		4.0
	0.020		0.080		0.32		1.25		5.0
0.025		0.1		0.4		1.6		6.3	
	8.0		16.0		32		63		
	10.0		20		40		80		
12.5		25		50		100			

注:根据表面功能和生产的合理性,优先选用基本系列,如基本系列不能满足基本要求时,可选用补充系列

表 C. 18　微观不平度十点高度 *RZ*、轮廓最大高度 *RY*(GB/T 1031—2006)

基本系列	补充系列	基本系列	补充系列	基本系列	补充系列	基本系列	补充系列	基本系列	补充系列
0.025			0.25		2.5	25			250
	0.032		0.32	3.2			32		320
	0.040	0.4			4		40	400	
0.05			0.5	5		50			500
	0.063		0.63	6.3			63		630
	0.080	0.8		8		80		800	
0.1			1	10		100			1000
	0.125		1.25	12.5			125		1250
	0.160	1.6			16.0		160	1600	
0.2			2	20		200			

注:优先选用基本系列,当基本系列不能满足基本要求时,可选用补充系列

C. 3. 2　表面粗糙度的符号及其标注法

表 C. 19　表面粗糙度轮廓的符号及其含义(GB/T 131—2006)

名称	符号	含义
基本图形符号 (简称基本符号)		未指定工艺方法获得表面。仅用于简化代号标注,没有补充说明时不能单独使用
扩展图形符号		用去除材料方法获得的表面。如通过机械加工方法获得的表面
		用不去除材料方法获得的表面;也可用于表示保持上道工序形成的表面
完整图形符号		在上述三个图形符号的长边上加一横线,用于标注表面粗糙度特征的补充信息
工作轮廓各表面的 图形符号		在完整图形符号上加一圆圈,表示在图样某个视图上构成封闭轮廓的各表面有相同的表面粗糙度要求。它标注在图样中工作的封闭轮廓线上,如果标注会引起歧义时,各表面应分别标注

表 C. 20　表面粗糙度轮廓的标注(GB/T 131—2006)

序号	代号	意义
1	$\sqrt{}$ *Rz* 0.4	表示不允许去除材料,单向上限值,默认传输带,轮廓的最大高度 $0.4\mu m$,评定长度为 5 个取样长度(默认),"16% 规则"(默认)
2	$\sqrt{}$ *Rz* max 0.2	表示去除材料,单向上限值,默认传输带,轮廓最大调试的最大值 $0.2\mu m$,评定长度为 5 个取样长度(默认),"最大规则"
3	U *Ra* max　3.2 L *Ra*　0.8	表示不允许去除材料,双向极限值,两极限值均使用默认传输带,上限值:算术平均偏差 $3.2\mu m$,评定长度为 5 个取样长度(默认),"最大规则";下限值:算术平均偏差 $0.8\mu m$,评定长度为 5 个取样长度(默认),"16% 规则"(默认)

序号	代号	意义
4	$\sqrt{\quad}$ L Ra 1.6	表示任意加工方法,单向下限值,默认传输带,算术平均偏差 $1.6\mu m$,评定长度为 5 个取样长度(默认),"16％规则"(默认)
5	$\sqrt{\quad}$ 0.008-0.8/Ra 3.2	表示去除材料,单向上限值,传输带 $0.008\sim0.8mm$,算术平均偏差 $3.2\mu m$,评定长度为 5 个取样长度(默认),"16％规则"(默认)
6	$\sqrt{\quad}$ -0.8/Ra 3 3.2	表示去除材料,单向上限值,传输带:根据 CB/T 6062,取样长度 0.8mm,算术平均偏差 $3.2\mu m$,评定长度包含 3 个取样长度(即 $ln=0.8mm\times3=2.4mm$),"16％规则"(默认)
7	铣 $\sqrt{\quad}$ Ra 0.8 $\perp$ -2.5/Rz 3.2	表示去除材料,两个单向上限值:①默认传输带和评定长度,算术平均值差 $0.8\mu m$,"16％规则"(默认);②传输带为 $-2.5mm$,默认评定长度,轮廓的最大高度 $3.2\mu m$,"16％规则"(默认)。表面纹理垂直于视图所在的投影面。加工方法为铣削
8	$\sqrt{\quad}$ 0.008-4/Ra 50 3 0.008-4/Ra 6.3	表示去除材料,双向极限值:上限值 $Ra=50\mu m$,下限值 $Ra=6.3\mu m$;上、下极限传输带为 $0.008\sim4mm$;默认的评定长度均为 $ln=4\times5=20mm$;"16％规则"(默认)。加工余量为 3mm
9	$\sqrt{\quad}$ $\sqrt{\quad}$ Y　　$\sqrt{\quad}$ Z	简化符号:符号及所加字母的含义由图样中的标注说明

表 C. 21　表面粗糙度轮廓要求在图样上的标注方法示例(GB/T 131—2006)

要求	图例	说明
表面粗糙度要求的注写方向		表面粗糙度的注写和读取方向与尺寸的注写和读取方向一致
表面粗糙度要求标注在轮廓线上或指引线上		表面粗糙度要求可标注在轮廓线上,其符号应从材料外指向并接触表面
		必要时,表面粗糙度符号也可用箭头或黑点的指引线引出标注

要求	图例	说明
表面粗糙度要求在特征尺寸线上的标注	$\phi120\,H7$　$\sqrt{Rz\ 12.5}$ $\phi120\,h6$　$\sqrt{Rz\ 6.3}$	在不引起误解的情况下,表面粗糙度要求可以标注在给定的尺寸线上
表面粗糙度要求在几何公差框格上的标注	$\sqrt{Rz\ 6.3}$ $\sqrt{Ra\ 1.6}$　　$\phi10\pm0.1$ $\boxed{\square\ \ 0.1}$　　$\boxed{\oplus\ \phi0.2\ A\ B}$	表面粗糙度可标注在几何公差框格的上方
表面粗糙度要求在延长线上的标注	$\sqrt{Ra\ 1.6}$　$\sqrt{Rz\ 6.3}$　$\sqrt{Rz\ 6.3}$ $\sqrt{Rz\ 6.3}$　　　　$\sqrt{Ra\ 1.6}$	表面粗糙度可以直接标注在延长线上,或用带箭头的指引线引出标注 圆柱和棱柱表面的表面粗糙度要求只标一次
	$\sqrt{Ra\ 3.2}$　$\sqrt{Rz\ 1.6}$　$\sqrt{Ra\ 6.3}$ $\sqrt{Ra\ 3.2}$	如果棱柱的每个表面有不同的表面粗糙度要求,则应分别单独标注
大多数表面(包括全部)有相同表面粗糙度要求的简化标注	$\sqrt{Rz\ 6.3}$ $\sqrt{Rz\ 1.6}$ $\sqrt{Ra\ 3.2}$　$(\sqrt{\ })$	如果工件的多数表面有相同的表面粗糙度要求,则其要求可统一标注在标题栏附近。此时,表面粗糙度要求的符号后面要加上圆括号,并在圆括号内给出基本符号
	$\sqrt{Ra\ 3.2}$	如果工件全部表面有相同的表面粗糙度要求,则其要求可统一标注在标题栏附近

要求	图例	说明
多个表面有相同的表面粗糙度要求或图纸空间有限时的简化标注	在图纸空间有限时的简化标注 (a) 未指定工艺方法的多个表面结构要求的简化注法 (b) 要求去除材料的多个表面结构要求的简化注法 (c) 不允许去除材料的多个表面结构要求的简化注法	可用带字母的完整符号，以等式的形式，在图形或标题栏附近，对有相同表面粗糙度要求的表面进行简化标注 可用表面粗糙度基本符号(a)和扩展图形符号(b)、(c)，以等式的形式给出多个表面有相同的表面粗糙度要求
键槽表面的表面粗糙度要求的注法	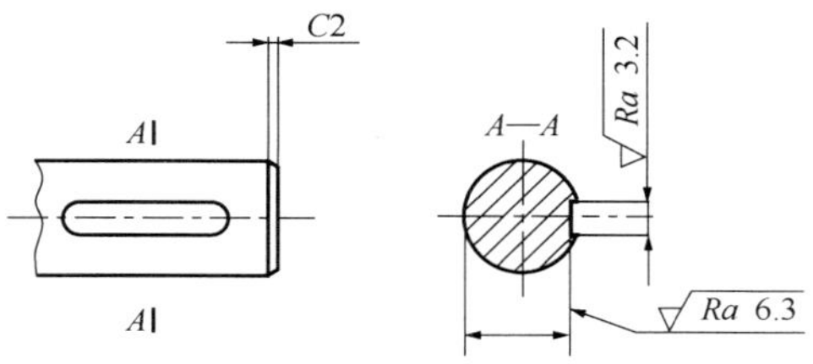	键槽宽度两侧面的表面粗糙度要求标注在键槽宽度的尺寸线上：单向上限值 $Ra=3.2\mu m$；键槽底面的表面粗糙度要求标注在带箭头的指引线上：单向上限值 $Ra=6.3\mu m$（其他要求：极限值的判断原则、评定长度和传输带等均为默认）
倒角、倒圆表面的表面粗糙度要求的注法	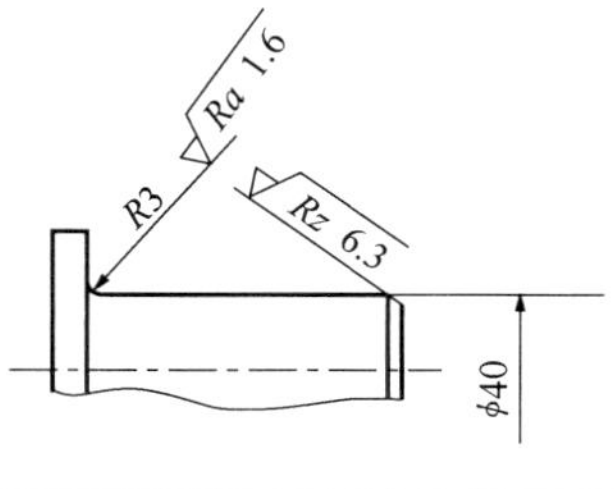	倒圆表面的表面粗糙度要求标注在带箭头的指引线上：单向上限 $Ra=1.6\mu m$；倒角表面的表面粗糙度要求标注在其轮廓延长线上：单向上限值 $Ra=6.3\mu m$
两种或多种工艺获得的同一表面的注法	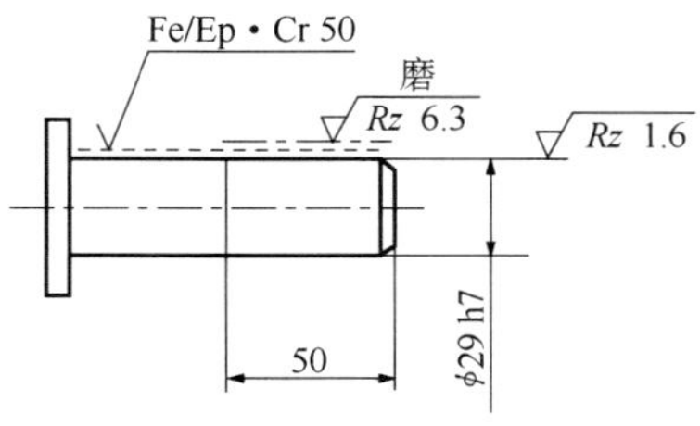	由几种不同的工艺方法获得的同一表面，当需要明确每种工艺方法的表面粗糙度要求时，可按照左图进行标注

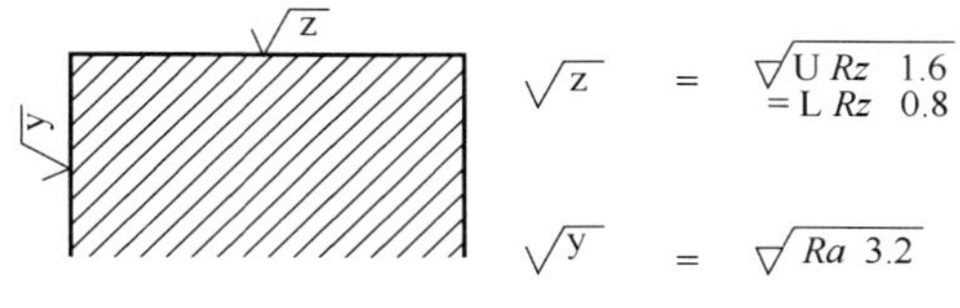

C. 3. 3　不同加工方法可能达到的表面粗糙度

表 C. 22　不同加工方法得到的表面粗糙度 *Ra* 值

加工方法	砂模铸造	型壳铸造	金属模铸造	离心铸造	精密铸造	压力铸造	热轧	冷扎	挤压	冷拉	锉
Ra	6.3~100	6.3~100	1.60~100	1.6~25	0.8~12.5	0.4~6.3	6.3~100	0.2~12.5	0.4~12.5	0.2~12.5	0.4~25

加工方法	钻孔	金刚镗	镗			车外圆			车端面		
			粗	半精	精	粗	半精	精	粗	半精	精
Ra	0.8~25	0.05~0.40	6.3~50	0.8~6.3	0.4~1.6	6.3~25	1.6~12.5	0.2~1.6	6.3~25	1.6~12.5	0.4~1.6

加工方法	磨外圆			磨平面			珩磨		研磨		
	粗	半精	精	粗	半精	精	平面	圆柱	粗	半精	精
Ra	0.8~6.3	0.2~1.6	0.025~0.40	1.6~3.2	0.04~1.60	0.025~0.40	0.025~1.60	0.012~0.40	0.20~1.60	0.05~0.40	0.012~0.100

C. 3. 4　典型零件表面粗糙度的参考值

表 C. 23　典型零件表面粗糙度的参考值

表面	$Ra/\mu m$	$t/℃$	l/mm	表面	$Ra/\mu m$	$t/℃$	l/mm
和滑动轴承配合的支撑轴颈	0.32	30	0.8	蜗杆牙侧面	0.32		0.25
和青铜轴瓦配合的轴颈	0.45	15	0.8	青铜箱体的主要孔	1.0~2.0		0.8
和铸铁轴瓦配合的支撑轴颈	0.32	40	0.8	钢箱体上的孔	0.63~1.6		0.8
和齿轮孔配合的轴颈	1.6		0.8	箱体和盖的结合面			2.5

附录 D 齿轮传动和蜗杆传动的精度

D.1 渐开线圆柱齿轮传动的精度

D.1.1 渐开线圆柱齿轮传动的精度等级及应用

GB 10095.1—2008 对齿轮同侧齿面公差规定了 13 个精度等级,其中 0 级最高,12 级最低,如表 D.1 所示。

如果要求的齿轮精度等级为 GB 10095.1—2008 的某一等级,而无其他规定时,则齿距、齿廓、螺旋线等均按该精度等级确定。也可以按协议对工作和非工作齿面规定不同的精度等级,或对不同偏差项目规定不同的精度等级。另外也可仅对工作齿面规定要求的精度等级。

对径向综合公差规定了 9 个精度等级,其中 4 级最高,12 级最低;对径向跳动规定了 13 个精度等级,其中 0 级最高,12 级最低。如果要求的齿轮精度等级为 GB 10095.2—2008 的某一等级,而无其他规定时则径向综合与径向跳动的各项偏差的公差均按该精度等级确定。也可根据协议,供需双方共同对任意质量要求规定不同的公差。

选择精度等级的主要依据是齿轮的用途、使用要求和工作条件等。工程中应用最多的是既传递动力又传递运动的齿轮,其精度等级与齿轮传动的圆周速度有关,可以按照齿轮的圆周速度参考表 D.1 选用。

D.1.2 齿轮传动的检验组

根据 GB/T 10095.1—2008 和 GB/T 10095.2—2008 两项标准,齿轮的检验组可分为单项检验和综合检验,综合检验又分为单面啮合综合检验和双面啮合综合检验。

关于齿厚偏差,标准未推荐其极限偏差,设计者可按齿轮副侧隙计算确定。

径向跳动的检验是结合企业贯彻旧标准的经验和我国齿轮生产的现状,建议在单项检验中增加的检验项目。

当采用单面啮合综合检验时,采购方与供货方应就测量元件(齿轮或齿轮测头或蜗杆)的选用、设计、精度等级、偏差的读取及检验费用等达成协议。

表 D.1　渐开线齿轮传动精度及其选用

精度等级	齿轮用途	齿轮圆周速度(m/s) 直齿轮	齿轮圆周速度(m/s) 斜齿轮	工　作　条　件
0级,1级,2级 (展望级)				
3级(极精密级)		到40	到75	要求特别精密的或在最平衡且无噪声的特别高速下工作的齿轮传动;特别精密机械中的齿轮;特别高速传动(透平齿轮);检测5～6级齿轮用的测量齿轮
4级(特别精密级)		到35	到70	特别精密分度机构中或在最平稳、且无噪声的极高速下工作的齿轮传动;特别精密分度机构中的齿轮;高速透平传动;检测7级齿轮用的测量齿轮
5级(高精密级)		到20	到40	精密分度机构中或要求极平稳且无噪声的高速工作的齿轮传动;精密机构用齿轮;透平齿轮;检测8级和9级齿轮用测量齿轮
6级(高精密级)		到16	到30	要求最高效率且无噪声的调整下平稳工作的齿轮传动或分度机构的齿轮传动;特别重要的航空、汽车齿轮;读数装置用特别精密传动的齿轮
7级(精密级)		到10	到15	增速和减速用齿轮传动;金属切削机床送刀机构用齿轮;高速减速器用齿轮;航空、汽车用齿轮;读数装置用齿轮
8级(中度精密级)		到6	到10	无须特别精密的一般机械制造用齿轮,包括在分度链中的机床传动齿轮;飞机、汽车制造业中的不重要齿轮;起重机构用齿轮;农业机械中的重要齿轮,通用减速器齿轮
9级(较低精度级)		到2	到4	用于粗糙工作的齿轮
10级(低精度级) 11级(低精度级) 12级(低精度级)		小于2	小于4	

（齿轮用途栏内的竖排标注：测量齿轮、汽轮机减速器、航空发动机、金属切削机床、轻型汽车、机车、载重汽车、一般减速器、拖拉机、轧钢机、起重机、矿山绞车、农业机械）

　　当采用双面啮合综合检验时,采购方与供货方应就测量设计、齿宽、精度等级和公差的确定达成协议。

　　新标准没有像旧标准那样规定齿轮的检验组,根据企业贯彻旧标准的技术成果、目前齿轮生产的技术与质量控制水平,建议供货方应根据齿轮的使用要求、生产批量,建议按表 D.2 选取检验组评定齿轮质量。

　　GB/T 10095.1—2008 规定强制性的必检偏差项目是齿距偏差(单个齿距偏差、齿距累积偏差、齿距累积总偏差)、齿廓总偏差和螺旋线总偏差。为了评定齿轮侧隙大小,通常检测齿厚偏差或公法线长度偏差。

表 D.2　推荐的齿轮检验组

检验组	检验项目	适用等级	测量仪器
1	F_p、F_α、F_β、F_r、E_{an} 或 E_{bn}	3～9	齿距仪、齿形仪、齿向仪、摆差测定仪,齿厚卡尺或公法线千分尺
2	F_p、F_{pK}、F_α、F_β、F_r、E_{an} 或 E_{bn}	3～9	齿距仪、齿形仪、齿向仪、摆差测定仪,齿厚卡尺或公法线千分尺
3	F_p、F_{pt}、F_α、F_β、F_r、E_{an} 或 E_{bn}	3～9	齿距仪、齿形仪、齿向仪、摆差测定仪,齿厚卡尺或公法线千分尺
4	F_i''、f_i''、E_{an} 或 E_{bn}	6～9	双面啮合测量仪、齿厚卡尺或公法线千分尺
5	f_{pt}、F_r、E_{an} 或 E_b	10～12	齿距仪、摆差测定仪、齿厚卡尺或公法线千分尺
6	F_i''、f_i''、F_β、E_{an} 或 E_{bn}	3～6	单啮仪、齿向仪、齿厚卡尺或公法线千分尺

D.1.3　各项公差和偏差

表 D.3　$\pm f_{pt}$、F_p、F_α、$f_{f\alpha}$、$f_{H\alpha}$、F_r、f_i'、F_i'、F_w 和 $\pm F_{pK}$ 偏差允许值（GB/T 10095.1～2—2008）　　　　μm

分度圆直径 d/mm 大于	至	模数 m_n/mm 大于	至	$\pm f_{pt}$ 单个齿距偏差 5	6	7	8	F_p 齿距累积总偏差 5	6	7	8	F_α 齿廓总偏差 5	6	7	8	$f_{f\alpha}$ 齿廓形状偏差 5	6	7	8	$\pm f_{H\alpha}$ 齿廓倾斜偏差 5	6	7	8	F_r 径向跳动公差 5	6	7	8	f_i'/K 值 5	6	7	8	F_w 公法线长度变动公差 5	6	7	8
5	20	0.5	2	4.7	6.5	9.5	13	11	16	23	32	4.6	6.5	9.0	13	3.5	5.5	7.0	10	2.9	4.2	6.0	8.5	9.0	13	18	25	14	19	27	38	10	14	20	29
		2	3.5	5.0	7.5	10	15	12	17	23	33	5.0	7.5	10	14	5.0	7.0	10	14	4.2	6.0	8.5	12	9.5	13	19	27	16	23	32	45				
20	50	0.5	2	5.0	7.0	10	14	14	20	29	41	5.0	7.5	10	15	4.0	5.8	8.0	11	3.3	4.6	6.5	9.5	11	16	23	32	14	20	29	41	12	16	23	32
		2	3.5	5.5	7.5	11	15	15	21	30	42	7.0	9.5	14	20	5.5	8.0	11	16	4.5	6.5	9.0	13	12	17	24	34	17	24	34	48				
		3.5	6	6.0	8.5	12	17	15	22	31	44	9.0	12	18	25	7.0	9.5	14	19	5.5	8.0	11	16	12	17	25	35	19	27	38	54				
50	125	0.5	2	5.5	7.5	11	15	18	26	37	52	6.0	8.5	12	17	4.5	6.5	9.0	13	3.7	5.3	7.5	11	15	21	29	42	18	25	36	51	14	19	27	37
		2	3.5	6.0	8.5	12	17	19	27	38	53	8.0	11	16	22	6.0	8.5	12	17	5.0	7.0	10	14	15	21	30	43	20	29	40	57				
		3.5	6	6.5	9.0	13	18	19	28	39	55	9.5	13	19	27	7.0	9.5	15	21	6.0	8.5	12	17	16	22	31	44	24	34	48	55				
125	280	0.5	2	6.0	8.5	12	17	24	35	49	69	7.0	10	14	20	5.5	8.0	11	15	4.4	6.0	9.0	12	20	28	39	55	17	24	34	49	16	22	31	44
		2	3.5	6.5	9.0	13	18	24	35	50	70	9.0	13	18	25	7.0	9.5	14	19	5.5	8.0	11	16	20	28	40	56	20	28	39	56				
		3.5	6	6.5	9.0	13	18	25	36	51	72	11	15	21	30	8.5	12	16	23	6.5	9.5	13	19	20	29	41	58	22	31	44	62				
280	560	0.5	2	7.0	10	14	20	32	46	64	91	10	15	21	29	8.0	11	16	22	5.5	7.5	11	15	26	36	51	73	19	27	39	54	19	26	37	53
		2	3.5	7.0	10	14	20	33	46	65	92	12	17	24	34	9.0	13	18	26	6.5	9.0	13	18	26	37	52	74	22	31	44	62				
		3.5	6	8.0	11	16	22	33	47	66	94	14	20	28	40	11	15	20	28	7.5	11	15	21	27	38	53	75	24	34	48	68				

注:1. 本表中 F_w 是根据我国的生产实践提出的,供参考。

2. 将 f_i'/K 乘以 K,即得到 f_i';当 $\varepsilon_\gamma<4$ 时,$K=0.2\left(\dfrac{\varepsilon_\gamma+4}{\varepsilon_\gamma}\right)$;当 $\varepsilon_\gamma \geq 4$ 时,$K=0.4$

3. $F_i'=F_p+f_i'$

4. $\pm F_{pK}=f_{pt}+1.6\sqrt{(K-1)m_n}$（5级精度）,通常取 $K=Z/8$;按相邻两级的公比$\sqrt{2}$,可求得其他级 $\pm F_{pK}$ 值

表 D. 4　F_β、$f_{f\beta}$ 和 $f_{H\beta}$ 偏差允许值(GB/T 10095. 1—2008)　　　　　　　　　μm

分度圆直径 d/mm		偏差项目　精度等级　齿宽 b/mm		螺旋线总公差 F_β				螺旋线形状公差 $f_{f\beta}$ 和螺旋线倾斜极限偏差 $\pm f_{H\beta}$			
大于	至	大于	至	5	6	7	8	5	6	7	8
5	20	4	10	6.0	8.5	12	17	4.4	6.0	8.5	12
		10	20	7.0	9.5	14	19	4.9	7.0	10	14
20	50	4	10	6.5	9.0	13	18	4.5	6.5	9.0	13
		10	20	7.0	10	14	20	5.0	7.0	10	14
		20	40	8.0	11	16	23	6.0	8.0	12	16
50	125	4	10	6.5	9.5	13	19	4.8	6.5	9.5	13
		≤10	20	7.5	11	15	21	5.5	7.5	11	15
		20	40	8.5	12	17	24	6.0	8.5	12	17
		40	80	10	14	20	28	7.0	10	14	20
125	280	4	10	7.0	10	14	20	5.0	7.0	10	14
		10	20	8.0	11	16	22	5.5	8.0	11	16
		20	40	9.0	13	18	25	6.5	9.0	13	18
		40	80	10	15	21	29	7.5	10	15	21
		80	160	12	17	25	35	8.5	12	17	25
280	560	10	20	8.5	12	17	24	6.0	8.5	12	17
		20	40	9.5	13	19	27	7.0	9.5	14	19
		40	80	11	15	22	31	8.0	11	16	22
		80	160	13	18	26	36	9.0	13	18	26
		160	250	15	21	30	43	11	15	22	30

表 D. 5　F''_i 和 f''_i 公差值(GB/T 10095. 1—2008)　　　　　　　　　μm

分度圆直径 d/mm		公差项目　精度等级　模数 m_n/mm		径向综合总偏差 F''_i				一齿径向综合公差 f''_i			
大于	至	大于	至	5	6	7	8	5	6	7	8
5	20	0.2	0.5	11	15	21	30	2.0	2.5	3.5	5.0
		0.5	0.8	12	16	23	33	2.5	4.0	5.5	7.5
		0.8	1.0	12	18	25	35	3.5	5.0	7.0	10
		1.0	1.5	14	19	27	38	4.5	6.5	9.0	13
20	50	0.2	0.5	13	19	26	37	2.0	2.5	3.5	5.0
		0.5	0.8	14	20	28	40	2.5	4.0	5.5	7.5
		0.8	1.0	15	21	30	42	3.5	5.0	7.0	10
		1.0	1.5	16	23	32	45	4.5	6.5	9.0	13
		1.5	2.5	18	26	37	52	6.5	9.5	13	19

续表

分度圆直径 d/mm		公差项目 精度 等级 模数 m_n/mm		径向综合总偏差 F_i''				一齿径向综合公差 f_i''			
大于	至	大于	至	5	6	7	8	5	6	7	8
50	125	1.0	1.5	19	27	39	55	4.5	6.5	9.0	13
		1.5	2.5	22	31	43	61	6.5	13	44	
		2.5	4.0	25	36	51	72	10	14	20	29
		4.0	6.0	31	44	62	88	15	22	31	44
		6.0	10	40	57	80	114	24	34	48	67
125	280	1.0	1.5	24	34	48	68	4.5	6.5	9.0	13
		1.5	2.5	26	37	53	75	6.5	9.5	13	19
		2.5	4.0	30	43	61	86	10	15	21	29
		4.0	6.0	36	51	72	102	15	22	31	44
		6.0	10	45	64	90	127	24	34	48	67
280	560	1.0	1.5	30	43	61	86	4.5	6.5	9.0	13
		1.5	2.5	33	46	65	92	6.5	9.5	13	19
		2.5	4.0	37	52	73	104	10	15	21	29
		4.0	6.0	42	60	84	119	15	22	31	44
		6.0	10	51	73	103	145	24	34	48	68

D.1.4　齿侧间隙及其检验项目

齿侧间隙是在中心距一定的情况下,用减薄轮齿齿厚的方法获得。齿侧间隙通常有两种表示方法:法向侧隙 j_{bn} 和圆周侧隙 j_{wt}。设计齿轮传动时,必须保证有足够的最小侧隙 j_{bnmin},其值可按表 D.6 推荐的数据查取。

控制齿厚的方法有两种,即用齿厚极限偏差或用公法线平均长度极限偏差控制齿厚。

表 D.6　对于中、大模数齿轮最小侧隙 j_{bnmin} 的推荐数据(GB/Z 18620.2—2002)　　　　　mm

模数 m_n	中　心　距　a					
	50	100	200	400	800	1600
1.5	0.09	0.11	—	—	—	—
2	0.10	0.12	0.15	—	—	—
3	0.12	0.14	0.17	0.24	—	—
5	—	0.18	0.21	0.28	—	—
8	—	0.24	0.27	0.34	0.47	—
12	—	—	0.35	0.42	0.55	—
18	—	—	—	0.54	0.67	0.94

1. 齿厚极限偏差 E_{sns} 和 E_{sni}

分度圆齿厚偏差如图 D.1 所示。当主动轮与被动轮齿厚都做成最小值，亦即做成上偏差 E_{sns} 时，可获得最小侧隙 j_{bnmin}。通常取两齿轮的齿厚上偏差相等，此时则有

$$j_{bnmin} = 2\,|\,E_{sns}\,|\cos\alpha_n$$

故有
$$E_{sns} = -\,j_{bnmin}/2\cos\alpha_n \tag{D.1}$$

齿厚公差 T_{sn} 可按下式求得

$$T_{sn} = \sqrt{F_r^2 + b_r^2}\,2\tan\alpha_n \tag{D.2}$$

式中，b_r 为切齿径向进刀公差，可按表 D.7 选取。

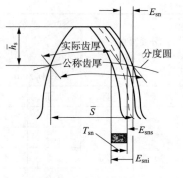

图 D.1　齿厚偏差

表 **D.7**　切齿径向进刀公差 b_r 值

齿轮精度等级	4	5	6	7	8	9
b_r 值	1.26IT7	IT8	1.26IT8	IT9	1.26IT9	IT10

注：查 IT 值的主参数为分度圆直径尺寸

齿厚下偏差 E_{sni} 可按下式求得

$$E_{sni} = E_{sns} - T_{sn} \tag{D.3}$$

式中，T_{sn} 为齿厚公差。显然若齿厚偏差合格，实际齿厚偏差 E_{sn} 应处于齿厚公差带内。

2. 用公法线平均长度极限偏差控制齿厚

齿轮齿厚的变化必然引起公法线长度的变化。测量公法线长度同样可以控制齿侧间隙。公法线长度的上偏差 E_{bns} 和下偏差 E_{bni} 与齿厚偏差有如下关系

$$E_{bns} = E_{sns}\cos\alpha_n \tag{D.4}$$
$$E_{bni} = E_{sni}\cos\alpha_n \tag{D.5}$$

例如，已知齿轮传动中心距 $a=150$mm，齿轮法面模数 $m_n=3$mm，法面压力角 $\alpha_n=20°$，螺旋角 $\beta=8°6'34''$，齿数 $Z=79$，8级精度，试确定齿轮侧隙和齿厚偏差。

解　参考表 D.6，$a=150$mm，介于 100～200，用插值法得齿轮最小侧隙 $j_{bnmin}=0.155$mm。
由式（D.1）求得，齿厚上偏差为

$$E_{sns} = -\,j_{bnmin}/2\cos\alpha_n = -0.155/2\cos20° = -0.082(\text{mm})$$

计算齿轮的分度圆直径为

$$d_2 = \frac{m_n Z}{\cos\beta} = \frac{3\times79}{\cos8°6'34''} = 239.394(\text{mm})$$

由表 D.3 查得，径向跳动公差为

$$F_r = 0.056(\text{mm})$$

由表 D.7 和表 D.2 查得，切齿径向进刀公差 b_r 为

$$b_r = 1.26\times\text{IT9} = 1.26\times0.115 = 0.145(\text{mm})$$

由式（D.2）求得，齿厚公差 T_{sn} 为

$$T_{sn} = \sqrt{F_r^2 + b_r^2}\times2\tan\alpha_n = \sqrt{0.056^2 + 0.145^2}\times2\tan20° = 0.113(\text{mm})$$

故由式（D.3）求得，齿厚下偏差为

$$E_{sni} = E_{sns} - T_{sn} = -0.082 - 0.113 = -0.195(\text{mm})$$

实际中,一般用公法线长度极限偏差控制齿厚偏差,由式(D.4)和式(D.5)得

公法线长度上偏差　　$E_{bns} = E_{sns} \cos\alpha_n = -0.082 \times \cos20° = -0.077 (\text{mm})$

公法线长度下偏差　　$E_{bni} = E_{ani} \cos\alpha_n = -0.195 \times \cos20° = -0.183 (\text{mm})$

公法线长度 W_{nK} 在法面内测量,$W_{nK} = (W_K^* + \Delta W_n^*) m_n$,式中 W_K^* 按假想齿数 Z' 整数部分查表 D.9 获得,$Z' = KZ$,K 是假想齿数系数,查表 D.10 获得,ΔW_n^* 是 Z' 的小数部分对应的公法线长度,查表 D.11 获得。

由表 D.10 查得 $K = 1.0289$,$Z' = KZ = 1.0289 \times 79 = 81.283$

按 Z' 的整数部分,由表 D.9 查得 $W_K^* = 29.1797$(跨测齿数 $K = 10$),按 Z' 的小数部分,由表 D.11 查得

$$\Delta W_n^* = 0.0039\text{mm}$$

所以　　　　$W_{nK} = (W_K^* + \Delta W_n^*) m_n = (29.1797 + 0.0039) \times 3 = 87.551 (\text{mm})$

$$W_{nK} = 87.551_{-0.183}^{-0.077}$$

D.1.5　齿厚和公法线长度

表 D.8　标准齿轮分度圆弦齿厚和弦齿高($m = m_n = 1$,$\alpha = \alpha_n = 20°$,$h_a^* = h_{an}^* = 1$)　　　mm

齿数 Z	分度圆弦齿厚 $\bar{s}^*$	分度圆弦齿高 $\bar{h}_n^*$	齿数 Z	分度圆弦齿厚 $\bar{s}^*$	分度圆弦齿高 $\bar{h}_n^*$	齿数 Z	分度圆弦齿厚 $\bar{s}^*$	分度圆弦齿高 $\bar{h}_n^*$	齿数 Z	分度圆弦齿厚 $\bar{s}^*$	分度圆弦齿高 $\bar{h}_n^*$
6	1.552 9	1.102 2	40	1.570 4	1.015 4	74	1.570 7	1.008 4	108	1.570 7	1.005 7
7	1.557 6	1.087 3	41	1.570 4	1.015 0	75	1.570 7	1.008 3	109	1.570 7	1.005 7
8	1.560 7	1.076 9	42	1.570 4	1.014 7	76	1.570 7	1.008 1	110	1.570 7	1.005 6
9	1.562 8	1.068 4	43	1.570 5	1.014 3	77	1.570 7	1.008 0	111	1.570 7	1.005 6
10	1.564 3	1.061 6	44	1.570 5	1.014 0	78	1.570 7	1.007 9	112	1.570 7	1.005 5
11	1.565 4	1.055 9	45	1.570 5	1.013 7	79	1.570 7	1.007 8	113	1.570 7	1.005 5
12	1.566 3	1.051 4	46	1.570 5	1.013 4	80	1.570 7	1.007 7	114	1.570 7	1.005 4
13	1.567 0	1.047 4	47	1.570 5	1.013 1	81	1.570 7	1.007 5	115	1.570 7	1.005 4
14	1.567 5	1.044 0	48	1.570 5	1.012 9	82	1.570 7	1.007 5	116	1.570 7	1.005 3
15	1.567 9	1.041 1	49	1.570 5	1.012 6	83	1.570 7	1.007 4	117	1.570 7	1.005 3
16	1.568 3	1.038 5	50	1.570 5	1.012 3	84	1.570 7	1.007 4	118	1.570 7	1.005 3
17	1.568 6	1.036 2	51	1.570 6	1.012 1	85	1.570 7	1.007 3	119	1.570 7	1.005 2
18	1.568 8	1.034 2	52	1.570 6	1.011 9	86	1.570 7	1.007 2	120	1.570 7	1.005 2
19	1.569 0	1.032 4	53	1.570 6	1.011 7	87	1.570 7	1.007 1	121	1.570 7	1.005 1
20	1.569 2	1.030 8	54	1.570 6	1.011 4	88	1.570 7	1.007 0	122	1.570 7	1.005 1
21	1.569 4	1.029 4	55	1.570 6	1.011 2	89	1.570 7	1.006 9	123	1.570 7	1.005 0
22	1.569 5	1.028 1	56	1.570 6	1.011 0	90	1.570 7	1.006 8	124	1.570 7	1.005 0
23	1.569 6	1.026 8	57	1.570 6	1.010 8	91	1.570 7	1.006 8	125	1.570 7	1.004 9
24	1.569 7	1.025 7	58	1.570 6	1.010 6	92	1.570 7	1.006 7	126	1.570 7	1.004 9
25	1.569 8	1.024 7	59	1.570 6	1.010 4	93	1.570 7	1.006 6	127	1.570 7	1.004 9
26	1.569 8	1.023 7	60	1.570 6	1.010 2	94	1.570 7	1.006 6	128	1.570 7	1.004 8
27	1.569 9	1.022 8	61	1.570 6	1.010 1	95	1.570 7	1.006 5	129	1.570 7	1.004 8
28	1.570 0	1.022 0	62	1.570 6	1.010 0	96	1.570 7	1.006 4	130	1.570 7	1.004 7
29	1.570 0	1.021 3	63	1.570 6	1.009 8	97	1.570 7	1.006 4	131	1.570 8	1.004 7
30	1.570 1	1.020 5	64	1.570 6	1.009 7	98	1.570 7	1.006 3	132	1.570 8	1.004 7
31	1.570 1	1.019 9	65	1.570 6	1.009 5	99	1.570 7	1.006 2	133	1.570 8	1.004 7
32	1.570 2	1.019 3	66	1.570 6	1.009 4	100	1.570 7	1.006 1	134	1.570 8	1.004 6
33	1.570 2	1.018 7	67	1.570 6	1.009 2	101	1.570 7	1.006 1	135	1.570 8	1.004 6
34	1.570 2	1.018 1	68	1.570 6	1.009 1	102	1.570 7	1.006 0	140	1.570 8	1.004 4
35	1.570 2	1.017 6	69	1.570 7	1.009 0	103	1.570 7	1.006 0	145	1.570 8	1.004 2
36	1.570 3	1.017 1	70	1.570 7	1.008 8	104	1.570 7	1.005 9	150	1.570 8	1.004 1
37	1.570 3	1.016 7	71	1.570 7	1.008 7	105	1.570 7	1.005 9	齿条	1.570 8	1.000 0
38	1.570 3	1.016 2	72	1.570 7	1.008 6	106	1.570 7	1.005 8			
39	1.570 3	1.018 8	73	1.570 7	1.008 5	107	1.570 7	1.005 8			

注:1. 当 $m(m_n) \neq 1$ 时,分度圆弦齿厚 $\bar{s} = \bar{s}_m^* (\bar{s}_n = \bar{s}_n^* m_n)$;分度圆弦齿高 $\bar{h}_n = \bar{h}_n^* m (\bar{h}_n = \bar{h}_{an}^* m_n)$

　　2. 对于斜齿圆柱齿轮和圆锥齿轮,本表也可以用,所不同的是,齿数要用当量齿数 Z_v

　　3. 如果当量齿数带小数,就要用比例插入法,把小数部分考虑进去

表 D.9　公法线长度 W_K^* ($m=1, \alpha=20°$)

齿轮齿数 Z	跨测齿数 K	公法线长度 W_K^*	齿轮齿数 Z	跨测齿数 K	公法线长度 W_K^*	齿轮齿数 Z	跨测齿数 K	公法线长度 W_K^*	齿轮齿数 Z	跨测齿数 K	公法线长度 W_K^*	齿轮齿数 Z	跨测齿数 K	公法线长度 W_K^*	齿轮齿数 Z	跨测齿数 K	公法线长度 W_K^*
			41	5	13.858 8	81	10	29.179 7	121	14	41.548 4	161	18	53.917 1			
			42	5	13.872 8	82	10	29.193 7	122	14	41.562 4	162	19	56.883 3			
			43	5	13.886 8	83	10	29.207 7	123	14	41.576 4	163	19	56.897 2			
4	2	4.484 2	44	5	13.900 8	84	10	29.221 7	124	14	41.590 4	164	19	56.911 3			
5	2	4.494 2	45	6	16.867 0	85	10	29.235 7	125	14	41.604 4	165	19	56.925 3			
6	2	4.512 2	46	6	16.881 0	86	10	29.249 7	126	15	44.570 6	166	19	56.939 3			
7	2	4.526 2	47	6	16.895 0	87	10	29.263 7	127	15	44.584 6	167	19	56.953 3			
8	2	4.540 2	48	6	16.909 0	88	10	29.277 7	128	15	44.598 6	168	19	56.967 3			
9	2	4.554 2	49	6	16.923 0	89	10	29.291 7	129	15	44.612 6	169	19	56.981 3			
10	2	4.568 3	50	6	16.937 0	90	11	32.257 9	130	15	44.626 6	170	19	56.995 3			
11	2	4.582 3	51	6	16.951 0	91	11	32.271 8	131	15	44.640 5	171	20	59.961 5			
12	2	4.596 3	52	6	16.966 0	92	11	32.285 8	132	15	44.654 6	172	20	59.975 4			
13	2	4.610 3	53	6	16.979 0	93	11	32.299 8	133	15	44.668 6	173	20	59.989 4			
14	2	4.624 3	54	7	19.945 2	94	11	32.313 6	134	15	44.682 6	174	20	60.003 4			
15	2	4.638 3	55	7	19.959 1	95	11	32.327 9	135	16	47.649 0	175	20	60.017 4			
16	2	4.652 3	56	7	19.973 1	96	11	32.341 9	136	16	47.662 6	176	20	60.031 4			
17	2	4.666 3	57	7	19.987 1	97	11	32.355 9	137	16	47.676 7	177	20	60.045 5			
18	3	7.632 4	58	7	20.001 1	98	11	32.369 9	138	16	47.690 7	178	20	60.059 5			
19	3	7.646 4	59	7	20.015 2	99	12	35.336 1	139	16	47.704 7	179	20	60.073 5			
20	3	7.660 4	60	7	20.029 2	100	12	35.350 0	140	16	47.718 7	180	21	63.039 7			
21	3	7.674 4	61	7	20.043 2	101	12	35.364 0	141	16	47.732 7	181	21	63.053 6			
22	3	7.688 4	62	7	20.057 2	102	12	35.378 0	142	16	47.740 8	182	21	63.067 6			
23	3	7.702 4	63	8	23.023 3	103	12	35.392 0	143	16	47.760 8	183	21	63.081 6			
24	3	7.716 5	64	8	23.037 3	104	12	35.406 0	144	17	50.727 0	184	21	63.095 6			
25	3	7.730 5	65	8	23.051 3	105	12	35.420 0	145	17	50.740 9	185	21	63.109 9			
26	3	7.744 5	66	8	23.065 3	106	12	35.434 0	146	17	50.754 9	186	21	63.123 6			
27	4	10.710 6	67	8	23.079 3	107	12	35.448 1	147	17	50.768 9	187	21	63.137 6			
28	4	10.724 6	68	8	23.093 3	108	13	38.414 2	148	17	50.782 9	188	21	63.151 6			
29	4	10.738 6	69	8	23.107 3	109	13	38.428 2	149	17	50.796 9	189	22	63.117 9			
30	4	10.752 6	70	8	23.121 3	110	13	38.442 2	150	17	50.810 9	190	22	66.131 8			
31	4	10.766 6	71	8	23.135 3	111	13	38.456 2	151	17	50.824 9	191	22	66.145 8			
32	4	10.780 6	72	9	26.101 5	112	13	38.470 2	152	17	50.838 9	192	22	66.159 8			
33	4	10.794 6	73	9	26.115 5	113	13	38.484 2	153	18	53.805 1	193	22	66.173 8			
34	4	10.808 6	74	9	26.129 5	114	13	38.498 2	154	18	53.819 1	194	22	66.187 8			
35	4	10.822 6	75	9	26.143 5	115	13	38.512 2	155	18	53.833 1	195	22	66.201 8			
36	5	13.788 8	77	9	26.157 5	116	13	38.526 2	156	18	53.847 1	196	22	66.215 8			
37	5	13.802 8	77	9	26.171 5	117	14	41.492 4	157	18	53.861 1	197	22	66.229 8			
38	5	13.816 8	78	9	26.185 5	118	14	41.506 4	158	18	53.875 1	198	23	69.196 1			
39	5	13.830 8	79	9	26.199 5	119	14	41.520 4	159	18	53.889 1	199	23	69.210 1			
40	5	13.844 8	80	9	26.213 5	120	14	41.534 4	160	18	53.903 1	200	23	69.224 1			

注：1. 对标准直齿圆柱齿轮，公法线长度 $W_K = W_K^* m$，W_K^* 为 $m=1$mm、$\alpha=20°$ 时的公法线长度

2. 对变位直齿圆柱齿轮，当变位系数 x 较小及 $|x|<0.3$ 时，跨测齿数 K 按照表 D.9 查出，而公法线长度

$$W_K = (W_K^* + 0.684x)m$$

当变位系数 x 较大，$|x|>0.3$ 时，跨测齿数

$$K' = Z\frac{\alpha_z}{180°} + 0.5$$

3. 斜齿轮的公法线长度 W_{nK} 在法面内测量，其值也可按表 D.9 确定，但必须按假想齿数 Z' 查，$Z'=KZ$，式中 K 为与分度圆柱上齿的螺旋角 β 有关的假想齿数系数，见表 D.10。假想齿数常为非整数，其小数部分 ΔZ 所对应的公法线长度 ΔW_n^* 可查表 D.11。故总的公法线长度 $W_{nK}=(W_K^* + \Delta W_n^*)m_n$，式中 m_n 为法面模数；W_K^* 为与假想齿数 Z' 整数部分相对应的公法线长度，查表 D.9

表 D. 10　假想齿数系数 $K(\alpha_n = 20°)$

β	K	β	K	β	K	β	K
1°	1.000	6°	1.016	11°	1.054	16°	1.119
2°	1.002	7°	1.022	12°	1.065	17°	1.136
3°	1.004	8°	1.028	13°	1.077	18°	0.154
4°	1.007	9°	1.036	14°	1.090	19°	1.173
5°	1.011	10°	1.045	15°	1.104	20°	1.194

注:对于 β 中间值的系数 K,可按内插法求出

表 D. 11　公法线长度 ΔW_K^*　　　　　　　　　mm

$\Delta Z'$	0.00	0.01	0.02	0.03	0.04	0.05	0.06	0.07	0.08	0.09
0.0	0.0000	0.0001	0.0003	0.004	0.0006	0.0007	0.0008	0.0010	0.0011	0.0013
0.1	0.0014	0.0015	0.0017	0.0018	0.0020	0.0021	0.0022	0.0024	0.0025	0.0027
0.2	0.0028	0.0029	0.0031	0.0032	0.0034	0.0035	0.0036	0.0038	0.0039	0.0041
0.3	0.0042	0.0043	0.0045	0.0046	0.0048	0.0049	0.0051	0.0052	0.0053	0.0055
0.4	0.0056	0.0057	0.0059	0.0060	0.0061	0.0063	0.0064	0.0066	0.0067	0.0069
0.5	0.0070	0.0071	0.0073	0.0074	0.0076	0.0077	0.0079	0.0080	0.0081	0.0083
0.6	0.0084	0.0085	0.0087	0.0088	0.0089	0.0091	0.0092	0.0094	0.0095	0.0097
0.7	0.0098	0.0099	0.0101	0.0102	0.0104	0.0105	0.0106	0.0108	0.0109	0.0111
0.8	0.0112	0.0114	0.0115	0.0116	0.0118	0.0119	0.0120	0.0122	0.0123	0.0124
0.9	0.0126	0.0127	0.0129	0.0132	0.0130	0.0133	0.0135	0.0136	0.0137	0.0139

D. 1. 6　齿轮副和齿坯的精度

表 D. 12　中心距极限偏差 $\pm f_a$(供参考)　　　　　　μm

中心距 a/mm		齿轮精度等级	
大于	至	5、6	7、8
6	10	7.5	11
10	18	9	13.5
18	30	10.5	16.5
30	50	12.5	19.5
50	80	15	23
80	120	17.5	27
120	180	20	31.5
180	250	23	36
250	315	26	40.5
315	400	28.5	44.5
400	500	31.5	48.5

表 D. 13　轴线平行度偏差 $f_{\Sigma\delta}$ 和 $f_{\Sigma\beta}$

轴线平行度偏差图示	$f_{\Sigma\beta}$ 和 $f_{\Sigma\delta}$ 的最大推荐值/μm
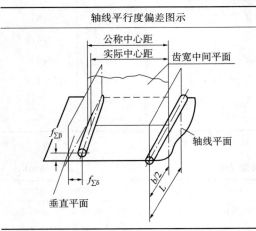	$$f_{\Sigma\beta}=0.5\left(\frac{L}{b}\right)F_{\beta}$$ $$f_{\Sigma\delta}=2f_{\Sigma\beta}$$ 式中,L 为轴承跨距,mm; b 为齿宽,mm

表 D. 14　齿轮装配后接触斑点(GB/Z 18620. 4—2002)

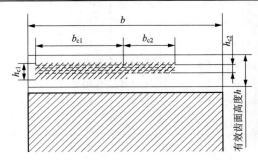

参　数 齿轮 精度等级	$b_{c1}/b\times100\%$		$h_{c1}/h\times100\%$		$b_{c2}/b\times100\%$		$h_{c2}/h\times100\%$	
	直齿轮	斜齿轮	直齿轮	斜齿轮	直齿轮	斜齿轮	直齿轮	斜齿轮
4 级及更高	50	50	70	50	40	40	50	20
5、6	45	45	50	40	35	35	30	20
7、8	35	35	50	40	35	35	30	20
9~12	25	25	50	40	25	25	30	20

表 D. 15　齿坯尺寸公差(供参考)

齿轮精度等级	5	6	7	8	9	10	11	12
孔　尺寸公差	IT5	IT6	IT7		IT8		IT9	
轴　尺寸公差	IT5		IT6		IT7		IT8	
顶圆直径偏差	IT7		IT8		IT9		IT11	

注:1. 齿轮的三项精度等级不同时,齿轮的孔、轴尺寸公差按最高精度等级确定;

2. 如顶圆不作测量基准时,通常为 $m(m_{n})\leqslant5$mm 的情况,齿顶圆直径公差按 IT11 给,但不大于 $0.1m_{n}$。

3. 当以顶圆作测量基准时,通常为 $m(m_{n})>5$mm 的情况,本栏就指齿顶圆的公差。

4. 表中顶圆直径公差是 GB/T 10095—1988 标准,供参考。

表 D.16　齿坯径向和端面跳动公差　　　　　　　　　μm

分度圆直径		齿轮精度等级			
大于	至	3、4	5、6	7、8	9~12
≤125		7	11	18	28
125	400	9	14	22	36
400	800	12	20	32	50
800	1600	18	28	45	71

D.1.7　图样标注

1. 齿轮精度等级的标注示例

例如　7GB/T 10095.1

表示齿轮各项偏差均应符合 GB/T 10095.1 的要求,精度均为 7 级。

$$7F_p6(F_\alpha、F_\beta)GB/T\ 10095.1$$

表示偏差 F_p、F_α 和 F_β 均应符合 GB/T 10095.1 的要求,其中 F_p 为 7 级,F_α 和 F_β 为 6 级。

$$6(F_i''、f_i'')GB/T\ 10095.2$$

表示偏差 F_i'' 和 f_i'' 均应符合 GB/T 10095.2 的要求,精度均为 6 级。

2. 齿厚偏差的常用标注方法

例如　$S_n \begin{smallmatrix} E_{sns} \\ E_{sni} \end{smallmatrix}$

其中,S_n 为法向公称齿厚;E_{sns} 为齿厚上偏差;E_{sni} 为齿厚下偏差。

$$W_k \begin{smallmatrix} E_{bns} \\ E_{bni} \end{smallmatrix}$$

其中,W_k 为跨 k 个齿的公法线公称长度;E_{bns} 为公法线长度上偏差;E_{bni} 为公法线长度下偏差。

D.2　圆锥齿轮的精度

D.2.1　圆锥齿轮传动的精度等级及应用(GB/T 11365—1989)

国家标准 GB/T 11365—1989《锥齿轮和准双曲面齿轮精度》规定了锥齿轮及齿轮副的误差、定义、代号、精度等级、齿坯要求、检验与公差、侧隙和图样标注。

该标准适用于中点法向模数 $m_n \geqslant 1mm$,中点分度圆直径＜400mm 的直齿、斜齿、曲线齿锥齿轮。

根据使用要求,允许各公差组选用不同精度等级。但对齿轮副中大、小轮的同一公差组、应规定同一精度等级。除 $F_{i\Sigma}''$、$F_{i\Sigma c}''$、$f_{i\Sigma}''$、$f_{i\Sigma c}''$、F_r、F_{vj},允许工作齿面和非工作齿面选用不同的精度等级。

锥齿轮精度应根据传动用途、使用条件、传递的功率、圆周速度以及其他技术要求决定。锥齿轮Ⅱ组公差的精度主要根据圆周速度决定。见表 D.17。

表 D.17　锥齿轮Ⅱ组精度等级的选择

Ⅱ组精度等级	直齿		非直齿	
	<350HB	>350HB	<350HB	>350HB
	圆周速度 m/s<			
7	7	6	16	13
8	4	3	9	7
9	3	2.5	6	5

表 D.18　锥齿轮精度应用示例

公差组		公差与极限偏差项目			检验组	适用精度范围
		名称	代号	数值		
Ⅰ	齿轮	切向综合公差	F_i'	$F_p+1.15f_c$	$\Delta F_i'$	4～8 级
		轴交角综合公差	$F''_{i\Sigma}$	$0.7F''_{i\Sigma c}$	$\Delta F''_{i\Sigma}$	7～12 级直齿,9～12 级非直齿
		齿距累积公差	F_p	表 D.3	ΔF_p	7～8 级
		K 个齿距累积公差	F_{pK}		ΔF_p 与 ΔF_{pK}	4～6 级
		齿圈跳动公差	F_r	表 D.3	ΔF_r	7～12 级,对 7、8 级 $d_m^{①}>1600$mm
	齿轮副	齿轮副切向综合公差	F_{ic}'	$F_{i1}'+F_{i2}'^{②}$	ΔF_{ic}	4～8 级
		齿轮副轴交角综合公差	$F''_{i\Sigma c}$	表 D.27	$\Delta F''_{i\Sigma c}$	7～12 级直齿,9～12 级非直齿
		齿轮副侧隙变动公差	F_{vj}		$\Delta F''_{vj}$	9～12 级
Ⅱ	齿轮	一齿切向综合公差	f_i'	$0.8(f_\mu+1.15f_c)$	$\Delta f_i'$	4～8 级
		一齿轴交角综合公差	$f''_{i\Sigma}$	$0.7f''_{i\Sigma c}$	$\Delta f''_{i\Sigma}$	7～12 级直齿,9～12 级非直齿
		周期误差的公差	f_{zK}'	表 D.29	$\Delta f_{zK}'$	4～8 级,纵向重合度 $\varepsilon_\beta>$ 界限值③
		齿距极限偏差	$\pm f_{pt}$	表 D.28	Δf_{pt}	7～12 级
		齿形相对误差的公差	f_c		Δf_{pt} 与 Δf_c	4～6 级
	齿轮副	齿轮副一齿切向综合公差	f_{ic}'	$f_{i1}+f_{i2}$	$\Delta f_{ic}'$	4～8 级
		齿轮副一齿轴交角综合公差	$f''_{i\Sigma c}$	表 D.28	$\Delta f''_{i\Sigma c}$	7～12 级直齿,9～12 级非直齿
		齿轮副周期误差的公差	f_{zKc}'	表 D.29	$\Delta f_{zKc}'$	4～8 级,纵向重合度 $\varepsilon_\beta>$ 界限值③
		齿轮副齿频周期误差的公差	f_{zzc}'	表 D.31	$\Delta f_{zzc}'$	4～8 级,纵向重合度 $\varepsilon_\beta<$ 界限值③
Ⅲ	齿轮	接触斑点		表 D.22	接触斑点	4～12 级
	齿轮副					
安装精度	齿轮	齿圈轴向位移极限偏差	$\pm f_{AM}④$	表 D.30	$\Delta f_{AM}\Delta f_a$ 和 ΔE_Σ	4～12 级,当齿轮副安装在实际装置上时检验
	齿轮副	齿轮副轴间距极限偏差	$\pm f_a④$	表 D.31		
		齿轮副轴交角极限偏差	$\pm E_\Sigma$			

注:①d_m 为中点分度圆直径
②当两齿轮的齿数比为不大于 3 的整数且采用选配时,应将 F_{ic}' 值压缩 25% 或更多
③ε_β 的界限值:对第Ⅲ公差组精度等级 4～5 级,ε_β 为 1.35;6～7 级,ε_β 为 1.55,8 级,ε_β 为 2.0
④$\pm f_{AM}$ 属第Ⅱ公差组,$\pm f_a$ 属第Ⅲ公差组

D.2.2　圆锥齿轮传动公差组

表 D.19　锥齿轮精度的公差组和检查项目

类　别		锥齿轮			齿轮副			
精度等级		7	8	9	7	8	9	安装精度
公差组	Ⅰ	F_p 或 F_r		F_r	$F''_{i\Sigma c}$		F_{vj}	$\pm f_{AM} \pm f_a$ $\pm E_\Sigma$
	Ⅱ	$\pm f_{pt}$			$f''_{i\Sigma c}$			
	Ⅲ	接触斑点						
侧隙		$E_{ss}E_{si}$			j_{nmin}			
齿坯公差		外径尺寸极限偏差及轴孔尺寸公差;齿坯顶锥母线跳动和基准端面跳动公差;齿坯轮冠距和顶锥角极限偏差						

D.2.3　圆锥齿轮检验组

根据齿轮的工作要求和生产规模,在以下各公差组中任选一个检验组评定和验收齿轮的精度等级。锥齿轮的检验组见表 D.20。

表 D.20　锥齿轮的检验组

公差组	检验组	适　用　于
Ⅰ	$\Delta F'_i$	4～8 级精度
	$\Delta F''_{i\Sigma}$	7～12 级精度的直齿锥齿轮;9～12 级精度的斜齿、曲线齿锥齿轮
	ΔF_p	7～8 级精度
	ΔF_p 与 ΔF_{pK}	4～6 级精度
	ΔF_r	7～12 级精度,其中 7、8 级用于 $d_m > 1600mm$ 的锥齿轮
Ⅱ	$\Delta f'_i$	4～8 级精度
	$\Delta f''_{i\Sigma}$	7～12 级精度的直齿锥齿轮;9～12 级精度的斜齿、曲线齿锥齿轮
	$\Delta f'_{zK}$	4～8 级精度、轴向重合度 $\varepsilon_{v\beta}$ 大于表 16.4-35 中界限值的齿轮
	Δf_{pt} 与 Δf_c	4～6 级精度
	Δf_{pt}	7～12 级精度
Ⅲ	接触斑点	4～12 级精度

D.2.4　对齿轮副的检验要求

根据齿轮副的工作要求和生产规模,按以下各公差组中(表 D.21)齿轮副的精度。

表 D. 21　齿轮副推荐检验项目

公差组	检验组	适　用　于
I	$\Delta F'_{ic}$	4～8 级精度
	$\Delta F''_{i\Sigma c}$	7～12 级精度的直齿;9～12 级精度的斜齿、曲线齿
	ΔF_{vj}	9～12 级精度
II	$\Delta f'_{ic}$	4～8 级精度
	$\Delta f''_{i\Sigma c}$	7～12 级精度的直齿;9～12 级精度的斜齿、曲线齿
	$\Delta f'_{zKc}$	
	Δf_{zKc}	
III	接触精度	4～12 级精度

表 D. 22　接触斑点

精度等级	6、7	8、9	10	对齿面修形的齿轮,在齿面大端、小端和齿顶边缘处不允许出现接触斑点;对齿面不修形的齿轮,其接触斑点大小不小于表中平均值
沿齿长方向/%	50～70	35～65	25～55	
沿齿高方向/%	55～75	40～70	30～60	

齿轮副的最小法向侧隙分为 6 种:a、b、c、d、e 和 h,a 为最大,依次递减,h 为零,如图 D.2 所示。最小法向侧隙与精度等级无关,最小法向侧隙 j_{nmin} 值见表 D.23。

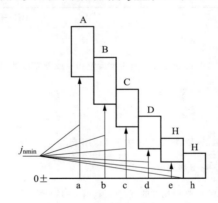

图 D. 2　侧隙种类

表 D. 23　最小法向侧隙 j_{nmin} 值　　　　　　μm

中点锥距/mm		小轮分锥角/(°)		最小法向侧隙 j_{nmin} 值		
				最小法向侧隙种类		
大于	到	大于	到	b	c	d
—	50	—	15	58	36	22
		15	25	84	52	33
		25	—	100	62	39
50	100	—	15	84	52	33
		15	25	100	62	39
		25	—	120	74	46
100	200	—	15	100	62	39
		15	25	140	87	54
		25	—	160	100	63

最大法向侧隙 j_{nmax} 由下式计算

$$j_{nmax} = (| E_{ss1} + E_{ss2} | + T_{s1} + T_{s2} + E_{s\Delta 1} + E_{s\Delta 2}) \cos\alpha$$

式中，$E_{s\Delta}$ 为制造误差的补偿部分，由表 D.25 查取。

齿轮副的法向侧隙公差有 5 种：A、B、C、D 和 H，推荐法向侧隙公差类与最小侧隙种类的对应关系如图 D.2 所示。

齿厚公差值列于表 D.24。

表 D.24　齿厚公差 T_s　　　　　　　　　　　　　　　　　　　　　　　　μm

齿圈跳动公差		齿厚公差 T_s		
		法向间隙公差种类		
大于	到	B	C	D
32	40	85	70	55
40	50	100	80	65
50	60	120	95	75
60	80	130	110	90
80	100	170	140	110

表 D.25　齿厚上偏差 E_{ss} 值和 $E_{s\Delta}$ 值　　　　　　　　　　　　　　　　μm

基本值	中点法向模数 /mm	齿厚上偏差 E_{ss}						最大法向侧隙 j_{nmax} 的制造误差补偿部分 $E_{s\Delta}$ 值																
								第Ⅱ组精度等级																
								7						8						9					
		中点分度圆直径/mm						中点分度圆直径/mm																
		<125			>125～400			<125			>125～400			<125			>125～400			<125			>125～400		
		分锥角/(°)						分锥角/(°)																
		<20	>20～45	>45	<20	>20～45	>45	<20	>20～45	>45	<20	>20～45	>45	<20	>20～45	>45	<20	>20～45	>45	<20	>20～45	>45	<20	>20～45	>45
	>1～3.5	—20	—20	—22	—28	—32	—30	20	20	22	28	32	30	22	22	24	30	36	32	24	24	25	32	38	36
	>3.5～6.3	—22	—22	—25	—32	—32	—30	22	22	25	32	32	30	24	24	28	36	36	32	25	25	30	38	38	36

系数	最小法向侧隙种类	第Ⅱ组精度等级		
		7	8	9
	d	2	2.2	—
	c	2.7	3.0	3.2
	b	3.8	4.2	4.6

D.2.5　对齿轮坯的检验要求

齿轮的加工、检验和安装的定位基准面应尽量一致，并在齿轮零件图上予以标注。齿坯各项公差和偏差见表 D.26。

表 D. 26　齿坯尺寸公差

精度等级	4	5	6	7	8	9	10	11	12
轴径尺寸公差	IT4	IT5		IT6			IT7		
孔径尺寸公差	IT5	IT6		IT7			IT8		
外径尺寸极限偏差	0 −IT7	0 −IT8					0 −IT9		

注：1. IT 为标准公差按 GB/T 1800—1997～1999《公差与配合　标准公差与基本偏差》

　　2. 当三个公差精度等级不同时，公差值按最高的精度等级查取

D. 2. 6　各项公差和极限偏差

表 D. 27　锥齿轮有关 F_p、F_{pK} 和齿轮副的 $F''_{i\Sigma c}$、F_{vj} 值　　　　　　　　　　μm

齿距累积公差 F_p 和 K 个齿距累积公差 F_{pK}[①]						中点分度圆直径 /mm		中点法向模数 /mm	齿圈跳动公差 F_r				齿轮副轴交角综合公差 $F''_{i\Sigma c}$			侧隙变动公差 F_{vj}[②]	
L/mm		精度等级							精度等级								
大于	到	6	7	8	9	10	大于	到		7	8	9	10	7	8	9	10	9	10
—	11.2	11	16	22	32	45	—	125	1～3.5	36	45	56	71	67	85	110	130	75	90
11.2	20	16	22	32	45	63			>3.5～6.3	40	50	63	80	75	95	120	150	80	100
20	32	20	28	40	56	80			>6.3～10	45	56	71	90	85	105	130	170	90	120
									>10～16	50	63	80	100	100	120	150	190	105	130
32	50	22	32	45	63	90	125	400	1～3.5	50	63	80	100	100	125	160	190	110	140
50	80	25	36	50	71	100			>3.5～6.3	56	71	90	112	105	130	170	200	120	150
									>6.3～10	63	80	100	125	120	150	180	220	130	160
									>10～16	71	90	112	140	140	160	200	250	140	170
80	160	32	45	63	90	125	400	800	1～3.5	63	80	100	125	130	160	200	260	140	180
160	315	45	63	90	125	180			>3.5～6.3	71	90	112	140	140	170	220	280	150	190
315	630	63	90	125	180	250			>6.3～10	80	100	125	160	150	190	240	300	160	200
									>10～16	90	112	140	180	160	200	260	320	180	220
630	1000	80	112	160	224	315	800	1600	1～3.5	—	—	—	150	180	240	280	—	—	—
1000	1600	100	140	200	280	400			>3.5～6.3	80	100	125	160	180	200	250	320	170	220
1600	2500	112	160	224	315	450			>6.3～10	90	112	140	180	180	220	280	360	200	250
									>10～16	100	125	160	200	200	250	320	400	220	270

注：①F_p 和 F_{pK} 按中点分度圆弧长 L 查表。查 F_p 时，取 $L=\dfrac{1}{2}\pi d=\dfrac{\pi m_n z}{2\cos\beta}$；查 F_{pK} 时，取 $L=\dfrac{K\pi m_n}{\cos\beta}$（没有特殊要求时，K 值取 z/6 或最接近的整齿数）

②F_{vj} 取大小轮中点分度圆直径之和的一半作为查表直径。对于齿数比为整数且不大于 3（1、2、3）的齿轮副，当采用选配时，可将 F_{vj} 值缩小 25% 或更多

表 D.28　锥齿轮的 $\pm f_{pt}$、f_c 和齿轮副的 $f'_{i\Sigma c}$ 值　　　　　　　　　μm

中点分度圆直径/mm		中点法向模数/mm	齿距极限偏差 $\pm f_{pt}$					齿形相对误差的公差 f_c			齿轮副一齿轴交综合公差 $f'_{i\Sigma c}$			
			精度等级											
大于	到		6	7	8	9	10	6	7	8	7	8	9	10
—	125	1~3.5	10	14	20	28	40	5	8	10	28	40	53	67
		>3.5~6.3	13	18	25	36	50	6	9	13	36	50	60	75
		>6.3~10	14	20	28	40	56	8	11	17	40	56	71	90
		>10~16	17	24	34	48	67	10	15	22	48	67	85	105
125	400	1~3.5	11	16	22	32	45	7	9	13	32	45	60	75
		>3.5~6.3	14	20	28	40	56	8	11	15	40	56	67	80
		>6.3~10	16	22	32	45	63	9	13	19	45	63	80	100
		>10~16	18	25	36	50	71	11	17	25	50	71	90	120
400	800	1~3.5	13	18	25	36	50	9	12	18	36	50	67	80
		>3.5~6.3	14	20	28	40	56	10	14	20	40	56	75	90
		>6.3~10	18	25	36	50	71	11	16	24	50	71	85	105
		>10~16	20	28	40	56	80	13	20	30	56	80	100	130
800	1600	1~3.5	—	—	—	—	—	—	—	—	—	—	—	—
		>3.5~6.3	16	22	32	45	63	13	19	28	45	63	80	105
		>6.3~10	18	25	36	50	71	14	21	32	50	71	90	120
		>10~16	20	28	40	56	80	16	25	38	56	80	110	140

表 D.29　周期误差的公差 f'_{zK} 值(齿轮副周期误差的公差 f_{zKc} 值)　　　　　　μm

精度等级	中点分度圆直径/mm		中点法向模数/mm	齿轮在一转(齿轮副在大轮一转)内的周期数								
	大于	到		2~4	>4~8	>8~16	>16~32	>32~63	>63~125	>125~250	>250~500	>500
6	—	125	1~6.3	11	8	6	4.8	3.8	3.2	3	2.6	2.5
			>6.3~10	13	9.5	7.1	5.6	4.5	3.8	3.4	3	2.8
	125	400	1~6.3	16	11	8.5	6.7	5.6	4.8	4.2	3.8	3.6
			>6.3~10	18	13	10	7.5	6	5.3	4.5	4.2	4
	400	800	1~6.3	21	15	11	9	7.1	6	5.3	5	4.8
			>6.3~10	22	17	12	9.5	7.5	6.7	6	5.3	5
	800	1600	1~6.3	24	17	15	10	8	7.5	7	6.3	6
			>6.3~10	27	20	15	12	9.5	8	7.1	6.7	6.3
7	—	125	1~6.3	17	13	10	8	6	5.3	4.5	4.2	4
			>6.3~10	21	15	11	9	7.1	6	5.3	5	4.5
	125	400	1~6.3	25	18	13	10	9	7.5	6.7	6	5.6
			>6.3~10	28	20	16	12	10	8	7.5	6.7	6.3
	400	800	1~6.3	32	24	18	14	11	10	8.5	8	7.5
			>6.3~10	36	26	19	15	12	10	9.5	8.5	8
	800	1600	1~6.3	36	26	20	16	13	11	10	8.5	8
			>6.3~10	42	30	22	18	15	12	11	10	9.5
8	—	125	1~6.3	25	18	13	10	8.5	7.5	6.7	6	5.6
			>6.3~10	28	21	16	12	10	8.5	7.5	7	6.7
	125	400	1~6.3	36	26	19	15	12	10	9	8.5	8
			>6.3~10	40	30	22	17	14	12	10.5	10	8.5
	400	800	1~6.3	45	32	25	19	16	13	12	11	10
			>6.3~10	50	36	28	21	17	15	13	12	11
	800	1600	1~6.3	53	38	28	22	18	15	14	12	11
			>6.3~10	63	44	32	26	22	18	16	14	13

表 D.30　齿圈轴向位移极限偏差±f_{AM}值

μm

中点锥距/mm 大于	到	分锥角/(°) 大于	到	6 1~3.5	6 >3.5~6.3	6 >6.3~10	6 >10~16	7 1~3.5	7 >3.5~6.3	7 >6.3~10	7 >10~16	8 1~3.5	8 >3.5~6.3	8 >6.3~10	8 >10~16	9 1~3.5	9 >3.5~6.3	9 >6.3~10	9 >10~16	10 1~3.5	10 >3.5~6.3	10 >6.3~10	10 >10~16
—	50	—	20	14	8	—	—	20	11	—	—	28	16	—	—	40	22	—	—	56	32	—	—
		20	45	12	6.7	—	—	17	9.5	—	—	24	13	—	—	34	19	—	—	48	26	—	—
		45	—	5	2.8	—	—	7.1	4	—	—	10	5.6	—	—	14	8	—	—	20	11	—	—
50	100	—	20	48	26	17	13	67	38	24	18	95	53	34	26	140	75	50	38	190	105	71	50
		20	45	40	22	15	11	56	32	21	16	80	45	30	22	120	63	42	30	160	90	60	45
		45	—	17	9.5	6	4.5	24	13	8.5	6.7	34	17	12	9	48	26	17	13	67	38	24	18
100	200	—	20	105	60	38	28	150	80	53	40	200	120	75	56	300	160	105	80	420	240	150	110
		20	45	90	50	32	24	130	71	45	34	180	100	63	48	260	140	90	67	360	190	130	95
		45	—	38	21	13	10	53	30	19	14	75	40	26	20	105	60	38	28	150	80	53	40
200	400	—	20	240	130	85	60	340	180	120	85	480	250	170	120	670	360	240	170	950	500	320	240
		20	45	200	105	71	50	280	150	100	71	400	210	140	100	560	300	200	150	800	420	280	200
		45	—	85	45	30	21	120	63	40	30	170	90	60	42	240	130	85	60	340	180	120	85
400	800	—	20	530	280	180	130	750	400	250	180	1050	560	360	260	1500	800	500	380	2100	1100	710	500
		20	45	450	240	150	110	630	340	210	160	900	480	300	220	1300	670	440	300	1700	950	600	440
		45	—	190	100	63	45	270	140	90	67	380	200	125	90	530	280	180	130	750	400	250	180
800	1600	—	20	—	380	380	280	—	560	560	400	—	750	750	560	—	1100	1100	800	1500	1500	1100	1100
		20	45	—	—	—	240	—	—	—	340	—	—	—	480	—	—	—	670	—	—	950	950
		45	—	—	—	—	100	—	—	—	140	—	—	—	200	—	—	—	280	—	—	400	400

（精度等级；中点法向模数/mm）

注：表中数值用于α=20°的非修形齿轮。对修形齿轮，允许采用低一级的±f_{AM}值；当α≠20°时，表中数值乘 $sin20°/sin\alpha$

表 D.31　锥齿轮副的 f'_{zzc}、$\pm E_\Sigma$、$\pm f_a$ 值　　μm

齿轮副齿频周期误差的公差 f'_{zzc}①					轴交角极限偏差 $\pm E_\Sigma$②							轴间距极限偏差 $\pm f_a$③					
大轮齿数	中点法向模数/mm	精度等级			中点锥距/mm	小轮分锥角/(°)	最小法向侧隙种类					中点锥距/mm	精度等级				
		6	7	8			h、e	d	c	b	a		6	7	8	9	10
≤16	1~3.5	10	15	22	≤50	≤15	7.5	11	18	30	45	≤50	12	18	28	36	67
	>3.5~6.3	12	18	28		>15~25	10	16	26	42	63						
	>6.3~10	14	22	32		>25	12	19	30	50	80						
>16~32	1~3.5	10	16	24	>50~100	≤15	10	16	26	42	63	>50~100	15	20	30	45	75
	>3.5~6.3	13	19	28		>15~25	12	19	30	50	80						
	>6.3~10	16	24	34		>25	15	22	32	60	95						
	>10~16	19	28	42													
>32~63	1~3.5	11	17	24	>100~200	≤15	12	19	30	50	80	>100~200	18	25	36	55	90
	>3.5~6.3	14	20	30		>15~25	17	26	45	71	110						
	>6.3~10	17	24	36		>25	20	32	50	80	125						
	>10~16	20	30	45													
>63~125	1~3.5	12	18	25	>200~400	≤15	15	22	32	60	95	>200~400	25	30	45	75	120
	>3.5~6.3	15	22	32		>15~25	24	36	56	90	140						
	>6.3~10	18	26	38		>25	26	40	63	100	160						
	>10~16	22	34	48													
>125~250	1~3.5	13	19	28	>400~800	≤15	20	32	50	80	125	>400~800	30	36	60	90	150
	>3.5~6.3	16	24	34		>15~25	28	45	71	110	180						
	>6.3~10	19	30	42		>25	34	56	85	140	220						
	>10~16	24	36	53													
>250~500	1~3.5	14	21	30	>800~1600	≤15	26	40	63	100	160	>800~1600	40	50	85	130	200
	>3.5~6.3	18	28	40		>15~25	40	63	100	160	250						
	>6.3~10	22	34	48		>25	53	85	130	210	320						
	>10~16	28	42	60													

注：①f'_{zzc} 用于 $\varepsilon_{\beta c}$≤0.45 的齿轮副。当 $\varepsilon_{\beta c}$>0.45~0.58 时，表中数值乘 0.6；当 $\varepsilon_{\beta c}$>0.58~0.67 时，表中数值乘 0.4；当 $\varepsilon_{\beta c}$>0.67 时，表中数值乘 0.3。其中 $\varepsilon_{\beta c}$=纵向重合度×齿长方向接触斑点大小百分比的平均值

②E_Σ 值的公差带位置相对于零线可以不对称或取在一侧，适用于 $\alpha=20°$ 的正交齿轮副

③f_a 值用于无纵向修形的齿轮副。对纵向修形齿轮副允许采用低一级的 $\pm f_a$ 值

表 D.32　齿坯轮冠距与顶锥角极限偏差

中点法向模数/mm	轮冠距极限偏差/mm	顶锥角极限偏差/(°)
>1.2~10	0 −75	+8 0

D.2.7　图样标注

在齿轮工作图上应标注齿轮的精度等级和最小法向侧隙种类及法向侧隙公差种类的数字、代号。

标注示例如下：

（1）齿轮的三个公差组精度同为 7 级，最小法向侧隙种类为 b，法向侧隙公差种类为 B：

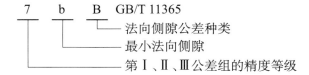

（2）齿轮的三个公差组精度同为 7 级，最小法向侧隙为 400μm，法向侧隙公差种类为 B：

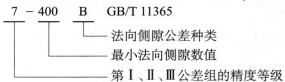

（3）齿轮的第 Ⅰ 公差组精度为 8 级，第 Ⅱ、Ⅲ 公差组精度为 7 级，最小法向侧隙种类为 c，法向侧隙公差种类为 B：

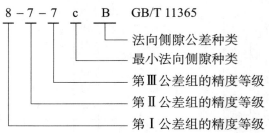

D.3　蜗杆传动的精度

D.3.1　蜗杆传动的精度等级及应用（GB 10089—1988）

本标准对蜗杆、蜗轮和蜗杆传动规定 12 个精度等级，第 1 级的精度最高，第 12 级的精度最低。

按照公差的特性对传动性能的主要保证作用，将蜗杆、蜗轮和蜗杆传动的公差（或极限偏差）分成三个公差组。允许各公差组选用不同的精度等级组合，但在同一公差组中，各项公差与极限偏差应保持相同的精度等级。蜗杆和配对蜗轮的精度等级一般取成相同值，也允许取成不相同值。

本标准适用于轴交角 Σ 为 $90°$，模数 $m \geq 1$mm 的圆柱蜗杆、蜗轮传动。其蜗杆分度圆直径 $d_1 \leq 400$mm，蜗轮分度圆直径 $d_2 \leq 4000$mm。基本蜗杆可为阿基米德蜗杆（ZA 蜗杆）、渐开线蜗杆（ZI 蜗杆）、法向直廓蜗杆（ZN 蜗杆）、锥面包络圆柱蜗杆（ZK 蜗杆）和圆弧柱蜗杆（ZC 蜗杆）。

表 D.33　蜗杆传动的精度等级、加工方法及应用范围

精度等级		7	8	9
蜗轮圆周速度		$\leq 7.5/$(m/s)	$\leq 3/$(m/s)	$\leq 1.5/$(m/s)
加工方法	蜗杆	渗碳淬火或淬火后磨削	淬火磨削或车削、铣削	车削或铣削
	蜗轮	滚削或飞刀加工后珩磨（或加载配对跑合）	滚削或飞刀加工后加载配对跑合	滚削或飞刀加工
应用范围		中等精度工业运转机构的动力传动。如机床进给、操纵机构，电梯曳引装置	每天工作时间不长的一般动力传动。如起重运输机械减速器，纺织机械传动装置	低速传动或手动机构。如舞台升降装置，塑料蜗杆传动

注：此表不属 GB 10089—1988，仅供参考。

D.3.2　公差组

表 D.34　蜗杆、蜗轮和蜗杆传动公差的分组

公差组	蜗 杆	蜗 轮	蜗杆传动
I	—	$F'_i, F''_i, F_p, F_{pK}, F_r$	F'_{ic}
II	$f_h, f_{hL}, f_{px}, f_{pxL}, f_r$	f'_i, f''_i, f_{pt}	f'_{ic}
III	f_{f1}	f_{f2}	接触斑点 f_a, f_Σ, f_x

D.3.3　蜗杆传动检验组

表 D.35　蜗杆传动的检验组及各项误差的公差数值

公差组	检验误差项目	说　　明	公差数值
I	F_{ic}	对 5 级和 5 级精度以下的传动,允许用蜗轮的切向综合误差 F'_i、一齿切向综合误差 f'_i 来代替 F'_{ic} 和 f'_{ic} 的检验,或蜗杆蜗轮相应公差组的检验组中最低结果来评定传动的第 I、II 公差组的精度等级	$F'_{ic} = F_p + f'_{ic}$
II	f'_{ic}		$f'_{ic} = 0.7(f'_i + f_h)$
III	接触斑点 f_a, f_x, f	对不可调中心距的蜗杆传动,检验接触斑点的同时,还应检验 f_a, f_x 和 f	接触斑点的要求 f_a, f_x 按表 D.36 的规定 f 可在相关手册中查找

注:进行传动切向综合误差 $\Delta F'_{ic}$、一齿切向综合误差 $\Delta f'_{ic}$ 和接触斑点检验的蜗杆传动,允许相应的第 I、II、III 公差组的蜗杆、蜗轮检验组和 Δf_a、Δf_x、Δf_Σ 中任意一项误差超差

D.3.4　对蜗轮副的检验要求

　　根据蜗杆传动的工作要求和生产规模,在各个公差组中,选定一个检验组评定和验收蜗杆、蜗轮的精度。当检验组中有两项或两项以上的误差时,应以检验组中最低的一项精度评定蜗杆、蜗轮的精度等级。若制造厂与订货者双方有专门协议时,应按协议的规定进行蜗杆、蜗轮精度的验收、评定。

　　标准规定的公差值是以蜗杆、蜗轮的工作轴线为测量的基准轴线。若实际测量基准不符合本规定,应从测量结果中消除基准不同所带来的影响。

　　蜗杆传动的精度主要以传动切向综合误差 $\Delta F'_{ic}$、传动一齿切向综合误差 $\Delta f'_{ic}$ 和传动接触斑点的形状分布位置与面积大小评定。

　　国家标准按蜗杆传动的最小法向侧隙大小将侧隙种类分为八种:a、b、c、d、e、f、g 和 h。最小法向侧隙值以 a 为最大,h 为零,其他依次减少(图 D.3)。侧隙种类与精度等级无关。

　　蜗杆传动的侧隙应根据使用要求用侧隙种类的代号(字母)表示。各种侧隙的最小法向侧隙 j_{nmin} 值按"蜗杆、蜗轮各项误差的公差数值表"确定。

　　对可调中心距的传动或蜗杆、蜗轮不要求互换的传动,允

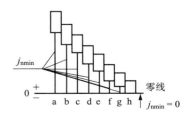

图 D.3　侧隙种类

许传动的侧隙规范用最小侧隙 j_{tmin}（或 j_{nmin}）和最大侧隙 j_{tmax}（或 j_{nmax}）规定。

传动的最小法向侧隙由蜗杆齿厚的减薄量保证，即取蜗杆齿厚上偏差 $E_{ss1}=(j_{nmin}/\cos\alpha_n+E_{s\Delta})$；齿厚下偏差 $E_{si1}=E_{ss1}T_{s1}$。其中 $E_{s\Delta}$ 为制造误差的补偿部分；最大法向侧隙由蜗杆、蜗轮齿厚公差 T_{s1}、T_{s2} 确定；蜗轮齿厚上偏差 $E_{ss2}=0$，下偏差 $E_{si2}=T_{s2}$。

各精度等级的 T_{s1}、$E_{s\Delta}$ 和 T_{s2} 值分别按蜗杆、蜗轮各项误差的公差数值表确定。

各侧隙种类的侧隙规范数值系蜗杆传动在 20℃时的情况，未计入传动发热和传动弹性变形的影响。传动中心距的极限偏差±f_a 按蜗杆、蜗轮各项误差的公差数值表确定。

表 D.36　传动接触斑点的要求

精度等级	接触面积的百分比/%		接触斑点形状	接触斑点位置
	沿齿高不小于	沿齿长不小于		
5,6	65	60	接触斑点在齿高方向无断缺，不允许成带状条纹	接触斑点痕迹的分布位置趋近齿面中部，允许略偏于啮入端。在齿顶和啮入、啮出端的棱边处不允许接触
7,8	55	50	不作要求	接触斑点痕迹应偏于啮出端，但不允许在齿顶和啮入、啮出端的棱边接触
9,10	45	40		

注：采用修形齿面的蜗杆传动，接触斑点的要求可不受本标准规定的限制

D.3.5　对齿轮坯的检验要求

表 D.37　蜗杆、蜗轮齿坯基准面径向和端面跳动公差

基准面直径 d/mm	精度等级		
	6	7～8	9～10
≤31.5	4	7	10
>31.5～63	6	10	16
>63～125	8.5	14	22
>125～400	11	18	28
>400～800	14	22	36
>800～1600	20	32	50
>1600～2500	28	45	71
>2500～4000	40	63	100

注：1. 当三个公差组的精度等级不同时，按最高精度等级确定公差

2. 当以齿顶作为测量基准时，也即为蜗杆、蜗轮的齿坯基准面

D.3.6　各项公差和极限偏差

表 D.38　传动轴交角极限偏差（±f）的 f 值　　　　　　　　　μm

蜗轮齿宽 b_z/mm	精度等级				
	6	7	8	9	10
≤30	10	12	17	24	34
>30～50	11	14	19	28	38
>50～80	13	16	22	32	45

续表

蜗轮齿宽 b_z/mm	精度等级				
	6	7	8	9	10
>80～120	15	19	24	36	53
>120～180	17	22	28	42	60
>180～250	20	25	32	48	67
>250	22	28	36	53	75

表 D.39　蜗杆、蜗轮齿坯尺寸形状公差

精度等级		6	7	8	9	10
孔	尺寸公差	IT6	IT 7		IT 8	
	形状公差	IT 5	IT 6		IT 7	
轴	尺寸公差	IT 5	IT 6		IT 7	
	形状公差	IT 4	IT 5		IT 6	
齿顶圆直径公差		IT 8			IT 9	

注:1. 当三个公差组的精度等级不同时,按最高精度等级确定公差

2. 当齿顶圆不作测量基准时,尺寸公差按 IT11 确定,但不得大于 0.1mm;当以顶圆作基准时,本栏指的是顶圆径向跳动

3. IT 为标准公差,查"标准公差"

表 D.40　传动的最小法向侧隙 j_{nmin} 值　　　　　　μm

传动中心距 a/mm	侧隙种类							
	h	g	f	e	d	c	b	a
≤30	0	9	13	21	33	52	84	130
>30～50	0	11	16	25	39	62	100	160
>50～80	0	13	19	30	46	74	120	190
>80～120	0	15	22	35	54	87	140	220
>120～180	0	18	25	40	63	100	160	250
>180～250	0	20	29	46	72	115	185	290
>250～315	0	23	32	52	81	130	210	320
>315～400	0	25	36	57	89	140	230	360
>400～500	0	27	40	63	97	155	250	400
>500～630	0	30	44	70	110	175	280	440
>630～800	0	35	50	80	125	200	320	500
>800～1000	0	40	56	90	140	230	360	560
>1000～1250	0	46	66	105	165	260	420	660
>1250～1600	0	54	78	125	195	310	500	780

注:传动的最小圆周侧隙 $j_{tmin} = (j_{nmin}/\cos r')\cos\alpha_n$

式中,r' 为蜗杆节圆柱导程角;α_n 为蜗杆法向齿形角

表 D.41　蜗杆齿槽径向跳动公差 f_r 值　　　　　　　　　　　　　　μm

分度圆直径 d_1/mm	模数 m/mm	精度等级				
		6	7	8	9	10
≤10	1~3.5	11	14	20	28	40
>10~18	1~3.5	12	15	21	29	41
>18~31.5	1~6.3	12	16	22	30	42
>31.5~50	1~10	13	17	23	32	45
>50~80	1~16	14	18	25	36	48
>80~125	1~16	16	20	28	40	56
>125~180	1~25	18	25	32	45	63
>180~250	1~25	22	28	40	53	75
>250~315	1~25	25	32	45	63	90
>315~400	1~25	28	36	53	71	100

注：当基准蜗杆齿形角 $\alpha \neq 20°$ 时，本标准规定的公差值乘以一个系数，其系数值为 $\sin20°/\sin\alpha$

表 D.42　蜗轮齿厚公差 T_{s2}、蜗杆齿厚公差 T_{s1} 值　　　　　　　　μm

分度圆直径 d_2/mm	模数 m/mm	T_{s2}					模数 m/mm	T_{s1}				
		精度等级						精度等级				
		6	7	8	9	10		6	7	8	9	10
≤125	1~3.5	71	90	110	130	160	1~3.5	36	45	53	67	95
	>3.5~6.3	85	110	130	160	190						
	>6.3~10	90	120	140	170	210	>3.5~6.3	45	56	71	90	130
>125~400	1~3.5	80	100	120	140	170	>6.3~10	60	71	90	110	160
	>3.5~6.3	90	120	140	170	210						
	>6.3~10	100	130	160	190	230	>10~16	80	95	120	150	210
	>10~16	110	140	170	210	260						
	>16~25	130	170	210	260	320	>16~25	110	130	160	200	280
>400~800	1~3.5	85	110	130	160	190						
	>3.5~6.3	90	120	140	170	210						
	>6.3~10	100	130	160	190	230						
	>10~16	120	160	190	230	290						
	>16~25	140	190	230	290	350						
>800~1600	1~3.5	90	120	140	170	210						
	>3.5~6.3	100	130	160	190	230						
	>6.3~10	110	140	170	210	260						
	>10~16	120	160	190	230	290						
	>16~25	140	190	230	290	350						

注：1. 精度等级分别按蜗轮、蜗杆第Ⅱ公差组确定

2. 在最小法向侧隙能保证的条件下，T_{s2} 公差带允许采用对称分布

3. 对传动最大法向侧隙 j_{nmax} 无要求时，允许蜗杆齿厚公差 T_{s1} 增大，最大不超过两倍

表 D. 43　蜗杆齿距极限偏差（±f_{pt}）的 f_{pt} 值　　　　　　μm

分度圆直径 d_2/mm	模数 m/mm	精度等级				
		6	7	8	9	10
≤125	1～3.5	10	14	20	28	40
	>3.5～6.3	13	18	25	36	50
	>6.3～10	14	20	28	40	56
>125～400	1～3.5	11	16	22	32	45
	>3.5～6.3	14	20	28	40	56
	>6.3～10	16	22	32	45	63
	>10～16	18	25	36	50	71
>400～800	1～3.5	13	18	25	36	50
	>3.5～6.3	14	20	28	40	56
	>6.3～10	18	25	36	50	71
	>10～16	20	28	40	56	80
	>16～25	25	36	50	71	100
>800～1600	1～3.5	14	20	28	40	56
	>3.5～6.3	16	22	32	45	63
	>6.3～10	18	25	36	50	71
	>10～16	20	28	40	56	80
	>16～25	25	36	50	71	100

表 D. 44　蜗杆齿形公差 f_{f1} 值　　　　　　μm

分度圆直径 d_2/mm	模数 m/mm	精度等级				
		6	7	8	9	10
≤125	1～3.5	8	11	14	22	36
	>3.5～6.3	10	14	20	32	50
	>6.3～10	12	17	22	36	56
>125～400	1～3.5	9	13	18	28	45
	>3.5～6.3	11	16	22	36	56
	>6.3～10	13	19	28	45	71
	>10～16	16	22	32	50	80
>400～800	1～3.5	12	17	25	40	63
	>3.5～6.3	14	20	28	45	71
	>6.3～10	16	24	36	56	90
	>10～16	18	26	40	63	100
	>16～25	24	36	56	90	140

分度圆直径 d_2/mm	模数 m/mm	精度等级				
		6	7	8	9	10
	1～3.5	17	24	36	56	90
>800～1600	>3.5～6.3	18	28	40	63	100
	>6.3～10	20	30	45	71	112
	>10～16	22	34	50	80	125

表 D.45　蜗杆的公差和极限偏差 f_h、f_{hL}、f_{px}、f_{fl}、f_{pxL} 值　　　　μm

代 号	模数 m/mm	精度等级				
		6	7	8	9	10
f_h	1～3.5	11	14	—	—	—
	>3.5～6.3	14	20	—	—	—
	>6.3～10	18	25	—	—	—
	>10～16	24	32	—	—	—
	>16～25	32	45	—	—	—
f_{hL}	1～3.5	22	32	—	—	—
	>3.5～6.3	28	40	—	—	—
	>6.3～10	36	50	—	—	—
	>10～16	45	63	—	—	—
	>16～25	63	90	—	—	—
f_{px}	1～3.5	7.5	11	14	20	28
	>3.5～6.3	9	14	20	25	36
	>6.3～10	12	17	25	32	48
	>10～16	16	22	32	46	63
	>16～25	22	32	45	63	85
f_{pxL}	1～3.5	13	18	25	36	—
	>3.5～6.3	16	24	34	48	—
	>6.3～10	21	32	45	63	—
	>10～16	28	40	56	80	—
	>16～25	40	53	75	100	—
f_{fl}	1～3.5	11	16	22	32	45
	>3.5～6.3	14	22	32	45	60
	>6.3～10	19	28	40	53	75
	>10～16	25	36	53	75	100
	>16～25	36	53	75	100	140

表 D. 46　传动中心距极限偏差(±f_a)的 f_a 和传动中间平面极限偏移(±f_x)的 f_x 值　　μm

传动中心距 a/mm	f_a					f_x				
	精度等级									
	6	7	8	9	10	6	7	8	9	10
≤30	17	26		42		14	21		34	
30~50	20	31		50		16	25		40	
50~80	23	37		60		18. 5	30		48	
80~120	27	44		70		22	36		56	
120~180	32	50		80		27	40		64	
180~250	36	58		92		29	47		74	
250~315	40	65		105		32	52		85	
315~400	45	70		115		36	56		92	
400~500	50	78		125		40	63		100	
500~630	55	87		140		44	70		112	
630~800	62	100		160		50	80		130	
800~1000	70	115		180		56	92		145	
1000~1250	82	130		210		66	105		170	
1250~1600	97	155		250		78	125		200	

注:f_{px}应为正、负值(±)

表 D. 47　蜗杆齿厚上偏差(E_{ss1})中的误差补偿部分 $E_{sΔ}$ 值　　μm

精度等级	模数 m/mm	传动中心距/mm						
		≤30	>30~50	>50~80	>80~120	>120~180	>180~250	>250~315
6	1~3. 5	30	30	32	36	40	45	48
	>3. 5~6. 3	32	36	38	40	45	48	50
	>6. 3~10	42	45	45	48	50	52	56
	>10~16	—	—	—	58	60	63	65
	>16~25	—	—	—	—	75	78	80
7	1~3. 5	45	48	50	56	60	71	75
	>3. 5~6. 3	50	56	58	63	68	75	80
	>6. 3~10	60	63	65	71	75	80	85
	>10~16	—	—	—	80	85	90	95
	>16~25	—	—	—	—	115	120	120
8	1~3. 5	50	56	58	63	68	75	80
	>3. 5~6. 3	68	71	75	78	80	85	90
	>6. 3~10	80	85	90	90	95	100	100
	>10~16	—	—	—	110	115	115	120
	>16~25	—	—	—	—	150	155	155
9	1~3. 5	75	80	90	95	100	110	120
	>3. 5~6. 3	90	95	100	105	110	120	130
	>6. 3~10	110	115	120	125	130	140	145
	>10~16	—	—	—	160	165	170	180
	>16~25	—	—	—	—	215	220	225
10	1~3. 5	100	105	110	115	120	130	140
	>3. 5~6. 3	120	125	130	135	140	145	155
	>6. 3~10	155	160	165	170	175	180	185
	>10~16	—	—	—	210	215	220	225
	>16~25	—	—	—	—	280	285	290

注:精度等级按蜗杆的Ⅰ和Ⅱ公差组确定

表 D. 48　蜗轮齿圈径向跳动公差 F_r、蜗轮径向综合公差 F''_i 和蜗轮一齿径向综合公差 f''_i 值　μm

分度圆直径 d_2 /mm	模数 m /mm	F_r					F''_i					f''_i				
		精度等级														
		6	7	8	9	10	6	7	8	9	10	6	7	8	9	10
≤125	1～3.5	28	40	50	63	80	—	56	71	90	112	—	20	28	36	45
	>3.5～6.3	36	50	63	80	100	—	71	90	112	140	—	25	36	45	56
	>6.3～10	40	56	71	90	112	—	80	100	125	160	—	28	40	50	63
>125～400	1～3.5	32	45	56	71	90	—	63	80	100	125	—	22	32	40	50
	>3.5～6.3	40	56	71	90	112	—	80	100	125	160	—	28	40	50	63
	>6.3～10	45	63	80	100	125	—	90	112	140	180	—	32	45	56	71
	>10～16	50	71	90	112	140	—	100	125	160	200	—	36	50	63	80
>400～800	1～3.5	45	63	80	100	125	—	90	112	140	180	—	25	36	45	56
	>3.5～6.3	50	71	90	112	140	—	100	125	160	200	—	28	40	50	63
	>6.3～10	56	80	100	125	160	—	112	140	180	224	—	32	45	56	71
	>10～16	71	100	125	160	200	—	140	180	224	280	—	40	56	71	90
	>16～25	90	125	160	200	250	—	180	224	280	355	—	50	71	90	112
>800～1600	1～3.5	50	71	90	112	140	—	100	125	160	200	—	28	40	50	63
	>3.5～6.3	56	80	100	125	160	—	112	140	180	224	—	32	45	56	71
	>6.3～10	63	90	112	140	180	—	125	160	200	250	—	36	50	63	80
	>10～16	71	100	125	160	200	—	140	180	224	280	—	40	56	71	90
	>16～25	90	125	160	200	250	—	180	224	280	355	—	50	71	90	112

注：当基准蜗杆齿形角 $\alpha \neq 20°$ 时，本标准规定的公差值乘以一个系数，其系数值为 $\sin20°/\sin\alpha$

D. 3. 7　图样标注

在蜗杆、蜗轮工作图上，应分别标注精度等级、齿厚极限偏差或相应的侧隙种类代号和本标准代号。标注示例：

(1) 蜗杆的第 Ⅱ、Ⅲ 公差组的精度等级为 5 级，齿厚极限偏差为标准值，相配的侧隙种类为 f，则标注为

（2）蜗轮的三个公差组的精度同为 5 级，齿厚极限偏差为标准值，相配的侧隙种类为 f，则标注为

（3）蜗轮的第 I 公差组的精度为 5 级，第 II、III 公差组的精度为 6 级，齿厚极限偏差为标准值，相配的侧隙种类为 f，则标注为

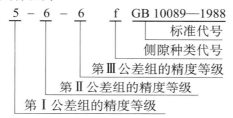

（4）传动的第 I 公差组的精度为 5 级，第 II、III 公差组的精度为 6 级，侧隙种类为 f，则标注为

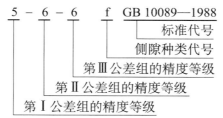

附录 E 滚 动 轴 承

E.1 常用滚动轴承

表 E.1 深沟球轴承(GB/T 276—1994)

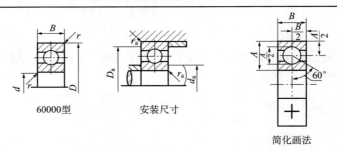

60000型　　　安装尺寸

简化画法

标记示例:滚动轴承　6210　GB/T 276—1994

F_r/C_{0r}	e	Y	径向当量动载荷	径向当量静载荷
0.014	0.19	2.30		
0.028	0.22	1.99		
0.056	0.26	1.71	当 $\dfrac{F_a}{F_r} \leqslant e$ 时,$P_r = F_r$	$P_{0r} = F_r$
0.084	0.28	1.55		
0.11	0.30	1.45		$P_0 = 0.6F_r + 0.5F_a$
0.17	0.34	1.31	当 $\dfrac{F_a}{F_r} > e$ 时,$P_r = 0.56F_r + YF_a$	
0.28	0.38	1.15		取上列两式计算结果的较大值。
0.42	0.42	1.04		
0.56	0.44	1.00		

轴承代号	基本尺寸/mm				安装尺寸/mm			基本额定动载荷 C_r	基本额定静载荷 C_{0r}	极限转速/(r/min)		原轴承代号
	d	D	B	r_a min	d_a min	D_a max	r_a max	kN	kN	脂润滑	油润滑	
(1)0 尺寸系列												
6000	10	26	8	0.3	12.4	23.6	0.3	4.58	1.98	20000	28000	100
6001	12	28	8	0.3	14.4	25.6	0.3	5.10	2.38	19000	26000	101
6002	15	32	9	0.3	17.4	29.6	0.3	5.58	2.85	18000	24000	102
6003	17	35	10	0.3	19.4	32.6	0.3	6.00	3.25	17000	22000	103
6004	20	42	12	0.6	25	37	0.6	9.38	5.02	15000	19000	104
6005	25	47	12	0.6	30	42	0.6	10.0	5.85	13000	17000	105
6006	30	55	13	1	36	49	1	13.2	8.30	10000	14000	106
6007	35	62	14	1	41	56	1	16.2	10.5	9000	12000	107
6008	40	68	15	1	46	62	1	17.0	11.8	8500	11000	108
6009	45	75	16	1	51	69	1	21.0	14.8	8000	10000	109
6010	50	80	16	1	56	74	1	22.0	16.2	7000	9000	110

轴承代号	基本尺寸/mm				安装尺寸/mm			基本额定动载荷 C_r	基本额定静载荷 C_{0r}	极限转速/(r/min)		原轴承代号
	d	D	B	r_a min	d_a min	D_a max	r_a max	kN		脂润滑	油润滑	
(1)0 尺寸系列												
6011	55	90	18	1.1	62	83	1	30.2	21.8	6300	8000	111
6012	60	95	18	1.1	67	88	1	31.5	24.2	6000	7500	112
6013	65	100	18	1.1	72	93	1	32.0	24.8	5600	7000	113
6014	70	110	20	1.1	77	103	1	38.5	30.5	5300	6700	114
6015	75	115	20	1.1	82	108	1	40.2	33.2	5000	6300	115
6016	80	125	22	1.1	87	118	1	47.5	39.8	4800	6000	116
6017	85	130	22	1.1	92	123	1	50.8	42.8	4500	5600	117
6018	90	140	24	1.5	99	131	1.5	58.0	49.8	4300	5300	118
6019	95	145	24	1.5	104	136	1.5	57.8	50.0	4000	5000	119
6020	100	150	24	1.5	109	141	1.5	64.5	56.2	3800	4800	120
(0)2 尺寸系列												
6200	10	30	9	0.6	15	25	0.6	5.10	2.38	19000	26000	200
6201	12	32	10	0.6	17	27	0.6	6.82	3.05	18000	24000	201
6202	15	35	11	0.6	20	30	0.6	7.65	3.72	17000	22000	202
6203	17	40	12	0.6	22	35	0.6	9.58	4.78	16000	20000	203
6204	20	47	14	1	26	41	1	12.8	6.65	14000	18000	204
6205	25	52	15	1	31	46	1	14.0	7.88	12000	16000	205
6206	30	62	16	1	36	56	1	19.5	11.5	9500	13000	206
6207	35	72	17	1.1	42	65	1	25.5	15.2	8500	11000	207
6208	40	80	18	1.1	47	73	1	29.5	18.0	8000	10000	208
6209	45	85	19	1.1	52	78	1	31.5	20.5	7000	9000	209
6210	50	90	20	1.1	57	83	1	35.0	23.2	6700	8500	210
6211	55	100	21	1.5	64	91	1.5	43.2	29.2	6000	7500	211
6212	60	110	22	1.5	69	101	1.5	47.8	32.8	5600	7000	212
6213	65	120	23	1.5	74	111	1.5	57.2	40.0	5000	6300	213
6214	70	125	24	1.5	79	116	1.5	60.8	45.0	4800	6000	214
6215	75	130	25	1.5	84	121	1.5	66.0	49.5	4500	5600	215
6216	80	140	26	2	90	130	2	71.5	54.2	4300	5300	216
6217	85	150	28	2	95	140	2	83.2	63.8	4000	5000	217
6218	90	160	30	2	100	150	2	95.8	71.5	3800	4800	218
6219	95	170	32	2.1	107	158	2.1	110	82.8	3600	4500	219
6220	100	180	34	2.1	112	168	2.1	122	92.8	3400	4300	220
(0)3 尺寸系列												
6300	10	35	11	0.6	15	30	0.6	7.65	3.48	18000	24000	300
6301	12	37	12	1	18	31	1	9.72	5.08	17000	22000	301
6302	15	42	13	1	21	36	1	11.5	5.42	16000	20000	302
6303	17	47	14	1	23	41	1	13.5	6.58	15000	19000	303
6304	20	52	15	1.1	27	45	1	15.8	7.88	13000	17000	304
6305	25	62	17	1.1	32	55	1	22.2	11.5	10000	14000	305

轴承代号	基本尺寸/mm				安装尺寸/mm			基本额定动载荷 C_r	基本额定静载荷 C_{0r}	极限转速/(r/min)		原轴承代号
	d	D	B	r_a min	d_a min	D_a max	r_a max	kN		脂润滑	油润滑	
(0)3 尺寸系列												
6306	30	72	19	1.1	37	65	1	27.0	15.2	9000	12000	306
6307	35	80	21	1.5	44	71	1.5	33.2	19.2	8000	10000	307
6308	40	90	23	1.5	49	81	1.5	40.8	24.0	7000	9000	308
6309	45	100	25	1.5	54	91	1.5	52.8	31.8	6300	8000	309
6310	50	110	27	2	60	100	2	61.8	38.0	6000	7500	310
6311	55	120	29	2	65	110	2	71.5	44.8	5300	6700	311
6312	60	130	31	2.1	72	118	2.1	81.8	51.8	5000	6300	312
6313	65	140	33	2.1	77	128	2.1	93.8	60.5	4500	5600	313
6314	70	150	35	2.1	82	138	2.1	105	68.0	4300	5300	314
6315	75	160	37	2.1	87	148	2.1	112	76.8	4000	5000	315
6316	80	170	39	2.1	92	158	2.1	122	86.5	3800	4800	316
6317	85	180	41	3	99	166	2.5	132	96.5	3600	4500	317
6318	90	190	43	3	104	176	2.5	145	108	3400	4300	318
6319	95	200	45	3	109	186	2.5	155	122	3200	4000	319
6320	100	215	47	3	114	201	2.5	172	140	2800	3600	320
(0)4 尺寸系列												
6403	17	62	17	1.1	24	55	1	22.5	10.8	11000	15000	403
6404	20	72	19	1.1	27	65	1	31.0	15.2	9500	13000	404
6405	25	80	21	1.5	34	71	1.5	38.2	19.2	8500	11000	405
6406	30	90	23	1.5	39	81	1.5	47.5	24.5	8000	10000	406
6407	35	100	25	1.5	44	91	1.5	56.8	29.5	6700	8500	407
6408	40	110	27	2	50	100	2	65.5	37.5	6300	8000	408
6409	45	120	29	2	55	110	2	77.5	45.5	5600	7000	409
6410	50	130	31	2.1	62	118	2.1	92.2	55.2	5300	6700	410
6411	55	140	33	2.1	67	128	2.1	100	62.5	4800	6000	411
6412	60	150	35	2.1	72	138	2.1	108	70.0	4500	5600	412
6413	65	160	37	2.1	77	148	2.1	118	78.5	4300	5300	413
6414	70	180	42	3	84	166	2.5	140	99.5	3800	4800	414
6415	75	190	45	3	89	176	2.5	155	115	3600	4500	415
6416	80	200	48	3	94	186	2.5	162	125	3400	4300	416
6417	85	210	52	4	103	192	3	175	138	3200	4000	417
6148	90	225	54	4	108	207	3	192	158	2800	3600	418
6420	100	250	58	4	118	232	3	222	195	2400	3200	420

注:1. 表中 C_r 值适用于轴承为真空脱气轴承钢材料。如为普通电炉钢,C_r 值降低;如为真空重熔或电渣重熔轴承钢,C_r 值提高

2. $r_{a\,min}$ 为 r 的单向最小倒角尺寸;$r_{a\,max}$ 为 r 的单向最大倒角尺寸

表 E.2 角接触球轴承(GB/T 292—2007、GB/T 5868—2003)

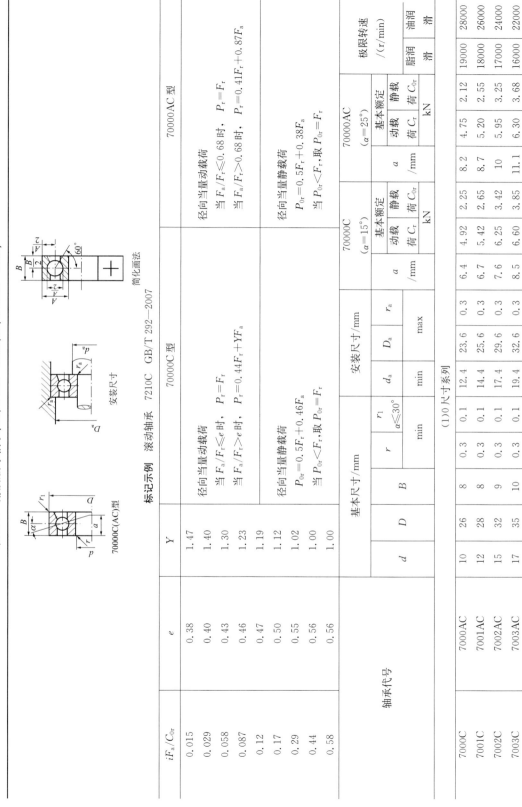

70000C(AC)型 安装尺寸 简化画法

标记示例 滚动轴承 7210C GB/T 292—2007

70000C 型

径向当量动载荷

当 $F_a/F_r \leqslant e$ 时，$P_r = F_r$

当 $F_a/F_r > e$ 时，$P_r = 0.44F_r + YF_a$

径向当量静载荷

$P_{0r} = 0.5F_r + 0.46F_a$

当 $P_{0r} < F_r$，取 $P_{0r} = F_r$

70000AC 型

径向当量动载荷

当 $F_a/F_r \leqslant 0.68$ 时，$P_r = F_r$

当 $F_a/F_r > 0.68$ 时，$P_r = 0.41F_r + 0.87F_a$

径向当量静载荷

$P_{0r} = 0.5F_r + 0.38F_a$

当 $P_{0r} < F_r$，取 $P_{0r} = F_r$

iF_a/C_{0r}	e	Y
0.015	0.38	1.47
0.029	0.40	1.40
0.058	0.43	1.30
0.087	0.46	1.23
0.12	0.47	1.19
0.17	0.50	1.12
0.29	0.55	1.02
0.44	0.56	1.00
0.58	0.56	1.00

(1)0 尺寸系列

轴承代号	基本尺寸/mm					安装尺寸/mm			70000C ($\alpha=15°$)			70000AC ($\alpha=25°$)			极限转速 /(r/min)	
	d	D	B	r	r_1 ($\alpha\leqslant30°$)	d_a	D_a	r_a	a	基本额定 动载荷 C_r	基本额定 静载荷 C_{0r}	a	基本额定 动载荷 C_r	基本额定 静载荷 C_{0r}	脂润滑	油润滑
				min	min	min	max	max	/mm	kN	kN	/mm	kN	kN		
7000C 7000AC	10	26	8	0.3	0.1	12.4	23.6	0.3	6.4	4.92	2.25	8.2	4.75	2.12	19000	28000
7001C 7001AC	12	28	8	0.3	0.1	14.4	25.6	0.3	6.7	5.42	2.65	8.7	5.20	2.55	18000	26000
7002C 7002AC	15	32	9	0.3	0.1	17.4	29.6	0.3	7.6	6.25	3.42	10	5.95	3.25	17000	24000
7003C 7003AC	17	35	10	0.3	0.1	19.4	32.6	0.3	8.5	6.60	3.85	11.1	6.30	3.68	16000	22000
7004C 7004AC	20	42	12	0.6	0.3	25	37	0.6	10.2	10.5	6.08	13.2	10.0	5.78	14000	19000

续表

轴承代号	基本尺寸/mm					安装尺寸/mm			70000C (α=15°)			70000AC (α=25°)			极限转速 /(r/min)	
	d	D	B	r min	r₁ α≤30° min	dₐ min	Dₐ max	rₐ max	a /mm	基本额定 动载荷 Cr kN	基本额定 静载荷 C0r kN	a /mm	基本额定 动载荷 Cr kN	基本额定 静载荷 C0r kN	脂润滑	油润滑
(1)0 尺寸系列																
7005C	25	47	12	0.6	0.3	30	42	0.6	10.8	11.5	7.45	14.4	11.2	7.08	12000	17000
7006C	30	55	13	1	0.3	36	49	1	12.2	15.2	10.2	16.4	14.5	9.85	9500	14000
7007C	35	62	14	1	0.3	41	56	1	13.5	19.5	14.2	18.3	18.5	13.5	8500	12000
7008C	40	68	15	1	0.3	46	62	1	14.7	20.0	15.2	20.1	19.0	14.5	8000	11000
7009C	45	75	16	1	0.3	51	69	1	16	25.8	20.5	21.9	25.8	19.5	7500	10000
7010C	50	80	16	1	0.3	56	74	1	16.7	26.5	22.0	23.2	25.2	21.0	6700	9000
7011C	55	90	18	1.1	0.6	62	83	1	18.7	37.2	30.5	25.9	35.2	29.2	6000	8000
7012C	60	95	18	1.1	0.6	67	88	1	19.4	38.2	32.8	27.1	36.2	31.5	5600	7500
7013C	65	100	18	1.1	0.6	72	93	1	20.1	40.0	35.5	28.2	38.0	33.8	5300	7000
7014C	70	110	20	1.1	0.6	77	103	1	22.1	48.2	43.5	30.9	45.8	41.5	5000	6700
7015C	75	115	20	1.1	0.6	82	108	1	22.7	49.5	46.5	32.2	46.8	44.2	4800	6300
7016C	80	125	22	1.1	0.6	89	116	1.5	24.7	58.5	55.8	34.9	55.5	53.2	4500	6000
7017C	85	130	22	1.1	0.6	94	121	1.5	25.4	62.5	60.2	36.1	59.2	57.2	4300	5600
7018C	90	140	24	1.5	0.6	99	131	1.5	27.4	71.5	69.8	38.8	67.5	66.5	4000	5300
7019C	95	145	24	1.5	0.6	104	136	1.5	28.1	73.5	73.2	40	69.5	69.8	3800	5000
7020C	100	150	24	1.5	0.6	109	141	1.5	28.7	79.2	78.5	41.2	75	74.8	3800	5000
(0)2 尺寸系列																
7200C	10	30	9	0.6	0.3	15	25	0.6	7.2	5.82	2.95	9.2	5.58	2.82	18000	26000
7201C	12	32	10	0.6	0.3	17	27	0.6	8	7.35	3.52	10.2	7.10	3.35	17000	24000
7202C	15	35	11	0.6	0.3	20	30	0.6	8.9	8.68	4.62	11.4	8.35	4.40	16000	22000
7203C	17	40	12	0.6	0.3	22	35	0.6	9.9	10.8	5.95	12.8	10.5	5.65	15000	20000
7204C	20	47	14	1	0.3	26	41	1	11.5	14.5	8.22	14.9	14.0	7.82	13000	18000

续表

轴承代号	基本尺寸/mm					安装尺寸/mm			70000C (α=15°)			70000AC (α=25°)			极限转速/(r/min)	
	d	D	B	r min	r_1 α≤30° min	d_a min	D_a max	r_a max	a /mm	基本额定 动载荷 C_r kN	静载荷 C_{0r} kN	a /mm	基本额定 动载荷 C_r kN	静载荷 C_{0r} kN	脂润滑	油润滑
(0)2 尺寸系列																
7205C / 7205AC	25	52	15	1	0.3	31	46	1	12.7	16.5	10.5	16.4	15.8	9.88	11000	16000
7206C / 7206AC	30	62	16	1	0.3	36	56	1	14.2	23.0	15.0	18.7	22.0	14.2	9000	13000
7207C / 7207AC	35	72	17	1.1	0.3	42	65	1	15.7	30.5	20.0	21	29.0	19.2	8000	11000
7208C / 7208AC	40	80	18	1.1	0.6	47	73	1	17	36.8	25.8	23	35.2	24.5	7500	10000
7209C / 7209AC	45	85	19	1.1	0.6	52	78	1	18.2	38.5	28.5	24.7	36.8	27.2	6700	9000
7210C / 7210AC	50	90	20	1.1	0.6	57	83	1	19.4	42.8	32.0	26.3	40.8	30.5	6300	8500
7211C / 7211AC	55	100	21	1.5	0.6	64	91	1.5	20.9	52.8	40.5	28.6	50.5	38.5	5600	7500
7212C / 7212AC	60	110	22	1.5	0.6	69	101	1.5	22.4	61.0	48.5	30.8	58.2	46.2	5300	7000
7213C / 7213AC	65	120	23	1.5	0.6	74	111	1.5	24.2	69.8	55.2	33.5	66.5	52.5	4800	6300
7214C / 7214AC	70	125	24	1.5	0.6	79	116	1.5	25.3	70.2	60.0	35.1	69.2	57.5	4500	6000
7215C / 7215AC	75	130	25	1.5	0.6	84	121	1.5	26.4	79.2	65.8	36.6	75.2	63.0	4300	5600
7216C / 7216AC	80	140	26	2	1	90	130	2	27.7	89.5	78.2	38.9	85.0	74.5	4000	5300
7217C / 7217AC	85	150	28	2	1	95	140	2	29.9	99.8	85.0	41.6	94.8	81.5	3800	5000
7218C / 7178AC	90	160	30	2	1	100	150	2	31.7	122	105	44.2	118	100	3600	4800
7219C / 7219AC	95	170	32	2.1	1.1	107	158	2.1	33.8	135	115	46.9	128	108	3400	4500
7220C / 7220AC	100	180	34	2.1	1.1	112	168	2.1	35.8	148	128	49.7	142	122	3200	4300
(0)3 尺寸系列																
7301C / 7301AC	12	37	12	1	0.3	18	31	1	8.6	8.10	5.22	12	8.08	4.88	16000	22000
7302C / 7302AC	15	42	13	1	0.3	21	36	1	9.6	9.38	5.95	13.5	9.08	5.58	15000	20000
7303C / 7303AC	17	47	14	1	0.3	23	41	1	10.4	12.8	8.62	14.8	11.5	7.08	14000	19000
7304C / 7304AC	20	52	15	1.1	0.6	27	45	1	11.3	14.2	9.68	16.8	13.8	9.10	12000	17000

续表

轴承代号	基本尺寸/mm					安装尺寸/mm			70000C (α=15°)			70000AC (α=25°)			极限转速 /(r/min)	
	d	D	B	r	r_1 ($\alpha \leqslant 30°$)	d_a	D_a	r_a	a	基本额定		a	基本额定		脂润滑	油润滑
				min	min	min	max	max	/mm	动载荷 C_r	静载荷 C_{0r}	/mm	动载荷 C_r	静载荷 C_{0r}		
										kN			kN			
(0)3 尺寸系列																
7305C	25	62	17	1.1	0.6	32	55	1	13.1	21.5	15.8	19.1	20.8	14.8	9500	14000
7306C	30	72	19	1.1	0.6	37	65	1	15	26.5	19.8	22.2	25.2	18.5	8500	12000
7307C	35	80	21	1.5	0.6	44	71	1.5	16.6	34.2	26.8	24.5	32.8	24.8	7500	10000
7308C	40	90	23	1.5	0.6	49	81	1.5	18.5	40.2	32.8	27.5	38.5	30.5	6700	9000
7309C	45	100	25	1.5	0.6	54	91	1.5	20.2	49.2	39.8	30.2	47.5	37.2	6000	8000
7310C	50	110	27	2	1	60	100	2	22	53.5	47.2	33	55.5	44.5	5600	7500
7311C	55	120	29	2	1	65	110	2	23.8	70.5	60.5	35.8	67.2	56.8	5000	6700
7312C	60	130	31	2.1	1.1	72	118	2.1	25.6	80.5	70.2	38.7	77.8	65.8	4800	6300
7313C	65	140	33	2.1	1.1	77	128	2.1	27.4	91.5	80.5	41.5	89.8	75.5	4300	5600
7314C	70	150	35	2.1	1.1	82	138	2.1	29.2	102	91.5	44.3	98.5	86.0	4000	5300
7315C	75	160	37	2.1	1.1	87	148	2.1	31	112	105	47.2	108	97.0	3800	5000
7316C	80	170	39	2.1	1.1	92	158	2.1	32.8	122	118	50	118	108	3600	4800
7317C	85	180	41	3	1.1	99	166	2.5	34.6	132	128	52.8	125	122	3400	4500
7318C	90	190	43	3	1.1	104	176	2.5	36.4	142	142	55.6	135	135	3200	4300
7319C	95	200	45	3	1.1	109	186	2.5	38.2	152	158	58.5	145	148	3000	4000
7320C	100	215	47	3	1.1	114	201	2.5	40.2	162	175	61.9	168	178	2600	3600

注:表中 C_r 值,对(1)0、(0)2 系列为真空脱气轴承钢的负荷能力,对(0)3、(0)4 系列为电炉轴承钢的负荷能力

表 E.3 圆柱滚子轴承(GB/T 283—2007、GB/T 5868—2003)

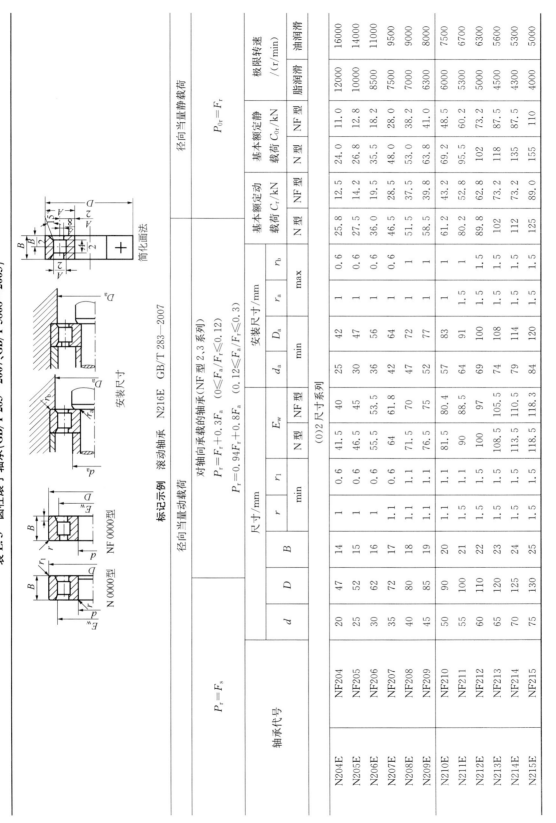

N 0000型 NF 0000型

安装尺寸

简化画法

标记示例 滚动轴承 N216E GB/T 283—2007

径向当量动载荷 $P_r = F_r$

对轴向承载的轴承(NF型 2、3系列)

$P_r = F_r + 0.3F_a \quad (0 \leqslant F_a/F_r \leqslant 0.12)$

$P_r = 0.94F_r + 0.8F_a \quad (0.12 \leqslant F_a/F_r \leqslant 0.3)$

$P_r = F_s$

径向当量静载荷 $P_{0r} = F_r$

(0)2尺寸系列

轴承代号 (N型)	轴承代号 (NF型)	d	D	B	尺寸/mm r (min)	r_1 (min)	安装尺寸/mm E_w (N型)	E_w (NF型)	d_a (min)	D_a (min)	r_a (max)	r_b (max)	基本额定动载荷 C_r/kN (N型)	C_r/kN (NF型)	基本额定静载荷 C_{0r}/kN (N型)	C_{0r}/kN (NF型)	极限转速 脂润滑 /(r/min)	极限转速 油润滑 /(r/min)
N204E	NF204	20	47	14	1	0.6	41.5	40	25	42	1	0.6	25.8	12.5	24.0	11.0	12000	16000
N205E	NF205	25	52	15	1	0.6	46.5	45	30	47	1	0.6	27.5	14.2	26.8	12.8	10000	14000
N206E	NF206	30	62	16	1	0.6	55.5	53.5	36	56	1	0.6	36.0	19.5	35.5	18.2	8500	11000
N207E	NF207	35	72	17	1.1	0.6	64	61.8	42	64	1	0.6	46.5	28.5	48.0	28.0	7500	9500
N208E	NF208	40	80	18	1.1	1.1	71.5	70	47	72	1	1	51.5	37.5	53.0	38.2	7000	9000
N209E	NF209	45	85	19	1.1	1.1	76.5	75	52	77	1	1	58.5	39.8	63.8	41.0	6300	8000
N210E	NF210	50	90	20	1.1	1.1	81.5	80.4	57	83	1	1	61.2	43.2	69.2	48.5	6000	7500
N211E	NF211	55	100	21	1.5	1.1	90	88.5	64	91	1.5	1	80.2	52.8	95.5	60.2	5300	6700
N212E	NF212	60	110	22	1.5	1.5	100	97	69	100	1.5	1.5	89.8	62.8	102	73.2	5000	6300
N213E	NF213	65	120	23	1.5	1.5	108.5	105.5	74	108	1.5	1.5	102	73.2	118	87.5	4500	5600
N214E	NF214	70	125	24	1.5	1.5	113.5	110.5	79	114	1.5	1.5	112	73.2	135	87.5	4300	5300
N215E	NF215	75	130	25	1.5	1.5	118.5	118.3	84	120	1.5	1.5	125	89.0	155	110	4000	5000

续表

轴承代号		d	D	B	r min	r₁ min	Eₓ N型	Eₓ NF型	dₐ min	Dₐ min	rₐ max	r_b max	Cᵣ N型	Cᵣ NF型	C₀ᵣ N型	C₀ᵣ NF型	脂润滑	油润滑
					尺寸/mm				安装尺寸/mm				基本额定动载荷 Cᵣ/kN		基本额定静载荷 C₀ᵣ/kN		极限转速/(r/min)	
NF216	N216E	80	140	26	2	2	127.3	125	90	128	2	2	132	102	165	125	3800	4800
NF217	N217E	85	150	28	2	2	136.5	135.5	95	137	2	2	158	115	192	145	3600	4500
NF218	N218E	90	160	30	2	2	145	143	100	146	2	2	172	142	215	178	3400	4300
NF219	N219E	95	170	32	2.1	2.1	154.5	151.5	107	155	2.1	2.1	208	152	262	190	3200	4000
NF220	N220E	100	180	34	2.1	2.1	163	160	112	104	2.1	2.1	235	168	302	212	3000	3800
(0)2 尺寸系列																		
NF304	N304E	20	52	15	1.1	0.6	45.5	44.5	26.5	47	1	0.6	29.0	18.0	25.5	15.0	11000	15000
NF305	N305E	25	62	17	1.1	1.1	54	53	31.5	55	1	1	38.5	25.5	35.8	22.5	9000	12000
NF306	N306E	30	72	19	1.1	1.1	62.5	62	37	64	1	1	49.2	33.5	48.2	31.5	8000	10000
NF307	N307E	35	80	21	1.5	1.1	70.2	68.2	44	71	1.5	1	62.0	41.0	63.2	39.2	7000	9000
NF308	N308E	40	90	23	1.5	1.5	80	77.5	49	80	1.5	1.5	76.8	48.8	77.8	47.5	6300	8000
NF309	N309E	45	100	25	1.5	1.5	88.5	86.5	54	89	1.5	1.5	93.0	66.8	98.0	66.8	5600	7000
NF310	N310E	50	110	27	2	2	97	95	60	98	2	2	105	76.0	112	79.5	5300	6700
NF311	N311E	55	120	29	2	2	106.5	104.5	65	107	2	2	128	97.8	138	105	4800	6000
NF312	N312E	60	130	31	2.1	2.1	115	113	72	116	2.1	2.1	142	118	155	128	4500	5600
NF313	N313E	65	140	33	2.1	2.1	124.5	121.5	77	125	2.1	2.1	170	125	188	135	4000	5000
NF314	N314E	70	150	35	2.1	2.1	133	130	82	134	2.1	2.1	195	145	220	162	3800	4800
NF315	N315E	75	160	37	2.1	2.1	143	139.5	87	143	2.1	2.1	228	165	260	188	3600	4500
NF316	N316E	80	170	39	2.1	2.1	151	147	92	151	2.1	2.1	245	175	282	200	3400	4300
NF317	N317E	85	180	41	3	3	160	156	99	160	2.5	2.5	280	212	332	242	3200	4000
NF318	N318E	90	190	43	3	3	169.5	165	104	169	2.5	2.5	298	228	348	265	3000	3800
NF319	N319E	95	200	45	3	3	177.5	173.5	109	178	2.5	2.5	315	245	380	288	2800	3600
NF320	N320E	100	215	47	3	3	191.5	185.5	114	190	2.5	2.5	365	282	425	340	2600	3200
(0)3 尺寸系列																		

续表

轴承代号	尺寸/mm					E_w		安装尺寸/mm				基本额定动载荷 C_r/kN		基本额定静载荷 C_{0r}/kN		极限转速/(r/min)	
	d	D	B	r min	r_1 min	N型	NF型	d_a min	D_a min	r_a max	r_b max	N型	NF型	N型	NF型	脂润滑	油润滑
(0)4尺寸系列																	
N406	30	90	23	1.5	1.5	73	—	39	—	1.5	1.5	57.2		53.0		7000	9000
N407	35	100	25	1.5	1.5	83	—	44	—	1.5	1.5	70.8		68.2		6000	7500
N408	40	110	27	2	2	92	—	50	—	2	2	90.5		89.8		5600	7000
N409	45	120	29	2	2	100.5	—	55	—	2	2	102		100		5000	6300
N410	50	130	31	2.1	2.1	110.8	—	62	—	2.1	2.1	120		120		4800	6000
N411	55	140	33	2.1	2.1	117.2	—	67	—	2.1	2.1	128		132		4300	5300
N412	60	150	35	2.1	2.1	127	—	72	—	2.1	2.1	155		162		4000	5000
N413	65	160	37	2.1	2.1	135.3	—	77	—	2.1	2.1	170		178		3800	4800
N414	70	180	42	3	3	152	—	84	—	2.5	2.5	215		232		3400	4300
N415	75	190	45	3	3	160.5	—	89	—	2.5	2.5	250		272		3200	4000
N416	80	200	48	3	3	170	—	94	—	2.5	2.5	285		315		3000	3800
N417	85	210	52	4	4	179.5	—	103	—	3	3	312		345		2800	3600
N418	90	225	54	4	4	191.5	—	108	—	3	3	352		392		2400	3200
N419	95	240	55	4	4	201.5	—	113	—	3	3	378		428		2200	3000
N420	100	250	58	4	4	211	—	118	—	3	3	418		480		2000	2800
22尺寸系列																	
N2204E	20	47	18	1	0.6	41.5	—	25	42	1	0.6	30.8		30.0		12000	16000
N2205E	25	52	18	1	0.6	46.5	—	30	47	1	0.6	32.8		33.8		11000	14000
N2206E	30	62	20	1	0.6	55.5	—	36	56	1	0.6	45.5		48.0		8500	11000
N2207E	35	72	23	1.1	0.6	64	—	42	64	1	0.6	57.5		63.0		7500	9500
N2208E	40	80	23	1.1	1.1	71.5	—	47	72	1	1	67.5		75.2		7000	9000
N2209E	45	85	23	1.1	1.1	76.5	—	52	77	1	1	71.0		82.0		6300	8000
N2210E	50	90	23	1.1	1.1	81.5	—	57	83	1	1	74.2		88.8		6000	7500
N2211E	55	100	25	1.5	1.1	90	—	64	91	1.5	1	94.8		118		5300	6700
N2212E	60	110	28	1.5	1.5	100	—	69	100	1.5	1.5	122		152		5000	6300

续表

22 尺寸系列

轴承代号	尺寸/mm							安装尺寸/mm				基本额定动载荷 C_r/kN		基本额定静载荷 C_{0r}/kN		极限转速 /(r/min)	
	d	D	B	r	r_1	E_w		d_a	D_a	r_a	r_b	N 型	NF 型	N 型	NF 型	脂润滑	油润滑
				min	min	N 型	NF 型	min	min	max	max						
N2213E	65	120	31	1.5	1.5	108.5		74	108	1.5	1.5	142		180		4500	5600
N2214E	70	125	31	1.5	1.5	113.5		79	114	1.5	1.5	148		192		4300	5300
N2215E	75	130	31	1.5	1.5	118.5		84	120	1.5	1.5	155		205		4000	5000
N2216E	80	140	33	2	2	127.3		90	128	2	2	178		242		3800	4800
N2217E	85	150	36	2	2	136.5		95	137	2	2	205		272		3600	4500
N2218E	90	160	40	2	2	145		100	146	2	2	230		312		3400	4300
N2219E	95	170	43	2.1	2.1	154.5		107	155	2.1	2.1	275		368		3200	4000
N2220E	100	180	46	2.1	2.1	163		112	164	2.1	2.1	318		440		3000	3800

注:1. 同表 E.1 中注 1
2. 后缀带 E 为加强型圆柱型滚子轴承,应优先选用

表 E.4 圆锥滚子轴承 (GB/T 297—1994,GB/T 5868—2003)

径向当量动载荷
当 $\dfrac{F_a}{F_r} \le e$ 时，$P_r = F_r$
当 $\dfrac{F_a}{F_r} > e$ 时，$P_r = 0.4F_r + YF_a$

径向当量静载荷
$P_{0r} = F_r$
$P_{0r} = 0.5F_r + Y_0F_a$
取上列两式计算结果的较大值

标记示例　滚动轴承 30310 GB/T 297—1994

30000型　简化画法　安装尺寸

02 尺寸系列

轴承代号	尺寸/mm								安装尺寸/mm									计算系数			基本额定 动载荷 C_r kN	基本额定 静载荷 C_{0r} kN	极限转速 /(r/min) 脂润滑	极限转速 /(r/min) 油润滑	原轴承代号
	d	D	T	B	C	r min	r_1 min	a ≈	d_a min	d_b max	D_a min	D_a max	D_b min	a_1 min	a_2 min	r_a max	r_b max	e	Y	Y_0					
30203	17	40	13.25	12	11	1	1	9.9	23	23	34	34	37	2	2.5	1	1	0.35	1.7	1	20.8	21.8	9000	12000	7203E
30204	20	47	15.25	14	12	1	1	11.2	26	27	40	41	43	2	3.5	1	1	0.35	1.7	1	28.2	30.5	8000	10000	7204E
30205	25	52	16.25	15	13	1	1	12.5	31	31	44	46	48	2	3.5	1	1	0.37	1.6	0.9	32.2	37.0	7000	9000	7205E
30206	30	62	17.25	16	14	1	1	13.8	36	37	53	56	58	2	3.5	1	1	0.37	1.6	0.9	43.2	50.5	6000	7500	7206E
30207	35	72	18.25	17	15	1.5	1.5	15.3	42	44	62	65	67	3	3.5	1.5	1.5	0.37	1.6	0.9	54.2	63.5	5300	6700	7207E
30208	40	80	19.75	18	16	1.5	1.5	16.9	47	49	69	73	75	3	4	1.5	1.5	0.37	1.6	0.9	63.0	74.0	5000	6300	7208E
30209	45	85	20.75	19	16	1.5	1.5	18.6	52	53	74	78	80	3	5	1.5	1.5	0.4	1.5	0.8	67.8	83.5	4500	5600	7209E
30210	50	90	21.75	20	17	1.5	1.5	20	57	58	79	83	86	3	5	1.5	1.5	0.42	1.4	0.8	73.2	92.0	4300	5300	7210E
30211	55	100	22.75	21	18	2	1.5	21	64	64	88	91	95	4	5	2	1.5	0.4	1.5	0.8	90.8	115	3800	4800	7211E
30212	60	110	23.75	22	19	2	1.5	22.3	69	69	96	101	103	4	5	2	1.5	0.4	1.5	0.8	102	130	3600	4500	7212E
30213	65	120	24.75	23	20	2	1.5	23.8	74	77	106	111	114	4	5	2	1.5	0.4	1.5	0.8	120	152	3200	4000	7213E
30214	70	125	26.25	24	21	2	1.5	25.8	79	81	110	116	119	4	5.5	2	1.5	0.42	1.4	0.8	132	175	3000	3800	7214E

续表

轴承代号	尺寸/mm								安装尺寸/mm									计算系数			基本额定 (kN)		极限转速 /(r/min)		原轴承代号
	d	D	T	B	C	r min	r₁ min	a ≈	dₐ min	d_b max	Dₐ min	Dₐ max	D_b min	a₁ min	a₂ min	rₐ max	r_b max	e	Y	Y₀	动载荷 Cr	静载荷 Cor	脂润滑	油润滑	
02 尺寸系列																									
30215	75	130	27.25	25	22	2	1.5	27.4	84	85	115	121	125	4	5.5	2	1.5	0.44	1.4	0.8	138	185	2800	3600	7215E
30216	80	140	28.25	26	22	2.5	2	28.1	90	90	124	130	133	4	6	2.1	2	0.42	1.4	0.8	160	212	2600	3400	7216E
30217	85	150	30.5	28	24	2.5	2	30.3	95	96	132	140	142	5	6.5	2.1	2	0.42	1.4	0.8	178	238	2400	3200	7217E
30218	90	160	32.5	30	26	2.5	2	32.3	100	102	140	150	151	5	6.5	2.1	2	0.42	1.4	0.8	200	270	2200	3000	7218E
30219	95	170	34.5	32	27	3	2.5	34.2	107	108	149	158	160	5	7.5	2.5	2.1	0.42	1.4	0.8	228	308	2000	2800	7219E
30220	100	180	37	34	29	3	2.5	36.4	112	114	157	168	169	5	8	2.5	2.1	0.42	1.4	0.8	255	350	1900	2600	7220E
03 尺寸系列																									
30302	15	42	14.25	13	11	1	1	9.6	21	22	36	36	38	2	3.5	1	1	0.29	2.1	1.2	22.8	21.5	9000	12000	7302E
30303	17	47	15.25	14	12	1	1	10.4	23	25	40	41	43	3	3.5	1	1	0.29	2.1	1.2	28.2	27.2	8500	11000	7303E
30304	20	52	16.25	15	13	1.5	1.5	11.1	27	28	44	45	48	3	3.5	1.5	1.5	0.3	2	1.1	33.0	33.2	7500	9500	7304E
30305	25	62	18.25	17	15	1.5	1.5	13	32	34	54	55	58	3	3.5	1.5	1.5	0.3	2	1.1	46.8	48.0	6300	8000	7305E
30306	30	72	20.75	19	16	1.5	1.5	15.3	37	40	62	65	66	3	5	1.5	1.5	0.31	1.9	1.1	59.0	63.0	5600	7000	7306E
30307	35	80	22.75	21	18	2	1.5	16.8	44	45	70	71	74	3	5	2	1.5	0.31	1.9	1.1	75.2	82.5	5000	6300	7307E
30308	40	90	25.25	23	20	2	1.5	19.5	49	52	77	81	84	3	5.5	2	1.5	0.35	1.7	1	90.8	108	4500	5600	7308E
30309	45	100	27.25	25	22	2	1.5	21.3	54	59	86	91	94	3	5.5	2	1.5	0.35	1.7	1	108	130	4000	5000	7309E
30310	50	110	29.25	27	23	2.5	2	23	60	65	95	100	103	4	6.5	2	2	0.35	1.7	1	130	158	3800	4800	7310E
30311	55	120	31.5	29	25	2.5	2	24.9	65	70	104	110	112	4	6.5	2.5	2	0.35	1.7	1	152	188	3400	4300	7311E
30312	60	130	33.5	31	26	3	2.5	26.6	72	76	112	118	121	5	7.5	2.5	2.1	0.35	1.7	1	170	210	3200	4000	7312E
30313	65	140	36	33	28	3	2.5	28.7	77	83	122	128	131	5	8	2.5	2.1	0.35	1.7	1	195	242	2800	3600	7313E
30314	70	150	38	35	30	3	2.5	30.7	82	89	130	138	141	5	8	2.5	2.1	0.35	1.7	1	218	272	2600	3400	7314E
30315	75	160	40	37	31	3	2.5	32	82	95	139	148	150	5	9	2.5	2.1	0.35	1.7	1	252	318	2400	3200	7315E
30316	80	170	42.5	39	33	3	2.5	34.4	92	102	148	158	160	5	9.5	2.5	2.1	0.35	1.7	1	278	352	2200	3000	7316E

续表

轴承代号	d	D	T	B	C	r min	r_1 min	a ≈	d_a min	d_b max	D_a min	D_a max	D_b min	a_1 min	a_2 min	r_a max	r_b max	e	Y	Y_0	动载荷 C_r (kN)	静载荷 C_{0r} (kN)	脂润滑 (r/min)	油润滑 (r/min)	原轴承代号
03 尺寸系列																									
30317	85	180	44.5	41	31	4	3	35.9	99	107	156	166	168	6	10.5	3	2.5	0.35	1.7	1	305	388	2000	2800	7317E
30318	90	190	46.5	43	36	4	3	37.5	104	113	165	176	178	6	10.5	3	2.5	0.35	1.7	1	342	440	1900	2600	7318E
30319	95	200	49.5	45	38	4	3	40.1	109	118	172	186	185	6	11.5	3	2.5	0.35	1.7	1	370	478	1800	2400	7319E
30320	100	215	51.5	47	39	4	3	42.2	114	127	184	201	199	6	12.5	3	2.5	0.35	1.7	1	405	525	1600	2000	7320E
22 尺寸系列																									
32206	30	62	21.25	20	17	1	1	15.6	36	36	52	56	58	3	4.5	1	1	0.37	1.6	0.9	51.8	63.8	6000	7500	7506E
32207	35	72	24.25	23	19	1.5	1.5	17.9	42	42	61	65	68	3	5.5	1.5	1.5	0.37	1.6	0.9	70.5	89.5	5300	6700	7507E
32208	40	80	24.75	23	19	1.5	1.5	18.9	47	48	68	73	75	3	6	1.5	1.5	0.37	1.6	0.9	77.8	97.2	5000	6300	7508E
32209	45	85	24.75	23	19	1.5	1.5	20.1	52	53	73	78	81	3	6	1.5	1.5	0.4	1.5	0.8	80.8	105	4500	5600	7509E
32210	50	90	24.75	23	19	1.5	1.5	21	57	57	78	83	86	3	6	1.5	1.5	0.42	1.4	0.8	82.8	108	4300	5300	7510E
32211	55	100	26.75	25	21	2	1.5	22.8	64	62	87	91	96	4	6	2	1.5	0.4	1.5	0.8	108	142	3800	4800	7511E
32212	60	110	29.75	28	24	2	1.5	25	69	68	95	101	105	4	6	2	1.5	0.4	1.5	0.8	132	180	3600	4500	7512E
32213	65	120	32.75	31	27	2	1.5	27.3	74	75	104	111	115	4	6	2	1.5	0.4	1.5	0.8	160	222	3200	4000	7513E
32214	70	125	33.25	31	27	2	1.5	28.8	79	79	108	116	120	4	6.5	2	1.5	0.42	1.4	0.8	168	238	3000	3800	7514E
32215	75	130	33.25	31	27	2	1.5	30	84	84	115	121	126	4	6.5	2	1.5	0.44	1.4	0.8	170	242	2800	3600	7515E
32216	80	140	35.25	33	28	2.5	2	31.4	90	89	122	130	135	5	7.5	2.1	2	0.42	1.4	0.8	198	278	2600	3400	7516E
32217	85	150	38.5	36	30	2.5	2	33.9	95	95	130	140	143	5	8.5	2.1	2	0.42	1.4	0.8	228	325	2400	3200	7517E
32218	90	160	42.5	40	34	2.5	2	36.8	100	101	138	150	153	5	8.5	2.1	2	0.42	1.4	0.8	270	395	2200	3000	7518E
32219	95	170	45.5	43	37	3	2.5	39.2	107	106	145	158	163	5	8.5	2.5	2.1	0.42	1.4	0.8	302	448	2000	2800	7519E
32220	100	180	49	46	39	3	2.5	41.9	112	113	154	168	172	5	10	2.5	2.1	0.42	1.4	0.8	340	512	1900	2600	7520E

续表

轴承代号	尺寸/mm							a ≈	安装尺寸/mm									计算系数			基本额定		极限转速/(r/min)		原轴承代号
	d	D	T	B	C	r min	r_1 min		d_a min	d_b max	D_a min	D_a max	D_b min	a_1 min	a_2 min	r_a max	r_b max	e	Y	Y_0	动载荷 C_r (kN)	静载荷 C_{or} (kN)	脂润滑	油润滑	
32303	17	47	20.25	19	16	1	1	12.3	23	24	39	41	43	3	4.5	1	1	0.29	2.1	1.2	35.2	36.2	8500	11000	7603E
32304	20	52	22.25	21	18	1.5	1.5	13.6	27	26	43	45	48	3	4.5	1.5	1.5	0.3	2	1.1	42.8	46.2	7500	9500	7604E
32305	25	62	25.25	24	20	1.5	1.5	15.9	32	32	52	55	58	3	5.5	1.5	1.5	0.3	2	1.1	61.5	68.8	6300	8000	7605E
32306	30	72	28.75	27	23	1.5	1.5	18.9	37	38	59	65	66	4	6	1.5	1.5	0.31	1.9	1.1	81.5	96.5	5600	7000	7606E
32307	35	80	32.75	31	25	2	1.5	20.4	44	43	66	71	74	4	8.5	2	1.5	0.31	1.9	1.1	99.0	118	5000	6300	7607E
32308	40	90	35.25	33	27	2	1.5	23.3	49	49	73	81	83	4	8.5	2	1.5	0.35	1.7	1	115	148	4500	5600	7608E
32309	45	100	38.25	36	30	2	1.5	25.6	54	56	82	91	93	4	8.5	2	1.5	0.35	1.7	1	145	188	4000	5000	7609E
32310	50	110	42.25	40	33	2.5	2	28.2	60	61	90	100	102	5	9.5	2	2	0.35	1.7	1	178	235	3800	4800	7610E
32311	55	120	45.5	43	35	2.5	2	30.4	65	66	99	110	111	5	10	2.5	2	0.35	1.7	1	202	270	3400	4300	7611E
32312	60	130	48.5	46	37	3	2.5	32	72	72	107	118	122	6	11.5	2.5	2.1	0.35	1.7	1	228	302	3200	4000	7612E
32313	65	140	51	48	39	3	2.5	34.3	77	79	117	128	131	6	12	2.5	2.1	0.35	1.7	1	260	350	2800	3600	7613E
32314	70	150	54	51	42	3	2.5	36.5	82	84	125	138	141	6	12	2.5	2.1	0.35	1.7	1	298	408	2600	3400	7614E
32315	75	160	58	55	45	3	2.5	39.4	87	91	133	148	150	7	13	2.5	2.1	0.35	1.7	1	348	482	2400	3200	7615E
32316	80	170	61.5	58	48	3	2.5	42.1	92	97	142	158	160	7	13.5	2.5	2.1	0.35	1.7	1	388	542	2200	3000	7616E
32317	85	180	63.5	60	49	4	3	43.5	99	102	150	166	168	8	14.5	3	2.5	0.35	1.7	1	422	592	2000	2800	7617E
32318	90	190	67.5	64	53	4	3	46.2	104	107	157	176	178	8	14.5	3	2.5	0.35	1.7	1	478	682	1900	2600	7618E
32319	95	200	71.5	67	55	4	3	49	109	114	166	186	187	8	16.5	3	2.5	0.35	1.7	1	515	738	1800	2400	7619E
32320	100	215	77.5	73	60	4	3	52.9	114	122	177	201	201	8	17.5	3	2.5	0.35	1.7	1	600	872	1600	2000	7620E

23 尺寸系列

E.2 滚动轴承的配合

表 E.5 向心轴承和轴孔的配合 孔公差带代号(GB/T 275—1993)

运转状态		负荷状态	其他状况	公差带[1]	
说明	举例			球轴承	滚子轴承
固定的外圈负荷	一般机械、铁路机车车辆轴箱、电动机、泵、曲轴主轴承	轻、正常、重	轴向易移动,可采用剖分式外壳	H7、G7[2]	
摆动负荷		冲击	轴向能移动,可采用整体或剖分式外壳	J7、Js7	
		轻、正常			
		正常、重	轴向不移动,采用整体式外壳	K7	
		冲击		M7	
旋转的外圈负荷	张紧滑轮、轮毂轴承	轻		J7	K7
		正常		K7、M7	M7、N7
		重		—	N7、P7

注:①并列公差带随尺寸的增大从左到右选择,对旋转精度有较高要求时,可相应提高一个公差等级

②不适用于剖分式外壳

表 E.6 向心轴承和轴的配合 轴公差带代号(GB/T 275—1993)

运转状态		负荷状态	圆柱孔轴承			公差带
			深沟球轴承、调心球轴承和角接触球轴承	圆柱滚子轴承和圆锥滚子轴承	调心滚子轴承	
说明	举例		轴承公称内径/mm			
旋转的内圈负荷及摆动负荷	一般通用机械、电动机、机床主轴、泵、内燃机、直齿轮传动装置、铁路机车车辆轴箱、破碎机等	轻负荷	≤18			h5
			>18~100	≤40	≤40	j6[1]
			>100~200	>40~140	>40~100	k6[1]
			—	>140~200	>100~200	m6[1]
		正常负荷	≤18	—	—	j5 js5
			>18~100	≤40	≤40	k5[2]
			>100~140	>40~100	>40~65	m5[2]
			>140~200	>100~140	>65~100	m6
			>200~280	>140~200	>100~140	n6
			—	>200~400	>140~280	p6
			···	—	>280~500	r6
		重负荷		>50~140	>50~100	n6
				>140~200	>100~140	p6[3]
				>200	>140~200	r6
				—	>200	r7
固定的内圈负荷	静止轴上的各种轮子、张紧轮绳轮、振动筛、惯性振动器	所有负荷	所有尺寸			f6
						g6[1]
						h6
						j6
仅有轴向负荷			所有尺寸			j6、js6

注:1. 凡对精度有较高要求的场合,应用 j5、k5……代替 j6、k6……

2. 圆锥滚子轴承,角接触球轴承配合对游隙影响不大,可用 k6、m6 代替 k5、m5

3. 重负荷下轴承游隙应选大于 0 组

4. 凡有较高精度或转速要求的场合,应选用 h7(IT5)代替 h8(IT6)等

5. IT6、IT7 表示圆柱度公差数值

附录 F 润滑与密封

F.1 润 滑 剂

减速器中传动件润滑除个别情况,多采用油润滑。减速器中滚动轴承常用的润滑剂有润滑油和润滑脂两大类,可参考表 F.1 和表 F.2 进行选择。

表 F.1 常用润滑油的主要性质和用途

名称	代号	运动黏度 cSt			倾点 /℃不高于	闪点 /℃(开口)不低于	主要用途
		40℃	50℃	100℃			
机械油 (GB 443—1989)	L-AN5	4.14~5.06	—	—	-5	80	L-AN5 和 L-AN7 用于高速低载荷的机械、车床、磨床、纺织纱锭的润滑和冷却;L-AN32 和 L-AN46 可用于普通机床的液压油;L-AN15、L-AN22、L-AN32 和 L-AN46 可供一般要求的齿轮、滑动轴承用;L-AN68 用做重型机床导轨润滑油;L-AN100 和 L-AN150 供矿山机械、锻压和铸造等重型设备之用
	L-AN7	6.12~7.48				110	
	L-AN10	9.0~11.00				130	
	L-AN15	13.5~16.5				150	
	L-AN22	19.8~24.2				150	
	L-AN32	28.8~35.2				150	
	L-AN46	41.4~50.6				160	
	L-AN68	61.2~74.8				160	
	L-AN100	90.0~110				180	
	L-AN150	135~165				180	
工业闭式齿轮油 (GB 5903—2011)	L-CKC L-CKB L-CKD	100	90.0~110	—	—	-8	180	L-CKC:极压型中负荷工业齿轮油 L-CKB:抗氧化防锈型普通工业齿轮油 L-CKD:极压型负荷工业齿轮油
		150	135~165				200	
		220	198~242					
		320	288~352					

表 F.2　常用润滑脂的主要性质和用途

名称	代号	滴点/℃ 不低于	工作锥入度(25℃,150g) 1/10mm	主　要　用　途
钙基润滑脂 (GB 491—2008)	1 号	80	310～340	有耐水性能。用于工作温度低于 55～60℃ 的各种工农业、交通运输机械设备的轴承润滑,特别是有水或潮湿处
	2 号	85	265～295	
	3 号	90	220～250	
	4 号	95	175～205	
钠基润滑脂 (GB 492—1989)	2 号	160	265～295	不耐水。用于工作温度在 −10～110℃ 的一般中负荷机械设备轴承润滑
	3 号	160	220～250	
	ZGN-2	135	200～240	
滚珠轴承润滑脂 (SH/T 0386—1992)		120	250～290	用于机车、汽车、电机及其他机械的滚动轴承润滑
石墨钙基润滑脂 (SH/T 0369—1992)	ZG-S	80	—	人字齿轮、起重机、挖掘机的底盘齿轮、矿山机械、绞车钢丝绳等高负荷、高压力、低速度的粗糙机械润滑及一般开式齿轮润滑,耐潮湿
通用锂基润滑脂 (GB/T 7324—2010)	1 号	170	310～340	适用于 −20～120℃ 宽温度范围内各种机械的滚动轴承、滑动轴承及其他摩擦部位的润滑
	2 号	175	265～295	
	3 号	180	220～250	

F.2　密封装置

表 F.3　毡圈油封及槽

毡圈

标记示例

轴径 $d=40mm$ 的毡圈：

毡圈　40　JB/ZQ 4606—1997

轴径 d	毡圈			槽			B_{min}	
	D	d_1	b_1	D_0	d_0	b	钢	铸铁
15	29	14	6	28	16	5	10	12
20	33	19		32	21			
25	39	24	7	38	26	6		
30	45	29		44	31			
35	49	34		48	36			
40	53	39		52	41			
45	61	44	8	60	46	7	12	15
50	69	49		68	51			
55	74	53		72	56			
60	80	58		78	61			
65	84	63		82	66			
70	90	68		82	66			
75	94	73		92	77			
80	102	78	9	100	82	8	15	18

表 F.4　内包骨架唇型密封圈(GB 9877.1—1992)

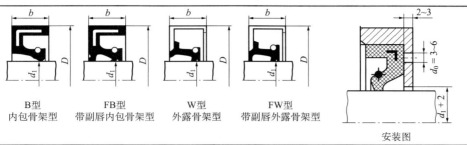

B型 内包骨架型	FB型 带副唇内包骨架型	W型 外露骨架型

FW型
带副唇外露骨架型

安装图

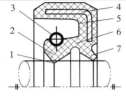

油封结构

1—唇口；2—冠部；3—弹簧；4—骨架；

5—底部；6—腰部；7—副唇

标记示例

(F)B 50 72 8 × ××

其中，"(F)B"为(有副唇)内包骨架旋转轴唇形密封圈；

"50"为 d_1＝50mm；

"72"为 D＝72mm；

"8"为 b＝8mm；

"×"为胶种代号；

"××"为制造单位或代号

轴的基本 直径 d_1	D		b		轴的基本 直径 d_1	D		b	
	基本外径	极限偏差	基本 宽度	极限 偏差		基本外径	极限偏差	基本 宽度	极限 偏差
16	(28)、30、(35)				60	80、85、(90)		8	
18	30、35、(40)				65	85、90、(95)			
20	35、40、(45)				70	90、95、(100)			
22	35、40、47				75	95、100	+0.35 (+0.40) +0.20		
25	40、47、52				80	100、(105)、110			
28	40、47、52				85	(105)、110、115			
30	42、47、(50)、52				90	(110)、(115)、120			
32	45、47、52	+0.35 +0.20	8	±0.3	95	120、(125)、(130)			±0.3
35	50、52、55				100	125、(130)、(135)			
38	55、58、62							10	
40	55、(60)、62								
42	55、62、(65)								
45	62、65、(70)								
50	68、(70)、72								
(52)	72、75、80								
55	72、(75)、80								

注：1. 括弧内尺寸尽量不采用

2. 为便于拆卸密封圈，在壳体上应有 d_0 孔 3 或 4 个

3. 在一般情况下(中速)采用胶种为 B-丙烯酸酯橡胶(ACM)

表 F.5　O 形橡胶密封圈(GB 3452.1—2005)　　　　　　mm

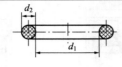 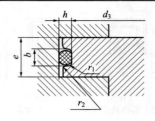

标记示例

内径 $d_1=40.0mm$,截面直径 $d_2=3.55mm$ 的 O 形圈:

O 形圈　40×3.55　GB/T 3452.1—2005

d_1		截面直径 d_2				d_1		截面直径 d_2				d_1		截面直径 d_2			
公称内径	公差±	1.8 ±0.08	2.65 ±0.09	3.55 ±0.10	5.30 ±0.13	公称内径	公差±	1.8 ±0.08	2.65 ±0.09	3.55 ±0.10	5.30 ±0.13	公称内径	公差±	1.8 ±0.08	2.65 ±0.09	3.55 ±0.10	5.30 ±0.13
20	0.26	*	*	*		45	0.44	*	*	*	*	82.5	0.71		*	*	*
21.2	0.27	*	*	*		46.2	0.45	*	*	*	*	87.5	0.74		*	*	*
22.4	0.28	*	*	*		47.5	0.46	*	*	*	*	90	0.76		*	*	*
23.6	0.29	*	*	*		48.7	0.47		*	*	*	92.5	0.77		*	*	*
25	0.30	*	*	*		50.0	0.48	*	*	*	*	97.5	0.81		*	*	*
25.8	0.31	*	*	*		51.5	0.49		*	*	*	100	0.82		*	*	*
26.5	0.31	*	*	*		53	0.50		*	*	*	103	0.85		*	*	*
28	0.32	*	*	*		54.5	0.51		*	*	*	106	0.87		*	*	*
30	0.34	*	*	*		56	0.52		*	*	*	109	0.89		*	*	*
31.5	0.35	*	*	*		58	0.54		*	*	*	112	0.91		*	*	*
32.5	0.36	*	*	*		60	0.55		*	*	*	115	0.93		*	*	*
33.5	0.36	*	*	*		61.5	0.56		*	*	*	118	0.95		*	*	*
34.5	0.37	*	*	*		63	0.57		*	*	*	122	0.97		*	*	*
35.5	0.38	*	*	*		65	0.58		*	*	*	125	0.99		*	*	*
36.5	0.38	*	*	*		67	0.60		*	*	*	128	1.01		*	*	*
37.5	0.39	*	*	*		69	0.61		*	*	*	132	1.04		*	*	*
38.7	0.40	*	*	*		71	0.63		*	*	*	136	1.07		*	*	*
40	0.41	*	*	*	*	73	0.64		*	*	*	140	1.09		*	*	*
41.2	0.42	*	*	*	*	75	0.65		*	*	*	145	1.13		*	*	*
43.7	0.44	*	*	*	*	80	0.69		*	*	*	150	1.16		*	*	*

注:表中"＊"表示包括的规格

表 F. 6　油沟式密封槽（JB/ZQ 4245—1986）　　　　　mm

轴径 d	25～80	>80～120	>120～180	>180
R	1.5	2	2.5	3
t	4.5	6	7.5	9
b	4	5	6	7
d_1	$d_1 = d+1$			
a_{min}	$a_{min} = nt + R$			

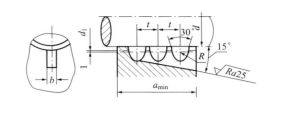

注：1. 表中 R、t、b 尺寸在个别情况下可用于与表中不相对应的轴径上

　　2. 一般油沟数 $n = 2$～4 个，多使用 3 个

表 F. 7　迷宫式密封　　　　　mm

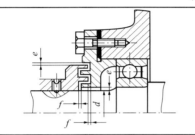

d	10～50	50～80	80～110	110～180
e	0.2	0.3	0.4	0.5
f	1	1.5	2	2.5

F. 3　滚动轴承常用的密封形式

表 F. 8　直通式油杯（GB 1152—1989）　　　　　mm

标记示例

连接螺纹为 M10×1，直通式注油杯：油杯　M10×1　GB 1152

d	H	h	h_1	S	钢球（按 GB 308）
M6	13	8	6	8	3
M8×1	16	9	6.5	10	
M10×1	18	10	7	11	

表 F.9　旋盖式油杯(GB 1154—1989)　　　　mm

标记示例

最小容量 25cm³，A 型旋盖式油杯：

油杯　A25　GB 1154

最小容量 /cm³	d	l	H	h	h₁	d₁	D	Lmax	S
1.5	M8×1		14	22	7	3	16	33	10
3	M10×1	8	15	23	8	4	20	35	13
6			17	26			26	40	
12	M14×1.5		20	30			32	47	
18			22	32			36	50	18
25		12	24	34	10	5	41	55	
50	M16×1.5		30	44			51	70	21
100			38	52			68	85	

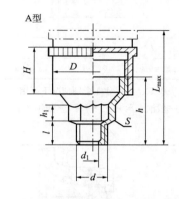

A型

表 F.10　压配式注油杯 (GB 1155—1989)　　　　mm

标记示例

$d=6$mm，压配式压注油杯：

油杯　6　GB 1155—1989

d		H	钢球
基本尺寸	极限偏差		（按 GB 308）
6	+0.040 +0.028	6	4
8	+0.049 +0.034	10	5
10	+0.058 +0.040	12	6
16	+0.063 +0.045	20	11
25	+0.085 +0.064	30	13

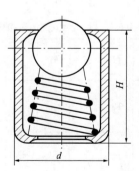

附录 G 减速器附件

G.1 检查孔及检查孔盖

表 G.1 检查孔及检查孔盖

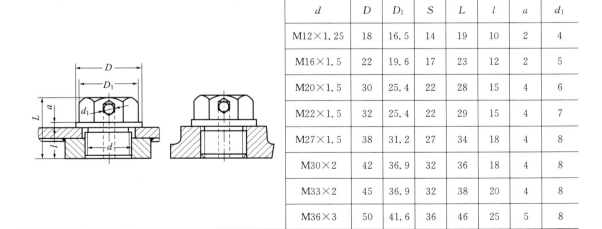

A	100 120 150 200
A_1	$A+(5\sim6)d_1$
A_2	$\frac{1}{2}(A+A_1)$
B	$B_1-(5\sim6)d_1$
B_1	箱体宽$-(15\sim20)$
B_2	$\frac{1}{2}(B+B_1)$
d_1	M6~M8,螺钉 4~6 个
R	5~10
h	3~5

注:材料 Q235-A 钢板或 HT150

G.2 通 气 装 置

表 G.2 通气塞

d	D	D_1	S	L	l	a	d_1
M12×1.25	18	16.5	14	19	10	2	4
M16×1.5	22	19.6	17	23	12	2	5
M20×1.5	30	25.4	22	28	15	4	6
M22×1.5	32	25.4	22	29	15	4	7
M27×1.5	38	31.2	27	34	18	4	8
M30×2	42	36.9	32	36	18	4	8
M33×2	45	36.9	32	38	20	4	8
M36×3	50	41.6	36	46	25	5	8

表 G.3　通气器

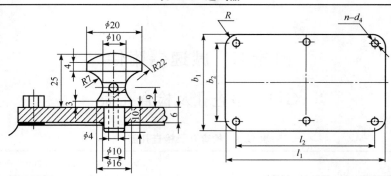

减速器中心距 a	检查孔尺寸				检查孔盖尺寸				
	b	l	b_1	l_1	b_2	l_2	R	孔径 d_4	孔数 n
$100\sim150$	$50\sim60$	$90\sim100$	$80\sim90$	$120\sim140$	$(b+b_1)/2$	$(l+l_1)/2$	5	6.5	4
$150\sim200$	$60\sim75$	$110\sim130$	$90\sim105$	$140\sim160$					
$250\sim400$	$75\sim110$	$130\sim180$	$105\sim140$	$160\sim210$				9	6

注：1. 二级减速器 a 按总中心距计，并应取偏大值。
　　2. 检查孔盖用钢板制作时，厚度取 6mm，材料 Q235。

表 G.4　通气罩　　　　　　　　　　　　　　　　　　mm

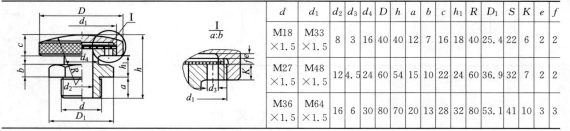

d	d_1	d_2	d_3	d_4	D	h	a	b	c	h_1	R	D_1	S	K	e	f
M18 ×1.5	M33 ×1.5	8	3	16	40	40	12	7	16	18	40	25.4	22	6	2	2
M27 ×1.5	M48 ×1.5	12	4.5	24	60	54	15	10	22	24	60	36.9	32	7	2	2
M36 ×1.5	M64 ×1.5	16	6	30	80	70	20	13	28	32	80	53.1	41	10	3	3

G.3　轴　承　盖

表 G.5　螺钉连接外装式轴承盖　　材料：HT150　　　　　mm

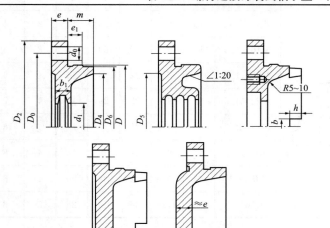

轴承外径 D/mm	螺钉直径 d_3/mm	轴承盖的螺钉数
$45\sim65$	6	6
$70\sim100$	8	
$110\sim140$	10	
$150\sim230$	$12\sim16$	

$d_0=d_3+1\text{mm}$（d_3 为端盖连接螺栓直径，尺寸见右表）
$D_0=D+2.5d_3$；$D_2=D_0+2.5d_3$；$e=1.2d_3$；$e_1\geqslant e$；m 由结构确定；$D_4=D-(10\sim15)\text{mm}$
$D_5=D_0-3d_3$；$D_6=D-(2\sim4)\text{mm}$；d_1、b_1 由密封尺寸确定；b（进油孔宽）$=5\sim10$，$h=(0.8\sim1)b$

表 G.6 嵌入式轴承盖 材料:HT150

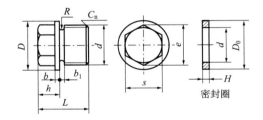

O 形圈截面直径 d_2	B_0 $+0.25$	H	D_3 偏差值
2.65	3.4	2.07	0 / −0.05
3.55	4.6	2.74	0 / −0.06
5.3	6.9	4.19	0 / −0.07

沟槽尺寸(GB 3452.3—1988)/mm

$e_1=5\sim8mm$,$S_2=10\sim15mm$,$e_2=8\sim12mm$,$S_1=15\sim20mm$,m 由结构确定;$D_3=D+e_2$,装有 O 形圈的,按 O 形圈外径取(见表 F.5"O 形橡胶密封圈"),b_1、b_2 由密封件尺寸确定,如无密封件,可取 $b_2=8\sim10mm$。d_2 为 O 形密封圈直径,d_2 和 d_3 见表 F.5 图

G.4 螺塞及封油垫

表 G.7 螺塞及封油垫

标记示例

螺塞 M20×1.5 JB/ZQ 4450—1986

油圈 30×20 ZB 71-62($D_0=30$,$d=20$ 的纸封油圈)

油圈 30×20 ZB 70-62($D_0=30$,$d=20$ 的纸封油圈)

d	d_1	D	e	s	L	h	b	b_1	R	C	D_0	H 纸圈	H 皮圈
M10×1	8.5	18	12.7	11	20	10	2		0.5	0.7	18	2	2
M12×1.25	10.2	22	15	13	24	12	3			1.0	22	2	2
M14×1.5	11.8	23	20.8	18	25	12	3			1.0	25	2	2
M18×1.5	15.8	28	24.2	21	27	15	3			1.0	30	2	2
M20×1.5	17.8	30	24.2	21	30	15	3			1.0	32	2	2
M22×1.5	19.8	32	27.7	24	30	15	3		1	1.0	32	2	2
M24×2	21	34	31.2	27	32	16	4	4		1.5	35	3	2.5
M27×2	24	38	34.6	30	35	17	4	4		1.5	40	3	2.5
M30×2	27	42	39.3	34	38	18	4	4		1.5	45	3	2.5

材料:纸封油圈——石棉橡胶纸;皮封油圈——工业用革;螺塞——Q235

G.5　挡　油　盘

表 G.8　挡油盘(用于高速轴)

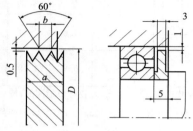

挡油盘(铸件,防止稀油流入)　挡油盘(铸件,防止油脂流出)

$a=6\sim9$; $b=2\sim3$; D为轴承座孔直径;
挡油盘的轮毂宽度尺寸由结构确定

表 G.9　挡油盘(用于低速轴)

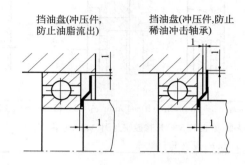

挡油盘(冲压件,防止油脂流出)　挡油盘(冲压件,防止稀油冲击轴承)

G.6　吊耳、吊钩及吊环结构尺寸

表 G.10　箱体上的起吊结构

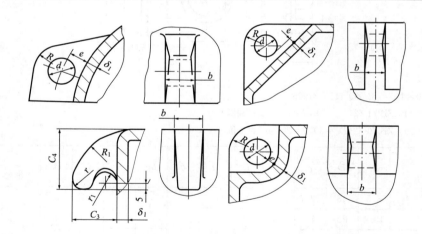

δ_1 —机盖壁	$b=d$	$C_3=(4\sim5)\delta_1$	$R\approx(1\sim1.2)d$	$r\approx0.25C_3$
$d\approx(1.8\sim2.5)\delta_1$	$e\approx(0.8\sim1)d$	$C_4=(1.3\sim1.5)C_3$	$R_1=C_4$	$r_1\approx0.2C_3$

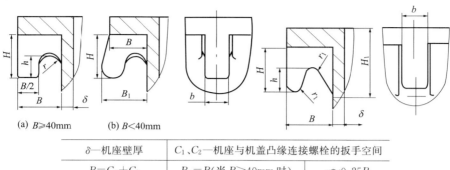

(a) $B \geqslant 40\text{mm}$ (b) $B < 40\text{mm}$

δ—机座壁厚	C_1、C_2—机座与机盖凸缘连接螺栓的扳手空间	
$B = C_1 + C_2$	$B_1 = B$(当 $B \geqslant 40\text{mm}$ 时)	$r \approx 0.25B$
$H = (0.8 \sim 1.2)B$	$B_1 = 40\text{mm}$(当 $B < 40\text{mm}$ 时)	$r_1 \approx B/6$
$b = (1.2 \sim 2.5)\delta$	$h(0.5 \sim 0.6)H$	H_1 按结构确定

G.7 油标及油尺

表 G.11 长形油标 (JB/T 7941.3—1995)

mm

标记示例

$H = 80$，A 型长形油标:油标 A80   JB/T 7941.3—1995

H		H_1	L	n/条数
基本尺寸	极限偏差			
80	±0.17	40	110	2
100		60	130	3
125	±0.20	80	155	4
160		120	190	6

O 形橡胶密封圈 (按 GB 3452.1)	六角螺母 (按 GB 6172)	弹性垫圈 (按 GB 861)
10×2.65	M10	10
O 形橡胶密封圈 (按 GB 3452.1)	六角螺母 (按 GB 6172)	弹性垫圈 (按 GB 861)

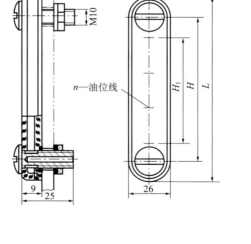

注:B 型长形油标见 JB/T 7941.3—1995

表 G. 12　油标尺

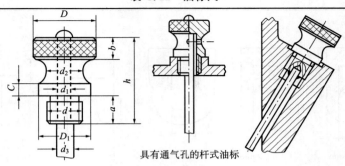

具有通气孔的杆式油标

$d\left(d\dfrac{H9}{h9}\right)$	d_1	d_2	d_3	h	a	b	c	D	D_1
M12(12)	4	12	6	28	10	6	4	20	16
M16(16)	4	16	6	35	12	8	5	26	22
M20(20)	6	20	8	42	15	10	6	32	26

标记示例

注:也可不用螺纹连接而采用直接插入结构,但需标注轴孔配合 $\left(\dfrac{H9}{h9}\right)$

表 G. 13　管状油标(JB/T 7941. 4—1995)

A型

H	O形橡胶密封圈 (按 GB 3452.1)	六角螺母 (按 GB 6172)	弹性垫圈 (按 GB 861)
80、100、125 160、200	11. 8×2. 65	M12	12

标记示例

$H=200$,A 型管状油标:

油标　A200　JB/T 7941.4—1995

B 型管状油标尺寸见 JB/T 7941.4—1995

表 G.14　压配式圆形油标

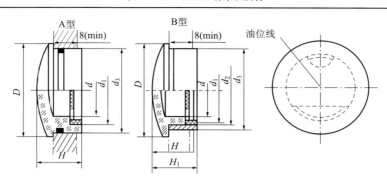

标记示例

视孔 $d=32$，A 型压配式圆形油标：油标　A32　GB 1160.1

d	D	d_1		d_2		d_3		H	H_1	O 型橡胶密封圈（按 GB 3452.1）
		基本尺寸	极限偏差	基本尺寸	极限偏差	基本尺寸	极限偏差			
12	22	12	−0.050 −0.160	17	−0.050 −0.160	20	−0.065 −0.195	14	16	15×2.65
16	27	18		22	−0.065 −0.195	25				20×2.65
20	34	22	−0.065 −0.195	28		32	−0.080 −0.240	16	18	25×3.55
25	40	28		34	−0.080 −0.240	38				31.5×3.55
32	48	35	−0.080 −0.240	41		45		18	20	38.7×3.55
40	58	45		51		55				48.7×3.55
50	70	55	−0.100 −0.290	61	−0.100 −0.290	65	−0.100 −0.290	22	24	
63	85	70		76		80				

附录 H　螺纹及螺纹连接

H.1　螺　纹

表 H.1　普通螺纹基本牙型和基本尺寸(GB/T 192—2003、GB/T 196—2003)

mm

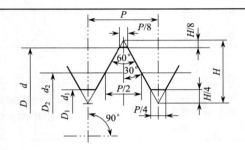

$H = 0.886P$；

$d_2 = d - 0.6495P$；

$d_1 = d - 1.0825P$；

D、d—内、外螺纹大径；

D_2、d_2—内、外螺纹中径；

D、d_1—内、外螺纹小径；

P—螺距

标记示例

公称直径为 10mm,螺纹为右旋、中径及顶径公差带代号均为 6g,螺纹旋合长度为 N 的粗牙普通螺纹:M10－6g

公称直径为 10mm,螺距为 1mm,螺纹为右旋、中径及顶径公差带代号均为 6H,螺纹旋合长度为 N 的细牙普通内螺纹:M10×1－6H

公称直径为 20mm、螺距为 2mm,螺纹为左旋、中径及顶径公差带代号分别为 5g、6g 及螺纹旋合长度为 S 的细牙普通螺纹:M20×2LH－5g6g－S

公称直径为 20mm,螺距为 2mm,螺纹为右旋、内螺纹中径及顶径公差带代号均为 6H、外螺纹中径及顶径公差带代号为 6g、螺纹旋合长度为 N 的细牙普通螺纹的螺纹副:M20×2－6H/6g

公称直径 D、d		螺距 P	中径 D_2 或 d_2	小径 D_1 或 d_1	公称直径 D、d		螺距 P	中径 D_2 或 d_2	小径 D_1 或 d_1	公称直径 D、d		螺距 P	中径 D_2 或 d_2	小径 D_1 或 d_1
第一系列	第二系列				第一系列	第二系列				第一系列	第二系列			
6		1	5.350	4.917	8		1.25	7.188	6.647	10		1.5	9.026	8.376
		0.75	5.513	5.188			1	7.350	6.917			1.25	9.188	8.647
							0.75	7.513	7.188			1	9.350	8.917
												0.75	9.513	9.188
12		1.75	10.863	10.106	24		3	22.051	20.752	42		4.5	39.077	37.129
		1.5	11.026	10.376			2	22.701	21.835			(4)	39.402	37.670
		1.25	11.188	10.674			1.5	23.026	22.376			3	40.051	38.752
		1	11.350	10.917			1	23.350	22.917			2	40.701	39.835
											1.5	41.026	40.376

公称直径 D、d		螺距 P	中径 D_2 或 d_2	小径 D_1 或 d_1	公称直径 D、d		螺距 P	中径 D_2 或 d_2	小径 D_1 或 d_1	公称直径 D、d		螺距 P	中径 D_2 或 d_2	小径 D_1 或 d_1
第一系列	第二系列				第一系列	第二系列				第一系列	第二系列			
	14	2	12.701	11.835		27	3	25.051	23.752		45	4.5	42.077	40.129
		1.5	13.026	12.376			2	25.701	24.835			(4)	42.402	40.670
		(1.25)	13.188	12.647			1.5	26.026	25.376			3	43.051	41.752
		1	13.350	12.917			1	26.350	25.917			2	43.701	42.835
												1.5	44.026	43.376
16		2	14.701	13.835	30		3.5	27.727	26.211	48		5	44.752	42.587
		1.5	15.026	14.376			(3)	28.051	26.752			(4)	45.402	43.670
		1	15.360	14.917			2	28.701	27.835			3	46.051	44.752
							1.5	29.026	28.376			2	46.701	45.835
							1	29.350	28.917			1.5	47.026	46.376
	18	2.5	16.376	15.294	33		3.5	30.727	29.211	52		5	48.752	46.587
		2	16.701	15.835			(3)	31.051	29.752			(4)	49.402	47.670
		1.5	17.026	16.376			2	31.701	30.835			3	50.051	48.752
		1	17.350	16.917			1.5	32.026	31.376			2	50.701	49.835
												1.5	51.026	50.376
20		2.5	18.376	17.294	36		4	33.402	31.670	56		5.5	52.428	50.046
		2	18.701	17.835			3	34.051	32.752			4	53.402	51.670
		1.5	19.026	18.376			2	34.701	33.835			3	54.051	52.752
		1	19.350	18.917			1.5	35.026	34.376			2	54.701	53.835
												1.5	55.026	54.376
	22	2.5	20.376	19.294	39		4	36.402	34.670		60	(5.5)	56.428	54.046
		2	20.701	19.835			3	37.051	35.752			4	57.402	55.670
		1.5	21.026	20.376			2	37.701	36.835			3	58.051	56.752
		1	21.350	20.917			1.5	38.026	37.376			2	58.071	57.835
												1.5	59.026	58.376

注：1. 直径 $d \leqslant 68$mm 时，P 项中第一个数字为粗牙螺距，其余为细牙螺距

2. 优先选用第一系列，其次是第二系列

3. 括号内的尺寸尽可能不用

表 H.2 普通螺纹推荐选用的公差带(GB/T 197—2003) mm

精度 \ 公差带位置 \ 旋合长度	G			H		
	S	N	L	S	N	L
精 密	—	—	—	4H	5H	6H
中 等	(5G)	6G	(7G)	5H	6H	7H
粗 糙	—	(7G)	(8G)	—	7H	8H

精度 \ 公差带位置 \ 旋合长度	e			f			g			h		
	S	N	L	S	N	L	S	N	L	S	N	L
精 密	—	—	—	—	—	—	—	(4g)	(5g4g)	(3h4h)	4h	(5h4h)
中 等	—	6e	(7e6e)	—	6f	—	(5g6g)	6g	(7g6g)	(5h6g)	6h	(7h6h)
粗 糙	—	(8e)	(9e8e)	—	—	—	—	8g	(9g8g)	—	—	—

注:1. G、H 为内螺纹的基本偏差,而 h、g、f 和 e 为外螺纹的基本偏差,如下图所示

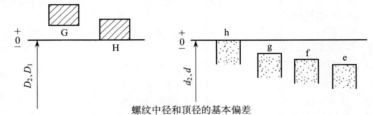

螺纹中径和顶径的基本偏差

2. 内外螺纹选用的公差带可以任意组合,为保证足够的接触高度,最优组合为 H/g、H/h 或 G/h 的配合,对公称直径小于和等于 1.4mm 的螺纹,应选用 5H/6h、4H/6h 或更精密的配合

3. S 为短旋合长度;N 为中等旋合长度;L 为长旋合长度

表 H.3 螺纹的旋合长度(GB/T 197—2003) mm

公称直径 D、d	螺距 P	旋合长度			
		S	N		L
			大于	至	
5.6~11.2	0.75	≤2.4	2.4	7.1	7.1
	1	≤3	3	9	9
	1.25	≤4	4	12	12
	1.5	≤5	5	15	15
11.2~22.4	0.75	≤2.7	2.7	8.1	8.1
	1	≤3.8	3.8	11	11
	1.25	≤4.5	4.5	13	13
	1.5	≤5.6	5.6	16	16
	1.75	≤6	6	18	18
	2	≤8	8	24	24
	2.5	≤10	10	30	30
22.4~45	1	≤4	4	12	12
	1.5	≤6.3	6.3	19	19
	2	≤8.5	8.5	25	25
	3	≤12	12	36	36

表 H.4　梯形螺纹最大实体牙型尺寸(GB/T 5796.1—2005)　　　mm

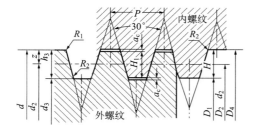

$H_1 = 0.5P$;

$h_3 = H_4 = H_1 + a_c = 0.5P + a_c$;

$Z = 0.25P = H_{1/2}$;

$d_2 = D_2 = d - 2z = d - 0.5P$;

$d_3 = d - 2h_3 = d - 2(0.5P + a_c)$;

$D_1 = d - 2H_1 = d - P$;

$D_4 = d + 2a_c$

标记示例

公称直径为 40mm、螺距为 7mm、螺纹为右旋、中径公差带代号为 7H、螺纹旋合长度为 N 的梯形内螺纹:Tr40×7−7H

公称直径为 40mm、螺距为 7mm、螺纹为右旋、中径公差带代号为 7e、螺纹旋合长度为 N 的梯形外螺纹:Tr40×7−7e

公称直径为 40mm、螺距为 7mm、导程为 14mm、螺纹为左旋、中径公差带代号为 8e、螺纹旋合长度为 L 的梯形多线外螺纹:Tr40×14(P7)LH−8e−L

公称直径为 40mm、螺距为 7mm、螺纹为右旋、中径公差带代号为 7e、螺纹旋合长度为 140mm 的梯形外螺纹:Tr40×7−7e−140

公称直径为 40mm、螺距为 7mm、螺纹为右旋、内螺纹中径公差带代号为 7H、外螺纹中径公差带代号为 7e、螺纹旋合长度为 N 的梯形螺旋副:Tr40×7−7H/7e

螺距 P	H_1 0.5P	牙顶间隙 a_c	$H_4 = h_3$	R_1 max	R_2 max	螺距 P	H_1 0.5P	牙顶间隙 a_c	$H_4 = h_3$	R_1 max	R_2 max
2	1		1.25			8	4		4.5		
3	1.5	0.25	1.75	0.125	0.25	9	4.5	0.5	5	0.25	0.5
4	2		2.25			10	5		5.5		
5	2.5		2.75			12	6		6.5		
6	3	0.5	3.5	0.25	0.5	14	7	1	8	0.5	1
7	3.5		4								

表 H.5　梯形螺纹基本尺寸极限尺寸及偏差

（GB/T 5796.3—2005、GB/T 5796.4—2005）

mm

公称直径 d,D 第一系列	第二系列	螺距 P	大径 D_4 (D_{4min})	大径 $d=d_{max}$ 下偏差/μm	中径 $d_2=D_2$ (D_{2min})	中径 D_2上偏差/μm 7H	8H	中径 d_2偏差/μm 7H	7e	8e	8c	小径 $D_1=D_{1min}$	小径 D_1上偏差/μm	小径 $d_3=d_{3max}$	小径 d_3下偏差/μm 中径公差带 7h	7e	8e	8c
	18	4	18.5	−300	16	355	450	0/−265	−95/−360	−95/−430	−190/−525	14	375	13.5	−331	−426	−514	−609
	18	2	18.5	−180	17	265	335	0/−200	−71/−271	−71/−321	−150/−400	16	236	15.5	−250	−321	−383	−462
20		4	20.5	−300	18	355	450	0/−265	−95/−360	−95/−430	−190/−525	16	375	15.5	−331	−426	−514	−609
20		2	20.5	−180	19	265	335	0/−200	−71/−271	−71/−321	−150/−400	18	236	17.5	−250	−321	−393	−462
20		5	22.5	−335	19.5	375	475	0/−280	−106/−386	−106/−461	−212/−567	17	450	16.5	−350	−450	−550	−656
	22	3	22.5	−236	20.5	300	375	0/−224	−85/−309	−85/−365	−170/−450	19	315	18.5	−280	−365	−435	−520
	22	8	23	−450	18	475	600	0/−355	−132/−487	−132/−528	−265/−715	16	630	13	−444	−576	−695	−828
24		5	24.5	−355	21.5	400	500	0/−300	−106/−406	−106/−481	−212/−587	19	450	18.5	−375	−481	−575	−681
24		3	24.5	−236	22.5	335	425	0/−250	−85/−335	−85/−400	−170/−485	21	315	20.5	−312	−397	−479	−564
24		8	25	−450	20	500	630	0/−375	−132/−507	−132/−607	−265/−740	16	630	15	−469	−601	−726	−959

续表

公称直径 d,D 第一系列	第二系列	螺距 P	大径 d=d_max D4 D1min	下偏差/μm	中径 d2=D2 D2min	D2 上偏差/μm 公差带 7H	8H	中径 d2偏差/μm 公差带 7H	7e	8e	8c	小径 D1=D1min	D1 上偏差/μm	d3=d3max	d3 下偏差/μm 中径公差带 7h	7e	8e	8c
	26	5	26.5	−335	23.5	400	500	0 / −300	−106 / −406	−106 / −481	−212 / −587	21	450	20.5	−375	−481	−575	−681
		3	26.5	−236	24.5	335	425	0 / −250	−85 / −335	−85 / −400	−170 / −485	23	315	22.5	−312	−397	−479	−564
		8	27	−450	22	500	630	0 / −375	−132 / −507	−132 / −607	−265 / −740	18	630	17	−469	−601	−726	−859
28		5	28.5	−335	25.5	400	500	0 / −300	−106 / −406	−106 / −481	−212 / −587	23	450	22.5	−375	−481	−575	−681
		3	28.5	−236	26.5	335	425	0 / −250	−85 / −330	−85 / −400	−170 / −485	25	315	24.5	−312	−397	−479	−564
		8	29	−450	24	500	630	0 / −375	−132 / −507	−132 / −607	−265 / −740	20	630	19	−469	−601	−726	−859
	30	6	31	−375	27	450	560	0 / −335	−118 / −453	−118 / −543	−236 / −661	24	500	23	−419	−537	−649	−767
		3	30.5	−236	28.5	335	425	0 / −250	−85 / −335	−85 / −400	−170 / −485	27	315	26.5	−312	−397	−479	−564
		10	31	−530	25	530	670	0 / −400	−150 / −550	−150 / −650	−300 / −800	20	710	19	−500	−650	−775	−925

续表

公称直径 d、D 第一系列	第二系列	螺距 P	大径 D_4 D_{4min}	大径 $d=d_{max}$ 下偏差/μm	中径 $d_2=$ D_2 D_{2min}	D_2 上偏差/μm 公差带 7H	8H	d_2 偏差/μm 公差带 7H	7e	8e	8c	小径 $D_1=$ D_{1min}	D_1 上偏差/μm	$d_3=$ d_{3max}	d_3 下偏差/μm 中径公差带 7h	7e	8e	8c
32		6	33	−375	29	450	560	0 / −335	−118 / −453	−118 / −543	−236 / −661	26	500	25	−419	−537	−649	−767
		3	32.5	−236	30.5	335	425	0 / −250	−85 / −335	−85 / −400	−170 / −485	29	315	28.5	−312	−397	−479	−564
		10	33	−530	27	530	670	0 / −400	−150 / −550	−150 / −650	−300 / −800	22	710	21	−500	−650	−775	−925
	34	6	35	−375	31	450	560	0 / −335	−118 / −453	−118 / −543	−236 / −661	28	500	27	−419	−537	−649	−767
		3	34.5	−236	32.5	335	425	0 / −250	−85 / −335	−85 / −400	−170 / −485	31	315	30.5	−312	−397	−479	−564
		10	35	−530	29	530	670	0 / −400	−150 / −550	−150 / −650	−300 / −800	24	710	23	−500	−650	−775	−925
36		6	37	−375	33	450	560	0 / −335	−118 / −453	−118 / −543	−236 / −661	30	500	29	−419	−537	−649	−767
		3	36.5	−236	34.5	335	425	0 / −250	−85 / −335	−85 / −400	−170 / −485	33	315	32.5	−312	−397	−479	−564
		10	37	−630	31	530	670	0 / −400	−150 / −550	−150 / −650	−300 / −800	26	710	25	−500	−650	−775	−925

续表

公称直径 d,D 第一系列	公称直径 d,D 第二系列	螺距 P	大径 $D_4=D_{1min}$	大径 $d=d_{max}$ 下偏差/μm	中径 $d_2=D_2=D_{2min}$	中径 D_2 上偏差/μm 7H	中径 D_2 上偏差/μm 8H	d_2 偏差/μm 公差带 7H	d_2 偏差/μm 公差带 7e	d_2 偏差/μm 公差带 8e	d_2 偏差/μm 公差带 8c	小径 $D_1=D_{1min}$	小径 D_1 上编差/μm	$d_3=d_{3max}$	d_3 下偏差/μm 中径公差带 7h	d_3 下偏差/μm 中径公差带 7e	d_3 下偏差/μm 中径公差带 8e	d_3 下偏差/μm 中径公差带 8c
	38	7	39	−425	34.5	475	600	0 / −355	−125 / −480	−125 / −575	−250 / −700	31	560	30	−444	−569	−688	−813
	38	3	38.5	−236	36.5	335	425	0 / −250	−85 / −335	−85 / −400	−170 / −485	35	315	34.5	−312	−397	−479	−564
	38	10	39	−530	33	530	670	0 / −400	−150 / −550	−150 / −650	−300 / −800	28	710	27	−500	−650	−775	−925
40		7	41	−425	36.5	475	600	0 / −355	−125 / −480	−125 / −575	−250 / −700	33	560	32	−444	−569	−688	−813
40		3	40.5	−236	38.5	335	425	0 / −250	−85 / −335	−85 / −400	−170 / −485	37	315	36.5	−312	−397	−479	−564
40		10	41	−530	35	530	670	0 / −400	−150 / −550	−150 / −650	−300 / −800	30	710	29	−500	−650	−775	−925
	42	7	43	−425	38.5	475	600	0 / −355	−125 / −480	−125 / −575	−250 / −700	35	560	34	−444	−569	−688	−813
	42	3	42.5	−236	40.5	335	425	0 / −250	−85 / −335	−85 / −400	−170 / −485	39	315	38.5	−312	−397	−479	−564
	42	10	43	−530	37	530	670	0 / −400	−150 / −550	−150 / −650	−300 / −800	32	710	31	−500	−650	−775	−925

续表

公称直径 d,D 第一系列	公称直径 d,D 第二系列	螺距 P	大径 $D_4=D_{4min}$	大径 $d=d_{max}$ 下偏差/μm	中径 $d_2=D_2=D_{2min}$	中径 D_2 上偏差/μm 公差带 7H	中径 D_2 上偏差/μm 公差带 8H	中径 7H	中径 d_2 偏差/μm 公差带 7e	中径 d_2 偏差/μm 公差带 8e	中径 d_2 偏差/μm 公差带 8c	小径 $D_1=D_{1min}$	小径 D_1 上偏差/μm	小径 $d_3=d_{3max}$	小径 d_3 下偏差/μm 中径公差带 7h	小径 d_3 下偏差/μm 中径公差带 7e	小径 d_3 下偏差/μm 中径公差带 8e	小径 d_3 下偏差/μm 中径公差带 8c
44		7	45	−425	40.5	475	600	0 / −355	−125 / −480	−125 / −575	−250 / −700	37	560	36	−444	−569	−688	−813
		3	44.5	−236	42.5	335	425	0 / −250	−85 / −335	−85 / −400	−170 / −485	41	315	40.5	−312	−397	−479	−654
		12	45	−600	38	560	710	0 / −425	−160 / −585	−160 / −610	−335 / −865	32	800	31	−531	−691	−823	−998
	46	8	47	−450	42	530	670	0 / −400	−132 / −532	−132 / −632	−265 / −765	38	630	37	−500	−632	−757	−890
		3	46.5	−236	44.5	355	450	0 / −265	−85 / −350	−85 / −420	−170 / −505	43	315	42.5	−331	−416	−504	−589
		12	47	−600	40	630	800	0 / −475	−160 / −635	−160 / −760	−335 / −935	34	800	33	−594	−754	−916	−1085
48		8	49	−450	44	530	670	0 / −400	−132 / −532	−132 / −632	−265 / −765	40	630	39	−500	−632	−757	−895
		3	48.5	−236	46.5	355	450	0 / −265	−85 / −350	−85 / −420	−170 / −505	45	315	44.5	−331	−416	−504	−589
		12	49	−600	42	630	800	0 / −475	−160 / −635	−160 / −760	−335 / −935	36	800	35	−594	−754	−916	−1085

续表

公称直径 d,D 第一系列	公称直径 d,D 第二系列	螺距 P	大径 D4=D4min	大径 d=d_max 下偏差/μm	中径 d2=D2=D2min	中径 D2上偏差/μm 7H	中径 D2上偏差/μm 8H	中径 d2偏差 7H	中径 d2偏差/μm 7e	中径 d2偏差/μm 8e	中径 d2偏差/μm 8c	小径 D1=D1min	小径 D1上编差/μm	小径 d3=d3max	小径 d3下偏差/μm 7h	d3下偏差/μm 7e	d3下偏差/μm 8e	d3下偏差/μm 8c
	50	8	51	−450	46	530	670	0 / −400	−132 / −532	−132 / −632	−265 / −765	42	630	41	−500	−632	−757	−890
	50	3	50.5	−236	48.5	355	450	0 / −265	−85 / −350	−85 / −420	−170 / −505	47	315	46.5	−331	−416	−504	−589
	50	12	51	−600	44	630	800	0 / −475	−160 / −635	−160 / −760	−335 / −935	38	800	37	−594	−754	−916	−1085
52		8	53	−450	48	530	670	0 / −400	−132 / −532	−132 / −632	−265 / −765	44	630	43	−500	−632	−757	−890
52		3	52.5	−236	50.5	355	450	0 / −265	−85 / −350	−85 / −420	−170 / −505	49	315	37.5	−331	−416	−504	−589
52		12	53	−600	46	630	800	0 / −475	−160 / −635	−160 / −760	−335 / −935	40	800	39	−594	−754	−916	−1085
	55	9	56	−500	50.5	560	710	0 / −425	−140 / −565	−140 / −670	−280 / −810	46	670	45	−531	−671	−803	−943
	55	3	55.5	−236	53.5	355	450	0 / −265	−85 / −350	−85 / −420	−170 / −505	52	315	51.5	−331	−416	−504	−589
	55	14	57	−670	48	670	850	0 / −500	−180 / −680	−180 / −810	−355 / −985	41	900	39	−625	−805	−967	−1142

续表

公称直径 d,D		螺距	大径		中径							小径						
第一系列	第二系列	P	$D_4 = D_{1min}$	$d = d_{max}$ 下偏差/μm	$d_2 = D_{2min}$	D_2 上偏差/μm 公差带		d_2 偏差/μm 公差带				$D_1 = D_{1min}$	D_1 上偏差/μm	$d_3 = d_{3max}$	d_3 下偏差/μm 中径公差带			
						7H	8H	7H	7e	8e	8c				7h	7e	8e	8c
60		9	61	−500	55.5	560	710	0 / −425	−140 / −565	−140 / −670	−280 / −810	51	670	50	−531	−671	−803	−943
		3	60.5	−236	58.5	355	450	0 / −265	−85 / −350	−85 / −420	−170 / −505	57	315	56.5	−331	−416	−504	−589
		14	62	−670	53	670	850	0 / −500	−180 / −680	−180 / −810	−355 / −985	46	900	44	−625	−805	−967	−1142

注:尺寸段中第一行为优先选择螺距

表 H. 6　梯形内、外螺纹中径选用公差带（GB/T 5796. 4—2005）　　　mm

精度	内螺纹		外螺纹	
	N	L	N	L
中等	7H	8H	7e	8e
粗糙	8H	9H	8c	9c

注：1. 精度的选用原则为：一般用途选"中等"；精度要求不高时选"粗糙"

　　2. 内、外螺纹中径公差等级为 7、8、9

　　3. 外螺纹大径 d 公差带为 4h；内螺纹小径 D_1 公差带为 4H

表 H. 7　梯形螺纹旋合长度（GB/T 5796. 4—2005）　　　mm

公称直径 d	螺距 P	旋合长度组		公称直径 d	螺距 P	旋合长度组	
		N	L			N	L
≥11. 2～22. 4	2	≥8～24	＞24	≥22. 45～45	7	≥30～85	＞85
	3	≥11～32	＞32		8	≥34～100	＞100
	4	≥15～43	＞43		10	≥42～125	＞125
	5	≥18～53	＞53		12	≥50～150	＞150
	8	≥30～85	＞85				
≥22. 4～45	3	≥12～36	＞36	≥45～60	3	≥15～45	＞45
	5	≥21～63	＞63		8	≥38～118	＞118
	6	≥25～75	＞75		9	≥43～132	＞132
					12	≥60～170	＞170
					14	≥67～200	＞200

表 H. 8　矩形螺纹

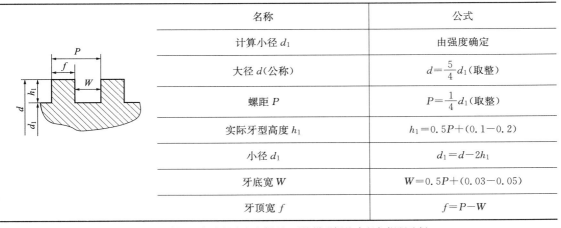

名称	公式
计算小径 d_1	由强度确定
大径 d（公称）	$d=\dfrac{5}{4}d_1$（取整）
螺距 P	$P=\dfrac{1}{4}d_1$（取整）
实际牙型高度 h_1	$h_1=0.5P+(0.1-0.2)$
小径 d_1	$d_1=d-2h_1$
牙底宽 W	$W=0.5P+(0.03-0.05)$
牙顶宽 f	$f=P-W$

注：矩形螺纹没有标准化，对于公制矩形螺纹的直径与螺距，可按梯形螺纹直径与螺距选择

H. 2　螺纹零件的结构要素

表 H. 9　普通螺纹收尾、肩距、退刀槽、倒角(GB/T 3—1997)

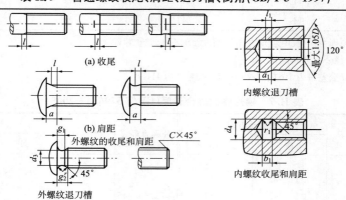

(a) 收尾

(b) 肩距

外螺纹的收尾和肩距

外螺纹退刀槽

内螺纹退刀槽

内螺纹收尾和肩距

外螺纹的收尾、肩距和退刀槽　　　　　　　　　　　　　　mm

螺距 P	收尾 l　max		肩距 a　max			退刀槽			
	一般	短的	一般	长的	短的	g_1　max	g_2　max	d_3	$r\approx$
0.25	0.6	0.3	0.75	1	0.5	0.4	0.75	$d\sim0.4$	0.12
0.3	0.75	0.4	0.9	1.2	0.6	0.5	0.9	$d\sim0.5$	0.16
0.35	0.9	0.45	1.05	1.4	0.7	0.6	1.05	$d\sim0.6$	0.16
0.4	1	0.5	1.2	1.6	0.8	0.6	1.2	$d\sim0.7$	0.2
0.45	1.1	0.6	1.35	1.8	0.9	0.7	1.35	$d\sim0.7$	0.2
0.5	1.25	0.7	1.5	2	1	0.8	1.5	$d\sim0.8$	0.2
0.6	1.5	0.75	1.8	2.4	1.2	0.9	1.8	$d\sim1$	0.4
0.7	1.75	0.9	2.1	2.8	1.4	1.1	2.1	$d\sim1.1$	0.4
0.75	1.9	1	2.25	3	1.5	1.2	2.25	$d\sim1.2$	0.4
0.8	2	1	2.4	3.2	1.6	1.3	2.4	$d\sim1.3$	0.4
1	2.5	1.25	3	4	2	1.6	3	$d\sim1.6$	0.6
1.25	3.2	1.6	4	5	2.5	2	3.75	$d\sim2$	0.6
1.5	3.8	1.9	4.5	6	3	2.5	4.5	$d\sim2.3$	0.8
1.75	4.3	2.2	5.3	7	3.5	3	5.25	$d\sim2.6$	1
2	5	2.5	6	8	4	3.4	6	$d\sim3$	1
2.5	6.3	3.2	7.5	10	5	4.4	7.5	$d\sim3.6$	1.2
3	7.5	3.8	9	12	6	5.2	9	$d\sim4.4$	1.6
3.5	9	4.5	10.5	14	7	6.2	10.5	$d\sim5$	1.6
4	10	5	12	16	8	7	12	$d\sim5.7$	2
4.5	11	5.5	13.5	18	9	8	13.5	$d\sim6.4$	2.5
5	12.5	6.3	15	20	10	9	15	$d\sim7$	2.5
5.5	14	7	16.5	22	11	11	17.5	$d\sim7.7$	3.2
6	15	7.5	18	24	12	11	18	$d\sim8.3$	3.2
参考值	$\approx2.5P$	$\approx1.25P$	$\approx3P$	$=4P$	$=2P$	—	$\approx3P$	—	—

注:1. 应优先选用"一般"长度的收尾和肩距;"短"收尾和"短"肩距仅用于结构受限制的螺纹件上;产品等级为 B 或 C
　　级的螺纹紧固件可采用"长"肩距

　　2. d 为螺纹公称直径(大径)代号

　　3. d_3 公差为:h13($d>3$mm);h12($d\leqslant3$mm)

表 H.10　单头梯形外螺纹与内螺纹

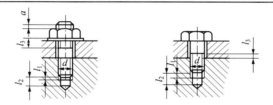

P	b=b₁	d₂	d₃	r=r₁	c=c₁	P	b=b₁	d₂	d₃	r=r₁	c=c₁
2	2.5	$d-3$	$d+1$	1	1.5	10	12.5	$d-12$	$d+2$	3	5.5
3	4	$d-4$			2	12	15	$d-14$			6.5
4	5	$d-5.1$	$d+1.1$	1.5	2.5	16	20	$d-19.2$	$d+3.2$	4	9
5	6.5	$d-6.6$	$d+1.6$		3	20	24	$d-23.5$	$d+3.5$	5	11
6	7.5	$d-7.8$	$d+1.8$	2	3.5	24	30	$d-27.5$	$d+3.5$	5	13
8	10	$d-9.8$		2.5	4.5	32	40	$d-36$	$d+4$	5.5	17

表 H.11　普通螺纹内、外螺纹余留长度、钻孔余留深度、螺栓突出螺母末端长度（JB/ZQ 4247—2006）

螺距	螺纹直径		余留长度			末端长度
	粗牙	细牙	内螺纹	钻孔	外螺纹	
P	d		l_1	l_2	l_3	a
0.5	3	5	1	4	2	1~2
0.7	4	—	1.5	5	2.5	2~3
0.75	—	6		6		
0.8	5					
1	6	8,10,14,16,18	2	7	3.5	2.5~4
1.25	8	12	2.5	9	4	
1.5	10	14,16,18,20,22,24,27,30,33	3	10	4.5	3.5~5
1.75	12	—	3.5	13	5.5	
2	14,16	24,27,30,33,36,39,45,48,52	4	14	6	4.5~6.5
2.5	18,20,22	—	5	17	7	
3	24,27	36,39,42,45,48,56,60,64,72,76	6	20	8	5.5~8
3.5	30	—	7	23	10	
4	36	56,60,64,68,72,76	8	26	11	7~11
4.5	42	—	9	30	12	
5	48	—	10	33	13	10~15
5.5	56	—	11	36	16	
6	64,72,76	—	12	40	18	

表 H.12　紧固件通孔及螺栓、螺钉通孔及沉孔尺寸

沉头用沉孔
（GB 152.2—1988）

圆柱头用沉孔
（GB 152.3—1988）

六角头螺栓和六角
头螺母用沉孔
（GB 152.4—1988）

d	d_2	$t\approx$	d_1	d_2	t	d_3	d_1	d_2	d_3	d_1	t
M3	6.4	1.6	3.4	6.0	3.4		3.4	9		3.4	
M4	9.6	2.7	4.5	8.0	4.6		4.5	10		4.5	
M5	10.6	2.7	5.5	10.0	5.7		5.5	11		5.5	
M6	12.8	3.3	6.6	11.0	6.8	—	6.6	13	—	6.6	
M8	17.6	4.6	9	15.0	9.0		9.0	18		9.0	
M10	20.3	5.0	11	18.0	11.0		11.0	22		11.0	
M12	24.4	6.0	13.5	20.0	13.0	16	13.5	26	16	13.5	
M14	28.4	7.0	15.5	24.0	15.0	18	15.5	30	18	13.5	只要能制出与通孔轴线
M16	32.4	8.0	17.5	26.0	17.5	20	17.5	33	20	17.5	垂直的圆平面即可
M18	—	—	—	—	—	—	—	36	22	20.0	
M20	40.4	10.0	22	33.0	21.5	24	22.0	40	24	22.0	
M22				—	—	—	—	43	26	24	
M24				40.0	25.5	28	26.0	48	28	26	
M27	—	—	—	—	—	—	—	53	33	30	
M30				48.0	32.0	36	33.0	61	36	33	
M36				57.0	38.0	42	39.0	71	42	39	

H.3　螺纹连接件

表 H.13　C 级六角头螺栓(GB/T 5780—2000)、全螺纹六角头螺栓(GB/T 5781—2000)

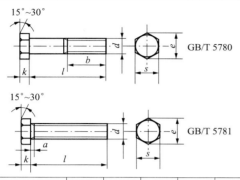

标记示例

d＝M12、公称长度 l＝80mm、性能等级为 4.8 级、不经表面处理、C 级六角头螺栓：

螺栓　GB/T 5780　M12×80

螺纹规格 d (8g)		M5	M6	M8	M10	M12	(M14)	M16	(M18)	M20	(M22)	M24	(M27)
b	l≤125	16	18	22	26	30	34	38	42	46	50	54	60
	125<l≤200	22	24	28	32	36	40	44	48	52	56	60	66
	l>200	35	37	41	45	49	53	57	61	65	69	73	79
a	max	2.4	3	4	4.5	5.3	6	6	7.5	7.5	7.5	9	9
e	min	8.63	10.89	14.2	17.59	19.85	22.78	26.17	29.56	32.95	37.29	39.55	45.2
k	公称	3.5	4	5.3	6.4	7.5	8.8	10	11.5	12.5	14	15	17
s	max	8	10	13	16	18	21	24	27	30	34	36	41
	min	7.64	9.64	12.57	15.57	17.57	20.16	23.16	26.16	29.16	33	35	40
l	GB/T 5780	25～50	30～60	40～80	45～100	55～120	60～140	65～160	80～180	65～200	90～220	100～240	110～260
	GB/T 5781	10～50	12～60	16～80	20～100	25～180	30～140	30～160	35～180	40～200	45～220	50～240	55～280
性能等级	钢	3.6、4.6、4.8											
表面处理	钢	(1)不经处理　(2)电镀　(3)非电解锌粉覆盖层											

螺纹规格	d (8g)		M30	(M33)	M36	(M39)	M42	(M45)	M48	(M52)	M56	(M60)	M64
b		$l \leqslant 125$	66	72	—	—	—	—	—	—	—	—	—
		$125 < l \leqslant 200$	72	78	84	90	96	102	108	116	—	132	—
		$l > 200$	85	91	97	103	109	115	121	129	137	145	153
a	max		10.5	10.5	12	12	13.5	13.5	15	15	16.5	16.5	18
e	min		50.85	55.37	60.79	66.44	72.02	76.95	82.6	82.25	93.56	99.21	104.86
k	公称		18.7	21	22.5	25	26	28	30	33	35	38	40
s	max		46	50	55	60	65	70	75	80	85	90	95
	min		45	49	53.8	58.8	63.8	68.1	73.1	78.1	82.8	87.8	92.8
l[①] 长度范围	GB/T 5780		120~300	130~320	140~360	150~400	180~420	180~440	200~480	200~500	240~500	240~500	260~500
	GB/T 5781		60~300	65~360	70~360	80~400	80~420	90~440	100~480	100~500	110~500	120~500	120~500
性能等级	钢		3.6、4.6、4.8					按协议						
表面处理	钢		(1)不经处理　(2)电镀　(3)非电解锌粉覆盖层											

注：尽可能不采用括号内的规格

　①长度系列(单位为 mm)为 10.12、16.20~70(5 进位)、70~150(10 进位)、180~500(20 进位)

表 H.14　粗牙(GB/T 5782—2000)、细牙(GB/T 5785—2000)六角头螺栓

mm

标记示例：
螺纹规格 d=M12,公称长度 l=80mm,性能等级为 8.8 级,表面氧化,A 级六角头螺栓:
螺栓　GB/T 5782　M12×80
螺纹规格 d=M12×1.5,公称长度 l=80mm,细牙螺纹,性能等级为 8.8 级,表面氧化,A 级六角头螺栓:
螺栓　GB/T 5785　M12×1.5×80

螺纹规格 (6g)		M3	M4	M5	M6	M8	M10	M12	(M14)	M16
d		—	—	—	—	M8×1	M10×1	M12×1.5	(M14×1.5)	M16×1.5
$d×P$		—	—	—	—	—	(M10×1.25)	(M12×1.25)	—	—
b (参考)	$l≤125$	12	14	16	18	22	26	30	34	38
	$125<l≤200$	—	—	—	—	28	32	36	40	44
	$l>200$	—	—	—	—	41	45	49	57	57
e min	A 级	6.01	7.66	8.79	11.05	14.38	17.77	20.03	23.36	26.75
	B 级	—	—	—	—	14.2	17.59	19.85	22.78	26.17
s	max	5.5	7	8	10	13	16	18	21	24
	min A 级	5.32	5.78	7.78	9.78	12.73	15.73	17.73	20.67	23.67
	min B 级	—	—	—	—	12.57	15.57	17.57	20.16	23.16
k	公称	2	2.8	3.5	4	5.3	6.4	7.5	8.8	10
l① 长度范围	A 级	20~30	25~40	25~40	30~60	35~80	40~100	45~120	50~140	55~140
	B 级	—	—	—	—	—	—	—	—	160

续表

螺纹规格 (6g)	(M18)	M20	(M22)	M24	(M27)	M30	(M33)	M36
d	(M18)	M20	(M22)	M24	(M27)	M30	(M33)	M36
$d \times P$	(M18×1.5)	(M20×2)　M20×1.5	(M22×1.5)	M24×2	(M27×2)	M30×2	(M33×2)	M36×3
b (参考) $l \leqslant 125$	42	46	50	54	60	66	72	78
b (参考) $125 < l \leqslant 200$	48	52	56	60	66	72	78	84
b (参考) $l > 120$	61	65	69	73	79	85	91	97
e min A级	30.14	33.53	37.72	39.98	—	—	—	—
e min B级	29.56	32.95	37.29	39.55	45.2	50.85	55.37	60.79
s max	27	30	34	36	41	46	50	55
s min A级	26.67	29.67	33.38	35.38	—	—	—	—
s min B级	26.16	29.16	33	35	40	45	49	53.8
k 公称	11.5	12.5	14	15	17	18.7	21	22.5
l① 长度范围 A级	60~150	65~150	70~150	80~150	90~150	90~150	100~150	110~150
l① 长度范围 B级	160~180	160~200	160~220	160~240	160~260	160~300	160~320	110~360

螺纹规格 (6g)	(M39)	M42	(M45)	M48	(M52)	M56	(M60)	M64
d	(M39)	M42	(M45)	M48	(M52)	M56	(M60)	M64
$d \times P$	(M39×3)	M42×3	(M45×3)	M48×3	(M52×4)	M56×4	(M60×4)	(M64×4)
b (参考) $l \leqslant 125$	84	90	96	102	110	118	126	134
b (参考) $125 < l \leqslant 200$	90	96	102	108	116	124	132	140
b (参考) $l > 200$	103	109	115	121	129	137	145	153

续表

螺纹规格 (6g)	d	d×P	e min	B级	s max	s min B级	k 公称	l①长度范围 B级

螺纹规格 (6g)	(M39)	M42	(M45)	M48	(M52)	M56	(M60)	M64
d (d×P)	(M39×3)	M42×3	(M45×3)	M48×3	(M52×4)	M56×4	(M60×4)	M64×4
e min B级	66.44	71.3	76.95	82.6	88.25	93.56	99.21	104.86
s max	60	65	70	75	80	85	90	95
s min B级	58.8	63.1	68.1	73.1	78.1	82.8	87.8	92.8
k 公称	25	26	28	30	33	35	38	40
l①长度范围 B级	130~380	120~400	130~400	140~400	150~400	160~400	180~400	200~400

注:1. 括号内为非优选的螺纹规格,尽可能不采用

2. 表面处理 钢—氧化、镀锌钝化;不锈钢—不经处理

3. 性能等级

螺栓直径 d	M8~M20	(M22)~(M39)	M42~M64
钢	8.8,10.9		按协议
不锈钢	A2-70	A2-50	按协议

① 长度系列(单位为 mm)为 20~50(5 进位)、(55)、60、(65)、70~160(10 进位)、180~400(20 进位)

表 H.15　细牙全螺纹六角头螺栓（GB/T 5786—2000）

mm

螺纹规格 d×P (6g)	M8×1	M10×1 (M10×1.25)	M12×1.5 (M12×1.25)	(M14×1.5)	M16×1.5	(M18×1.5)	(M20×2) M20×1.5
a max	3	3(4)②	4.5(4)②	4.5	4.5	4.5	4.5(6)②
e min A级	14.38	17.77	20.03	23.36	26.75	30.14	33.53
e min B级	14.20	17.59	19.85	22.78	26.17	29.56	32.95
s max	13	16	18	21	24	27	30
s min A级	12.73	15.73.	17.73	20.67	23.67	26.67	29.67
s min B级	12.57	15.57	17.57	20.16	23.16	26.16	29.16
k 公称	5.3	6.4	7.5	8.8	10	11.5	12.5
l① A级	16~90	20~100	25~120	30~140	35~150	35~150	40~150
l① B级	—	—	—	—	160	160~180	160~200

螺纹规格 d×P (6g)	(M22×1.5)	M24×2	(M27×2)	M30×2	(M33×2)	M36×3	(M39×3)
a max	4.5	6	6	6	6	9	9
e min A级	37.72	39.98	—	—	—	—	—
e min B级	37.29	39.55	45.2	50.85	55.37	60.79	66.44
s max	34	36	41	46	50	55	60
s min A级	33.38	35.38	—	—	—	—	—
s min B级	33	35	40	45	49	53.8	58.8
k 公称	14	15	17	18.7	21	22.5	25
l① A级	45~150	40~150	—	—	—	—	—
长度范围 B级	160~220	160~200	55~280	40~220	65~360	40~220	80~380

续表

螺纹规格　d×P (6g)		M42×3	(M45×3)	M48×3	(M52×4)	M56×4	(M60×4)	M64×4
a	max	9	9	9	12	12	12	12
e	B级 min	71.3	76.95	82.6	88.25	93.56	99.21	104.86
s	max	65	70	75	80	85	90	95
	B级 min	63.1	68.1	73.1	78.1	82.8	87.8	92.8
k	公称 B级	26	28	30	33	35	38	40
l① 长度范围	B级	90~420	90~440	100~480	100~500	120~500	110~500	130~500

注:1. 括号内为非优选的螺纹规格

2. 标记示例:螺纹规格 d=M12×1.5,公称长度 l=80mm,细牙螺纹,性能等级为 8.8 级,表面氧化,全螺纹,A级六角头螺栓的标记:螺栓 GB/T 5786 M12×1.5×80

3. 表面处理:钢—氧化,不锈钢—简单处理

4. 性能等级

螺栓规格 d	M8×1~(M20×2)	(M22×1.5)~(M39×3)	M42×3~M64×4
钢	5.6、8.8、10.9	5.6、8.8、10.9	按协议
不锈钢	A2-70,A4-70	A2-50,A4-50	按协议

① 长度系列(单位为 mm)为 16,20~70(5 进位),70~160(10 进位),180~500(20 进位)

表 H.16　六角头铰制孔用螺栓(A 和 B 级)(GB 27—1988)　　　　　mm

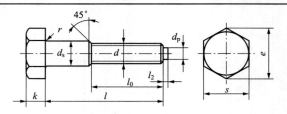

标记示例

螺纹规格 d＝M12、d_s尺寸按本表规定、公称长度 l＝80mm、机械性能 8.8 级、表面氧化处理、A 级的六角头铰制孔用螺栓：螺栓　GB27　M12×80

规格 d			M6	M8	M10	M12	(M14)	M16	(M18)	M20	(M22)	M24	(M27)	M30
d_s(h9)	max		7	9	11	13	15	17	19	21	23	25	28	32
	min		6.96	8.96	10.96	12.96	14.96	16.96	18.95	20.95	22.95	24.95	27.95	31.94
s	max		10	13	16	18	21	24	27	30	34	36	41	46
	min	A	9.78	12.73	15.73	17.73	20.67	23.67	26.67	29.67	33.38	35.38	—	—
		B	9.64	12.57	15.57	17.57	20.16	23.16	26.16	29.16	33	35	40	45
k	公称		4	5	6	7	8	9	10	11	12	13	15	17
r	min		0.25	0.4	0.4	0.6	0.6	0.6	0.6	0.8	0.8	0.8	1	1
d_p			4	5.5	7	8.5	10	12	13	15	17	18	21	23
l_2			1.5			2		3			4		5	
e_{min}		A	11.05	14.38	17.77	20.03	23.35	26.75	30.14	33.53	37.72	39.98	—	—
		B	10.89	14.20	17.59	19.85	22.78	26.17	29.56	32.95	37.29	39.55	45.20	50.85
g			2.5					3.5			5			
l_0			12	15	18	22	25	28	30	32	35	38	42	50
l			22～65	25～80	30～120	35～180	40～180	45～200	50～200	55～200	60～200	65～200	75～200	80～230
L 系列			25,(28),(32),35,(38),40,45,50,(55),60,(65),70,(75),80,85,90,(95), 100～260(10 进位),280,300											

注:1. 尽可能不采用括号内的规格

　　2. 根据使用要求,螺杆上无螺纹部分杆径(d_s)允许按 m6、u8 制造

　　3. 螺杆上无螺纹部分直径(d_s)末端倒角 45°,根据制造工艺要求,允许制成大于 45°、小于 1.5P 的颈部

表 H. 17　双头螺柱 $b_m=1d$(GB/T 897—1988)、$b_m=1.25d$(GB/T 898—1988)、$b_m=1.5d$(GB/T 899—1988)和 $b_m=2d$(GB/T 900—1988)　　　　mm

标记示例

两端均为粗牙普通螺纹，$d=10$mm、$l=50$mm、性能等级为 4.8 级、不经表面处理、B 型、$b_m=1d$ 的双头螺柱：

螺柱　GB/T 897　M10×50

旋入机体一端为过渡配合螺纹的第一种配合，旋入螺母一端为粗牙普通螺纹，$d=10$mm、$l=50$mm、性能等级为 8.8 级、镀锌钝化、B 型、$b_m=1d$ 的双头螺柱：

螺柱　GB/T 897　GM10－M10×50－8.8－Zn・D

螺纹规格 d(6g)		M2	M2.5	M3	M4	M5	M6	M8	M10	M12	(M14)	M16
b_m 公称	GB/T 897					5	6	8	10	12	14	16
	GB/T 898						6	8	10	12	15	18	20
	GB/T 899	3	3.5	4.5	6	8	10	12	15	18	21	24
	GB/T 900	4	5	6	8	10	12	16	20	24	28	32
x　max		2.5P										
$\dfrac{l}{b}$ ① 长度范围		$\dfrac{12\sim16}{6}$ $\dfrac{18\sim25}{10}$	$\dfrac{14\sim18}{8}$ $\dfrac{20\sim30}{11}$	$\dfrac{16\sim20}{6}$ $\dfrac{22\sim40}{12}$	$\dfrac{16\sim22}{8}$ $\dfrac{25\sim40}{14}$	$\dfrac{16\sim22}{10}$ $\dfrac{25\sim50}{16}$	$\dfrac{20\sim22}{10}$ $\dfrac{25\sim30}{14}$ $\dfrac{32\sim75}{18}$	$\dfrac{20\sim22}{12}$ $\dfrac{25\sim30}{16}$ $\dfrac{32\sim90}{22}$	$\dfrac{25\sim28}{14}$ $\dfrac{30\sim38}{16}$ $\dfrac{40\sim120}{26}$ $\dfrac{130}{32}$	$\dfrac{25\sim30}{16}$ $\dfrac{32\sim40}{20}$ $\dfrac{45\sim120}{30}$ $\dfrac{130\sim180}{36}$	$\dfrac{30\sim35}{18}$ $\dfrac{38\sim45}{25}$ $\dfrac{50\sim120}{34}$ $\dfrac{130\sim180}{40}$	$\dfrac{30\sim38}{20}$ $\dfrac{40\sim55}{30}$ $\dfrac{60\sim120}{38}$ $\dfrac{130\sim200}{44}$

螺纹规格 d(8g)		(M18)	M20	(M22)	M24	(M27)	M30	(M33)	M36	(M39)	M42	M48
b_m 公称	GB/T 897	18	20	22	24	27	30	33	36	39	42	48
	GB/T 898	22	25	28	30	35	38	41	45	49	52	60
	GB/T 899	27	30	33	36	40	45	49	54	58	63	72
	GB/T 900	36	40	44	48	54	60	66	72	78	84	96
x　max		2.5P										
$\dfrac{l}{b}$ ① 长度范围		$\dfrac{35\sim40}{22}$ $\dfrac{45\sim60}{35}$ $\dfrac{65\sim120}{42}$ $\dfrac{130\sim200}{48}$	$\dfrac{35\sim40}{25}$ $\dfrac{45\sim65}{35}$ $\dfrac{70\sim120}{46}$ $\dfrac{130\sim200}{52}$	$\dfrac{40\sim45}{30}$ $\dfrac{50\sim70}{40}$ $\dfrac{75\sim120}{50}$ $\dfrac{130\sim200}{56}$	$\dfrac{45\sim50}{30}$ $\dfrac{55\sim75}{45}$ $\dfrac{80\sim120}{54}$ $\dfrac{130\sim200}{60}$	$\dfrac{50\sim60}{35}$ $\dfrac{65\sim85}{50}$ $\dfrac{90\sim120}{60}$ $\dfrac{130\sim200}{66}$	$\dfrac{60\sim65}{40}$ $\dfrac{70\sim90}{50}$ $\dfrac{95\sim120}{66}$ $\dfrac{130\sim200}{72}$ $\dfrac{210\sim250}{85}$	$\dfrac{55\sim70}{45}$ $\dfrac{75\sim95}{60}$ $\dfrac{100\sim120}{72}$ $\dfrac{130\sim200}{78}$ $\dfrac{210\sim300}{91}$	$\dfrac{65\sim75}{45}$ $\dfrac{80\sim110}{60}$ $\dfrac{120}{78}$ $\dfrac{130\sim200}{84}$ $\dfrac{210\sim300}{97}$	$\dfrac{70\sim80}{50}$ $\dfrac{85\sim110}{60}$ $\dfrac{120}{84}$ $\dfrac{130\sim200}{90}$ $\dfrac{210\sim300}{103}$	$\dfrac{70\sim80}{50}$ $\dfrac{85\sim110}{70}$ $\dfrac{120}{90}$ $\dfrac{130\sim200}{96}$ $\dfrac{210\sim300}{109}$	$\dfrac{80\sim90}{60}$ $\dfrac{95\sim110}{80}$ $\dfrac{120}{102}$ $\dfrac{130\sim200}{108}$ $\dfrac{210\sim300}{121}$

注：1. 尽可能不采用括号内的规格

　　2. 旋入机体端可以采用过渡或过盈配合螺纹：GB/T 897～899：GM，G2M；GB/T 900：GM，G3M，YM

　　3. 旋入螺母端可以采用细牙螺纹

　　4. 性能等级：钢—4.8、5.8、6.8、8.8、10.9、12.9；不锈钢—A2-50、A2-70

　　5. 表面处理：钢—不经处理、氧化、镀锌钝化；不锈钢—不经处理

① 长度系列(单位为 mm)为 12、(14)、16、(18)、20、(22)、25、(28)、30、(32)、33、(38)、40、45、50、(55)、60、(65)、70、75、80、85、90、95、100～260(10 进位)、280、300

表 H.18　B 级等长双头螺柱 ($b_m = 1.25d$)（GB/T 901—1988）　　　　　mm

碾制末端　　　　　碾制末端

标记示例

螺纹规格 d＝M12、公称长度 l＝100mm、性能等级为 4.8 级、不经表面处理的 B 级等长双头螺柱：

螺柱　GB/T 901 M12×100

螺纹规格 d (6g)	M2	M2.5	M3	M4	M5	M6	M8	M10	M12	(M14)	M16	(M18)
b	10	11	12	14	16	18	28	32	36	40	44	48
x　max						$1.5P$						
l[①] 长度范围	10~60	10~80	12~250	16~300	20~300	25~300	32~300	40~300	50~300	60~300	60~300	60~300
螺纹规格 d (8g)	M20	(M22)	M24	(M27)	M30	(M33)	M36	(M39)	M42	M48	M56	
b	52	56	60	66	72	78	84	89	96	108	124	
x　max						$1.5P$						
l[①] 长度范围	70~300	80~300	90~300	100~300	120~400	140~400	140~500	140~500	140~500	150~500	190~500	

性能等级	钢	4.8、5.8、6.8、8.8、10.9、12.9
	不锈钢	A2-50、A2-70
表面处理	钢	(1)不经处理　(2)镀锌钝化
	不锈钢	不经处理

注：尽可能不采用括号内的规格

① 长度系列（单位为 mm）为 10、12、(14)、16、(18)、20、(22)、25、(28)、30、(32)、35、(38)、40、45、50、(55)、60、(65)、70、(75)、80、(85)、90、(95)、100~260(10 进位)、280、300、320、350、380、400、420、450、480、500

表 H. 19　内六角圆柱头螺钉(GB/T 70. 1－2008)　　　　　　　　　　mm

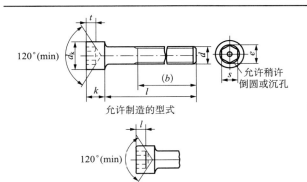

允许制造的型式

标记示例

螺纹规格 d＝M5、公称长度 l＝20mm,性能等级为
8.8 级、表面氧化的内六角圆柱头螺钉:

螺钉　GB/T 70　M5×20

螺纹规格	d	M1. 6	M2	M2. 5	M3	M4	M5	M6	M8	M10	M12
b	参考	15	16	17	18	20	22	24	28	32	36
d_k　max	光滑	3	3. 8	4. 5	5. 5	7	8. 5	10	13	16	18
	滚花	3. 14	3. 98	4. 68	5. 68	7. 22	8. 72	10. 22	13. 27	16. 27	18. 27
k	max	1. 6	2	2. 5	3	4	5	6	8	10	12
e	min	1. 73		2. 3	2. 87	3. 44	4. 58	5. 72	6. 86	9. 15	11. 43
s	公称	1. 5		2	2. 5	3	4	5	6	8	10
t	min	0. 7	1	1. 1	1. 3	2	2. 5	3	4	5	6
长度范围	l	2. 5～16	3～20	4～25	5～30	6～40	8～50	10～60	12～80	16～100	20～120

螺纹规格	d	(M14)	M16	M20	M24	M30	M36	M42	M48
b	参考	40	44	52	60	72	84	96	106
d_k max	光滑	21	24	30	36	45	54	63	72
	滚花	21. 33	24. 33	30. 33	36. 39	45. 39	54. 46	63. 46	72. 46
k	max	14	16	20	24	30	36	42	48
e	min	13. 72	16. 00	19. 44	21. 73	25. 15	30. 85	36. 57	41. 13
s	公称	12	14	17	19	22	27	32	36
l	min	7	8	10	12	15. 5	19	24	28
长度范围	l	25～140	25～160	30～200	40～200	45～200	55～200	60～300	70～300
性能等级	钢	d<3mm:按协议;3mm≤d≤39mm:8.8、10.9、12.9;d>39mm:按协议							
	不锈钢	d≤24mm:A2-70,A4-70;24mm<d≤39mm:A2-50,A4-50;d>39mm:按协议							
表面处理	钢	1)氧化;2)镀锌钝化							
	不锈钢	不经处理							

注:1. 长度系列为 2.5、3～6(1 进位)、8、10、12、16、20～70(5 进位)、80～160(10 进位)、180～300(20 进位)

　　2. 螺纹公差:12.9 级为 5g、6g,其他等级为 6g

表 H. 20　吊环螺钉(GB/T 825—1988)

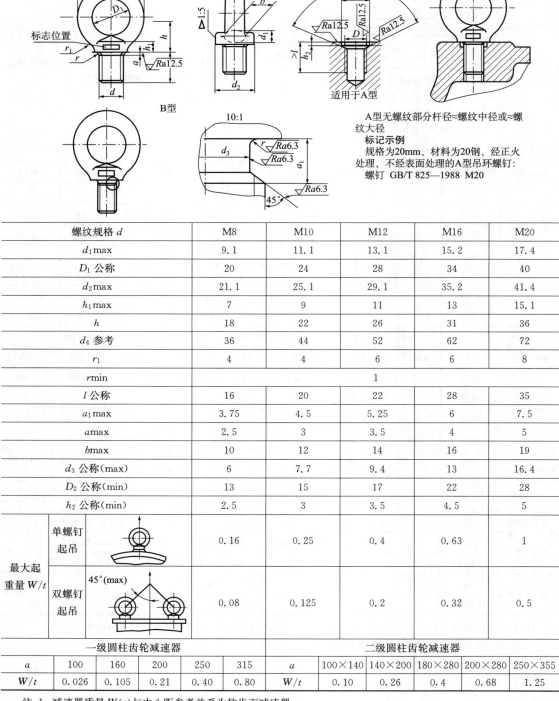

标志位置

B型

A型无螺纹部分杆径≈螺纹中径或≈螺纹大径

标记示例

规格为20mm、材料为20钢、经正火处理、不经表面处理的A型吊环螺钉：

螺钉 GB/T 825—1988 M20

螺纹规格 d		M8	M10	M12	M16	M20
d_1 max		9.1	11.1	13.1	15.2	17.4
D_1 公称		20	24	28	34	40
d_2 max		21.1	25.1	29.1	35.2	41.4
h_1 max		7	9	11	13	15.1
h		18	22	26	31	36
d_4 参考		36	44	52	62	72
r_1		4	4	6	6	8
r min				1		
l 公称		16	20	22	28	35
a_1 max		3.75	4.5	5.25	6	7.5
a max		2.5	3	3.5	4	5
b max		10	12	14	16	19
d_3 公称(max)		6	7.7	9.4	13	16.4
D_2 公称(min)		13	15	17	22	28
h_2 公称(min)		2.5	3	3.5	4.5	5
最大起重量 W/t	单螺钉起吊	0.16	0.25	0.4	0.63	1
	双螺钉起吊 45°(max)	0.08	0.125	0.2	0.32	0.5

一级圆柱齿轮减速器						二级圆柱齿轮减速器				
a	100	160	200	250	315	a	100×140	140×200	180×280	200×280	250×355
W/t	0.026	0.105	0.21	0.40	0.80	W/t	0.10	0.26	0.4	0.68	1.25

注:1. 减速器质量 $W(t)$ 与中心距参考关系为软齿面减速器

　　2. 螺钉采用 20 或 25 钢制造,螺纹公差为 8g

　　3. 表中螺纹规格 d 均为商品规格

表 H. 21　十字槽沉头螺钉(GB/T 819.1—2000、GB/T 818—2000)　　　mm

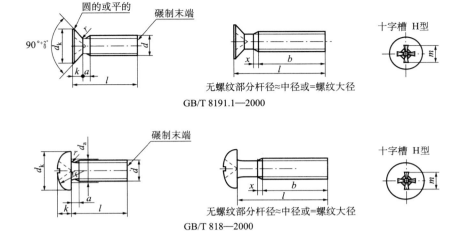

无螺纹部分杆径≈中径或=螺纹大径

GB/T 8191.1—2000

无螺纹部分杆径≈中径或=螺纹大径

GB/T 818—2000

标记示例

螺纹规格 d=M5、公称长度 l=20mm、性能等级为 4.8 级、不经表面处理的 H 型十字槽沉头螺钉：

螺钉　GB/T 819.1—2000　M5×20

螺纹规格 d=M5、公称长度 l=20mm、性能等级为 4.8 级、不经表面处理的 H 型十字槽盘头螺钉：

螺钉　GB/T 818—2000　M5×20

螺纹规格 d	螺距 P	a max	b max	x	GB/T 819.1—2000					GB/T 818—2000							l 商品规格范围	l 系列
					d_k max	k max	r max	十字槽 H 型插入深度		d_k max	k max	r max	r_f ≈	d_a max	十字槽 H 型插入深度			
								m 参考	max						m 参考	max		
M4	0.7	1.4	38	1.75	8.4	2.7	1	4.6	2.6	8	3.1	0.2	6.5	4.7	4.4	2.4	5~40	5、6、8、10、12、16、20、25、30、35、40、45、50、60
M5	0.8	1.6	38	2	9.3	2.7	1.3	5.2	3.2	9.5	3.7	0.2	8	5.7	5.9	2.9	GB 818—2000 6~45 GB 819.1—2000 6~50	
M6	1	2	38	2.5	11.3	3.3	1.5	6.8	3.5	12	4.6	0.45	10	6.8	6.9	3.6	8~60	
M8	1.25	2.5	38	3.2	15.8	4.65	2	8.9	4.6	16	6	0.4	13	9.2	9	4.6	10~60	
M10	1.5	3	38	3.8	18.3	5	2.5	10	5.7	20	7.5	0.4	16	11.2	10.1	5.8	12~60	

注：l≤45mm，制出全螺纹

表 H. 22　紧定螺钉　　　　　　　mm

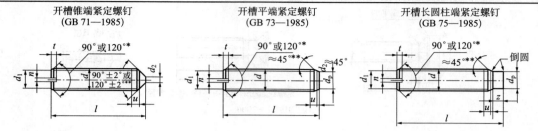

开槽锥端紧定螺钉（GB 71—1985）　　开槽平端紧定螺钉（GB 73—1985）　　开槽长圆柱端紧定螺钉（GB 75—1985）

标记示例

螺纹规格 d＝M5、公称长度 l＝12mm、性能等级为 14H 级、表面氧化的开槽锥端紧定螺钉（或开槽平端、开槽长圆柱端紧定螺钉）：

螺钉 GB 71—1985　M5×12；　螺钉 GB 73—1985　M5×12；　螺钉 GB 75—1985　M5×12

螺纹规格 d			M3	M4	M5	M6	M8	M10	M12
螺距 P			0.5	0.7	0.8	1	1.25	1.5	1.75
$d_f\approx$			螺纹小径						
d_t	max		0.3	0.4	0.5	1.5	2	2.5	3
	min		—	—	—	—	—	—	—
d_p	max		2	2.5	3.5	4	5.5	7	8.5
	min		1.75	2.25	3.5	3.7	5.2	6.64	8.14
n	公称		0.4	0.6	0.8	1	1.2	1.6	2
t	max		1.05	1.42	1.63	2	2.5	3	3.6
	min		0.8	1.12	1.28	1.6	2	2.4	2.8
z	max		1.75	2.25	2.75	3.25	4.3	5.3	6.3
	min		1.5	2.25	2.75	3.25	4.3	5.3	6.3
不完整螺纹的长度 u			≤2p						
l（商品规格）	GB 71—1985		4～16	6～20	8～25	8～30	10～40	12～50	14～60
	GB 73—1985		3～16	4～20	5～25	6～30	8～40	10～50	12～60
	GB 75—1985		5～16	6～20	8～25	8～30	10～40	12～50	14～60
	短螺钉	GB 73—1985	3	4	5	6	—	—	—
		GB 75—1985	5	6	8	8、10	10、12、14	12、14、16	14、16、20
公称长度 l 的系列			3,4,5,6,8,10,12,(14),16,20,25,30,35,40,45,50,(55),60						

注：1. 尽可能不采用括号内的规格

　　2. 表图中，带 * 公称长度在表中 l 范围内的短螺钉应制成 120°；90°、120°或 45°仅适用于螺纹小径以内的末端部分

表 H. 23　C 级 I 型六角螺母(GB/T 41—2000)　　　　　　　mm

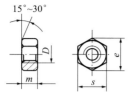

标记示例

螺纹规格 $D=$ M12、性能等级为 5 级、不经表面处理、C 级的 I 型六角螺母：

螺母　GB/T41　M12

螺纹规格(7H) D		M5	M6	M8	M10	M12	(M14)	M16	(M18)	M20	(M22)	M24	(M27)
e	min	8.63	10.89	14.20	17.29	19.85	22.78	26.17	29.56	32.95	37.29	39.55	45.2
s	max	8	10	13	16	18	21	24	27	30	34	36	41
s	min	7.64	9.64	12.57	15.57	17.57	20.16	23.16	26.16	29.16	33	35	40
m	max	5.6	6.4	7.94	9.54	12.17	13.9	15.9	16.9	19.0	20.2	22.3	24.7
性能等级 钢		5							4、5				
螺纹规格(7H) D		M30	(M33)	M36	(M39)	M42	(M45)	M48	(M52)	M56	(M60)	M64	
e	min	50.85	55.37	60.79	66.44	72.02	76.95	82.6	88.25	93.56	99.21	104.86	
s	max	46	50	55	60	65	70	75	80	85	90	95	
s	min	45	49	53.8	58.8	63.1	68.1	73.1	78.1	82.8	87.8	92.8	
m	max	26.4	29.5	31.9	34.3	34.9	36.9	38.9	42.9	45.9	48.9	52.4	
性能等级 钢		4、5				按协议							

注:1. 尽可能不采用括号内的规格

　2. 表面处理:钢—不经处理、镀锌钝化

表 H. 24　A 级和 B 级粗牙(GB/T 6175—2000)、细牙(GB/T 6176—2000)Ⅱ型六角螺母　　mm

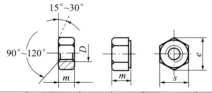

标记示例

螺纹规格 D-M16、性能等级为 9 级、表面氧化、A 级Ⅱ型六角螺母：

螺母　GB/T 6175　M16

螺纹规格(6H)	D	M5	M6	M8	M10	M12	(M14)	M16	—
	$D\times P$	—	—	M8×1	M10×1 (M10×1.25)	M12×1.5 (M12×1.25)	(M14×1.5)	M16×1.5	(M18×1.5)
e	min	8.79	11.05	14.38	17.77	20.03	23.35	26.75	29.56
s	max	8	10	13	16	18	21	24	27.00
s	min	7.78	9.78	12.73	15.73	17.73	20.67	23.67	26.16
m	max	5.1	5.7	7.5	9.3	12	14.1	16.4	17.6
性能等级 GB/T 6175		9、12							
性能等级 GB/T 6176		8、12							10
表面处理 钢		(1)氧化(2)镀锌钝化							
螺纹规格(6H)	D	M20	—	M24	—	M30	—	M36	
	$D\times P$	(M20×2) M20×1.5	(M22×1.5) —	M24×2 —	(M27×2) —	M30×2 —	(M33×2) —	M36×3 —	
e	min	32.95	37.29	39.55	45.2	50.85	55.37	60.79	
s	max	30	34	36	41	46	50	55	
s	min	29.16	33	35	42	46	49	53.8	
m	max	20.3	21.8	23.9	26.7	28.6	32.5	34.7	
性能等级 GB/T 6175		9、12							
性能等级 GB/T 6176		10							
表面处理 钢		(1)氧化　　(2)镀锌钝化							

注:括号内为非优选的螺纹规格

表 H.25　圆螺母(GB/T 812—2000)

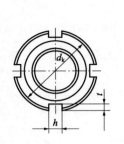

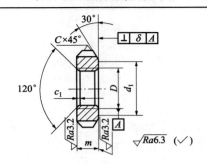

$D \leqslant$ M100×2,槽数 $n=4$

$D \geqslant$ M105×5,槽数 $n=6$

标记示例

螺纹规格 $D \times P =$ M16×1.5,材料为 45 钢、槽或全部热处理后,硬度为 35～45HRC,表面氧化的圆螺母:

螺母　GB/T 812—2000　M16×1.5

螺纹规格 $D \times P$	d_k	d_1	m	h_{min}	t_{min}	c	c_1	螺纹规格 $D \times P$	d_k	d_1	m	h_{min}	t_{min}	c	c_1
M10×1	22	16		4	2			M35×1.5*	52	43				1	
M12×1.25	25	19						M36×1.5	55	46					
M14×1.5	28	20	8					M39×1.5	58	49					
M16×1.5	30	22				0.5		M40×1.5*	58	49	10	6	3		
M18×1.5	32	24						M42×1.5	62	53					0.5
M20×1.5	35	27					0.5	M45×1.5	68	59					
M22×1.5	38	30		5	2.5			M48×1.5	72	61				1.5	
M24×1.5	42	34						M50×1.5*	72	61					
M25×1.5	42	34	10					M52×1.5	78	67	12	8	3.5		
M27×1.5	45	37				1		M55×2*	78	67					
M30×1.5	48	40						M56×2	85	74					
M33×1.5	52	43		6	3			M60×2	90	79					1

注:带 * 仅用于滚动轴承锁紧装置

表 H.26　标准型弹簧垫圈(GB 859—1987)

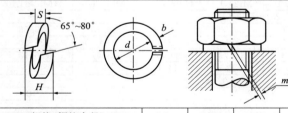

标记示例

规格为 16mm、材料为 65Mn、表面氧化的标准型(或轻型)弹簧垫圈:

垫圈 GB 859—1987

规格(螺纹大径)			3	4	5	6	8	10	12	(14)	16
GB 93—1987	$S(b)$	公称	0.8	1.1	1.3	1.6	2.1	2.6	3.1	3.6	4.1
	H	min	1.6	2.2	2.6	3.2	4.2	5.2	6.2	7.2	8.2
		max	2	2.75	3.25	4	5.25	6.5	7.75	9	10.25
	m	≤	0.4	0.55	0.65	0.8	1.05	1.3	1.55	1.8	2.05
规格(螺纹大径)			(18)	20	(22)	24	(27)	30	(33)	36	
GB 859—1987	$S(b)$	公称	4.5	5.0	5.5	6.0	6.8	7.5	8.5	9	
	H	min	9	10	11	12	13.6	15	17	18	
		max	11.25	12.5	13.75	15	17	18.75	21.25	22.5	
	m	≤	2.25	2.5	2.75	3	3.4	3.75	4.25	4.5	

表 H.27　圆螺母用止动垫圈(GB 858—1988)　　　　　　　　　　　mm

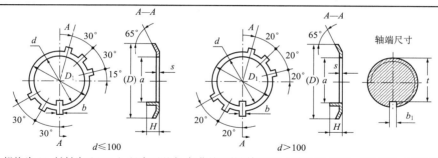

$d \leqslant 100$　　　　　$d > 100$

标记示例　规格为 16,材料为 Q235-A,经表面退火、氧化处理的圆螺母用止动垫圈:垫圈　GB 858—1988-16

规格(螺纹大径)	d	D(参考)	D_1	s	b	a	H	轴端	
								b_1	t
10	10.5	25	16			8			7
12	12.5	28	19	1	3.8	9	3	4	8
14	14.5	32	20			11			10
16	16.5	34	22			13	3		12
18	18.5	35	24			15			14
20	20.5	38	27			17			16
22	22.5	42	30			19			18
24	24.5	45	34	1	4.8	21	4	5	20
25*	25.5					22			—
27	27.5	48	37			24			23
30	30.5	52	40			27			26
33	33.5	56	43			30			29
35*	35.5					32			—
36	36.5	60	46			33			32
39	39.5	62	49	1.5	5.7	36	5	6	35
40*	40.5					37			—
42	42.5	66	53			39			38
45	45.5	72	59			42			41
48	48.5	76	61		7.7	45		8	44
50*	50.5					47			—
52	52.5	82	67			49			48
55*	56			1.5	7.7	52	6	8	—
56	57	90	74			53			52
60	61	94	79			57			56
64	65	100	84		7.7	61	6	8	60
65*	66					62			—
68	69	105	88			65			64
72	73	110	93			69			68
75*	76			1.5	9.6	71		10	—
76	77	115	98			72			70
80	81	120	103			76			74
85	86	125	108			81			79
90	91	130	112			86			84
95	96	135	117		11.6	91	7	12	89
100	101	140	122			96			94
105	106	145	127	2		101			99
110	111	156	135			106			104
115	116	160	140		13.5	111		14	109
120	121	166	145			116			114
125	126	170	150			121			119

表 H.28　螺钉紧固轴端挡圈(GB/T 891—1986)、螺栓紧固轴端挡圈(GB/T 892—1986)

GB/T 891—1986　　　　　　　　　　　GB/T 892—1986

标记示例

公称直径 $D=45\text{mm}$,材料为 Q235A、不经表面处理的 A 型螺栓紧固轴端挡圈:

挡圈　GB/T 892—1986　45

按 B 型制造时,应加标记 B:

挡圈　GB/T 892—1986　B45

轴径 $d_0\leqslant$	公称直径 D	H 基本尺寸	H 极限偏差	L 基本尺寸	L 极限偏差	d	d_1	D_1	c	螺栓 GB/T 5781—2000(推荐)	螺钉 GB/T 819.1—2000(推荐)	圆柱销 GB/T 119—2000(推荐)	垫圈 GB/T 93—1987(推荐)	安装尺寸 L_1	L_2	L_3	h
20	28	4		7.5		5.5	2.1	11	0.5	M5×16	M5×12	A2×10	5	14	6	16	5.1
22	30	4		7.5													
25	32	5		10	±0.11												
28	35	5		10													
30	38	5		10		6.6	3.2	13	1	M6×20	M6×16	A3×12	6	18	7	20	6
32	40	5		12													
35	45	5	0 −0.30	12													
40	50	5		12	±0.135												
45	55	6		16													
50	60	6		16													
55	65	6		16		9	4.2	17	1.5	M8×25	M8×20	A4×14	8	22	8	24	8
60	70	6		20													
65	75	6		20	±0.165												
70	80	6		20													
75	90	8	0 −0.36	25		1.3	5.2	25	2	M12×30	M12×25	A5×16	12	26	10	28	11.5
85	100	8		25													

注:1. 当挡圈安装在带螺纹孔的轴端时,紧固用螺栓允许加长

　　2. GB/T 891—1986 的标记同 GB/T 892—1986

　　3. 材料为 Q235A、35 和 45

表 H. 29 孔用弹性挡圈(GB 893.1—1986)

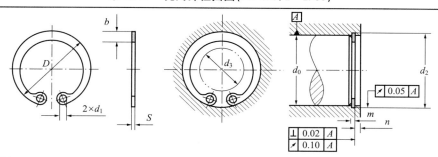

标记示例

孔径 d_0＝50mm、材料 65Mn、热处理硬度 HRC44～51、经表面氧化处理的 A 型孔用弹性挡圈：

挡圈 GB 893.1—1986-50

注：d_3—允许套入的最大轴径

孔径 d_0	挡圈				沟槽(推荐)				轴 $d_3 \leqslant$
	D	S	$b\approx$	d_1	d_2		m	$n\geqslant$	
					基本尺寸	极限偏差			
50	54.2				53				36
52	56.2	2	4.7		55			4.5	38
55	59.2				58				40
56	60.2				59		2.2		41
58	62.2				61				43
60	64.2	2	5.2		63	+0.3			44
62	66.2				65	0			45
63	67.2				66				46
65	69.2				68			4.5	48
68	72.5				71				50
70	74.5		5.7		73				53
72	76.5			3	75				55
75	79.5		6.3		78				56
78	82.5				81				60
80	85.5				83.5				63
82	87.5	2.5	6.8		85.5		2.7		65
85	90.5				88.5				68
88	93.5		7.3		91.5	+0.35			70
90	95.5				93.5	0		5.3	72
92	97.5				95.5				73
95	100.5		7.7		98.5				75
98	103.5				101.5				78
100	105.5				103.5				80
102	108		8.1		106				82
105	112				109				83
108	115		8.8		112	+0.54			86
110	117			4	114	0			88
112	119				116				89
115	122		9.3		119			6	90
120	127	3			124		3.2		95
125	132		10	2.5	129				100
130	137				134				105
135	142			2.7	139	+0.63			110
140	147				144	0			115
145	152		10.9	2.75	149				118
150	158			2.8	155			7.5	121

表 H. 30　轴用弹性挡圈(GB 894. 1—1986)

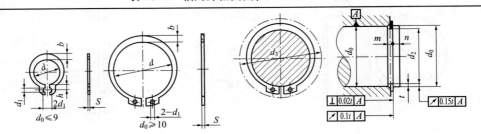

标记示例

轴径为 50,材料为 65Mn,经热处理 HRC44~51,表面氧化处理的 A 型轴用挡圈:

挡圈　GB 894. 1—1986-50

径 d_0	挡圈					沟槽(推荐)			孔 $d_3 \geqslant$
	d	S	$b \approx$	d_1	h	d_2	m	$n \geqslant$	
5	4. 7		1. 12	1	1. 25	4. 8			10. 7
6	5. 6	0. 6			1. 35	5. 7	0. 7	0. 5	12. 2
7	6. 5		1. 32	1. 2	1. 55	6. 7			13. 8
8	7. 4	0. 8			1. 60	7. 6	0. 9	0. 6	15. 2
9	8. 4		1. 44		1. 65	8. 6			16. 4
10	9. 3	1	1. 44		—	9. 6	1. 1	0. 6	17. 6
11	10. 2		1. 52	1. 5		10. 5		0. 8	18. 6
12	11		1. 72			11. 5			19. 6
13	11. 9		1. 88			12. 4		0. 9	20. 8
14	12. 9			1. 7		13. 4			22
15	13. 8		2. 00			14. 3		1. 1	23. 2
16	14. 7		2. 32			15. 2		1. 2	24. 4
17	15. 7		2. 48			16. 2			25. 6
18	16. 5					17			27
19	17. 5					18			28
20	18. 5					19		1. 5	29
21	19. 5		2. 68			20			31
22	20. 5					21			32
24	22. 2			2		22. 9			34
25	23. 2		3. 32			23. 9		1. 7	35
26	24. 2					24. 9			36
28	25. 9	1. 2	3. 60			26. 6	1. 3		38. 4
29	26. 9		3. 72			27. 6		2. 1	39. 8
30	27. 9					28. 6			42
32	29. 6		3. 92			30. 3		2. 6	44
34	31. 5		4. 32			32. 3			46
35	32. 2	1. 5		2. 5		33	1. 7		48
36	33. 2		4. 52			34		3	49
37	34. 2					35			50
38	35. 2			2. 5	—	36		3	51
40	36. 5					37. 5			53
42	38. 5	1. 5	5. 0			39. 5	1. 7		56
45	41. 5			3		42. 5		3. 8	59. 4
48	44. 5					45. 5			62. 8

续表

径 d_0	挡 圈					沟槽(推荐)			孔 $d_3 \geqslant$
	d	S	$b \approx$	d_1	h	d_2	m	$n \geqslant$	
50	45.8					47			64.8
52	47.8		5.48			49			67
55	50.8					52			70.4
56	51.8	2				53	2.2		71.7
58	53.8					55			73.6
60	55.8		6.12			57			75.8
62	57.8					59		4.5	79
63	58.8					60			79.6
65	60.8					62			81.6
68	63.5					65			85
70	65.5					67			87.2
72	67.5		6.32	3		69			89.4
75	70.5					72			92.8
78	73.5	2.5				75	2.7		96.2
80	74.5					76.5			98.2
82	76.5		7.0			78.5			101
85	79.5					81.5			104
88	82.5					84.5		5.3	107.3
90	84.5		7.6			86.5			110
95	89.5		9.2			91.5			115
100	94.5					96.5			121
105	98		10.7			101			132
110	103	3	11.3	4		106	3.2	6	136
115	108		12			111			142

附录 I 键、花键及销连接

I.1 普 通 平 键

表 I.1 普通平键连接(GB/T 1095—2003、GB/T 1096—2003)　　　　　mm

普通平键的形式和尺寸(GB/T 1096—2003)　　　　　键和键槽的剖面尺寸(GB/T 1095—2003)

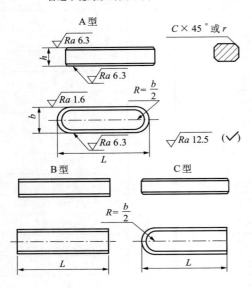

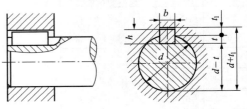

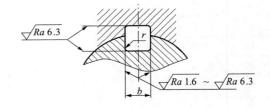

标记示例

圆头普通平键(A 型),$b=10\text{mm}$,$h=8\text{mm}$,$L=25$:

键　10×25　GB/T 1096—2003

对于同一尺寸的平头普通平键(B 型)或单圆头普通平键(C 型):

键　B10×25　GB/T 1096—2003

键　C10×25　GB/T 1096—2003

轴径 d	键的公称尺寸				每 100mm 质量/kg	键槽尺寸						
						轴槽深 t		毂槽深 t_1		b	圆角半径 r	
	b(h8)	(h8) h(h11)	c 或 r	L(h14)		基本尺寸	公差	基本尺寸	公差		min	max
自 6~8	2	2	0.16~0.25	6~20	0.003	1.2	+0.1 0	1	+0.1 0		0.08	0.16
>8~10	3	3		6~36	0.007	1.8		1.4				
>10~12	4	4		8~45	0.013	2.5		1.8				

续表

轴径 d	键的公称尺寸				每 100mm 质量/kg	键槽尺寸						
	b(h8)	(h8) h(h11)	c 或 r	L(h14)		轴槽深 t		毂槽深 t₁		b	圆角半径 r	
						基本尺寸	公差	基本尺寸	公差		min	max
>12~17	5	5	0.25~0.4	10~56	0.02	3.0	+0.1 0	2.3	+0.1 0		0.16	0.25
>17~22	6	6		14~70	0.028	3.5		2.8				
>22~30	8	7		18~90	0.044	4.0		3.3				
>30~38	10	8	0.4~0.6	22~110	0.063	5.0	+0.2 0	3.3	+0.2 0	公称尺寸与键相同,公差见表 I.2	0.25	0.4
>38~44	12	8		28~140	0.075	5.0		3.3				
>44~50	14	9		36~160	0.099	5.5		3.8				
>50~58	16	10		45~180	0.126	6.0		4.3				
>58~65	18	11		50~200	0.155	7.0		4.4				
>65~75	20	12	0.6~0.8	56~220	0.188	7.5		4.9			0.4	0.6
>75~85	22	14		63~250	0.242	9.0		5.4				
>85~95	25	14		70~280	0.275	9.0		5.4				
>95~110	28	16		80~320	0.352	10.0		6.4				
>110~130	32	18		90~360	0.452	11		7.4				
>130~150	36	20	1~1.2	100~400	0.565	12		8.4			0.7	1.0
>150~170	40	22		100~400	0.691	13		9.4				
>170~200	45	25		110~450	0.883	15		10.4				
>200~230	50	28		125~500	1.1	17		11.4				
>230~260	56	32	1.6~2.0	140~500	1.407	20	+0.3 0	12.4	+0.3 0		1.2	1.6
>260~290	63	32		160~500	1.583	20		12.4				
>290~330	70	36		180~500	1.978	22		14.4				
>330~380	80	40	2.5~3	200~500	2.512	25		15.4			2	2.5
>380~440	90	45		220~500	3.179	28		17.4				
>440~500	100	50		250~500	3.925	31		19.5				
L 系统	6,8,10,12,14,16,18,20,22,25,28,32,36,40,45,50,56,63,70,80,90,100,110,125,140,160,180, 200,220,250,280,230,360,400,450,500											

注:1. 在工作图中,轴槽深用 d−t 或 t 标注,毂槽深用 d+t₁ 标注。(d−t) 和 (d+t₁) 尺寸偏差按相应的 t 和 t₁ 的偏差选取,但 (d−t) 偏差负号(−)

2. 当键长大于 500mm 时,其长度应按 GB/T 321—1980 优先数和优先数系的 R20 系列选取

3. 表中每 100mm 长的质量系指 B 型键

4. 键高偏差对 B 型键应为 h9

表 I.2　键和键槽尺寸公差带(GB/T 1096—2003)　　　　　　μm

键的公称尺寸/mm	键的公差带				键槽尺寸公差带					
	b	h	L	d_1	槽宽 b					槽长 L
	h8	h11	h14	h12	松连接		正常连接		紧密连接	H14
					轴 H9	毂 D10	轴 N9	毂 J.9	轴与毂 P9	
≤3	0 −25	2 −60 (0 −25)		0 −100	+25 0	+60 +20	−4 −29	±12.5	−6 −31	+250 0
>3~6	0 −30	0 −75 (0 −30)		0 −120	+30 0	+78 +30	0 −30	±15	−12 −42	+300 0
>6~10	0 −36	0 −90	0 −360	0 −150	+36 0	+98 +40	0 −36	±18	−15 −51	+360 0
>10~18	0 −43	0 −110	0 −430	0 −180	+43 0	+120 +50	0 −43	±21	−18 −61	+430 0
>18~30	0 −52	0 −130	0 −520	0 −210	+52 0	+149 +65	0 −52	±26	−22 −74	+52 0
>30~50	0 −62	0 −160	0 −620	0 −250	+62 0	+180 +80	0 −62	±31	−26 −88	+620 0
>50~80	0 −74	0 −190	0 −740	0 −300	+74 0	+220 +100	0 −74	±37	−32 −106	+740 0
>80~120	0 −87	0 −220	0 −870	0 −350	+87 0	+260 +120	0 −87	±43	−37 −124	+870 0
>120~180	0 −100	0 −250	0 −1000	0 −400	+100 0	+305 +145	0 −100	±50	−43 −143	+1000 0
>180~250	0 115	0 −290	0 −1150	0 −460	+115 0	+355 +170	0 −115	±57	−50 −165	+1150 0

注:1. 括号内值为 h9 值,适用于 B 型普通平键

2. 半圆键无较松连接形式

3. 楔键槽宽轴和毂都取 $D10$

I.2　矩 形 花 键

I.2.1　矩形花键基本尺寸系列(GB/T 1144—2001)

表 I.3　矩形花键基本尺寸系列(GB/T 1144—2001)　　　　　mm

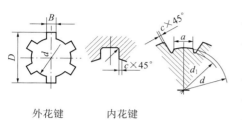

外花键　　　内花键

标记示例:	
花键规格	$N\times d\times D\times B$　　例如 $6\times23\times26\times6$
花键副	$6\times23\dfrac{H7}{f7}\times26\dfrac{H10}{a11}\times6\dfrac{H11}{d10}$　GB/T 1144—2001
内花键	$6\times23H7\times26H10\times6H11$　　GB/T 1144—2001
外花键	$6\times23f7\times26a11\times6d10$　　GB/T 1144—2001

小径 d	轻　系　列				参考		中　系　列				参考	
	规格 $N\times d\times D\times B$	c	r		d_{1min}	a_{min}	规格 $N\times d\times D\times B$	c	r		d_{1min}	a_{min}
11							$6\times11\times14\times3$	0.2	0.1			
13							$6\times13\times16\times3.5$					
16							$6\times16\times20\times4$				14.4	1.0
18							$6\times18\times22\times5$	0.3	0.2		16.6	1.0
21							$6\times21\times25\times5$				19.5	2.0
23	$6\times23\times26\times6$	0.2	0.1		22	3.5	$6\times23\times28\times6$				21.2	1.2
26	$6\times26\times30\times6$				24.5	3.8	$6\times26\times32\times6$				23.6	1.2
28	$6\times28\times32\times7$				26.6	4.0	$6\times28\times34\times7$				25.8	1.4
32	$8\times32\times36\times6$	0.3	0.2		30.3	2.7	$8\times32\times38\times6$	0.4	0.3		29.4	1.0
36	$8\times36\times40\times7$				34.4	3.5	$8\times36\times42\times7$				33.4	1.0
42	$8\times42\times46\times8$				40.5	5.0	$8\times42\times48\times8$				39.4	2.5
46	$8\times46\times50\times9$				44.6	5.7	$8\times46\times54\times9$				42.6	1.4
52	$8\times52\times58\times10$				49.6	4.8	$8\times52\times60\times10$	0.5	0.4		48.6	2.5
56	$8\times56\times62\times10$				53.5	6.5	$8\times56\times65\times10$				52.0	2.5
62	$8\times62\times68\times12$				59.7	7.3	$8\times62\times72\times12$				57.7	2.4
72	$10\times72\times78\times12$	0.4	0.3		69.6	5.4	$10\times72\times82\times12$				67.7	1.0
82	$10\times82\times88\times12$				79.3	8.5	$10\times82\times92\times12$				77.0	2.9
92	$10\times92\times98\times11$				89.6	9.9	$10\times92\times102\times11$	0.6	0.5		87.3	4.5
102	$10\times102\times108\times15$				99.6	11.3	$10\times102\times112\times16$				97.7	6.2
112	$10\times112\times120\times18$	0.5	0.4		108.8	10.5	$10\times112\times125\times18$				106.2	4.1

注：1. r 为齿数；D 为大径；B 为键宽或键槽宽

　　2. d_1 和 a 值仅适用于展成法加工

I.2.2　矩形花键位置度和对称度

表 I.4　矩形花键位置度和对称度(GB/T 1144—2001)　　　　　　　　mm

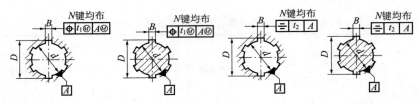

键槽宽或键宽 B		3	3.5~6	7~10	12~18
		t_1			
键槽		0.010	0.015	0.020	0.025
键	滑动、固定	0.010	0.015	0.020	0.025
	紧滑动	0.006	0.010	0.013	0.016
		t_2			
一般用		0.010	0.012	0.015	0.018
精密传动用		0.006	0.008	0.009	0.011

注:花键的等分度公差值等于键宽的对称度公差

I.2.3　矩形(内、外)花键的尺寸公差带

表 I.5　内、外花键的尺寸公差带(GB 1144—2001)

内花键				外花键			装配形式	用途
d	D	B		d	D	B		
		拉削后不热处理	拉削后热处理					
H7	H10	H9	H11	f7	a11	d10	滑动	一般用
				g7		f9	紧滑动	
				h7		h10	固定	
H5	H10	H7、H9		f5	a11	d8	滑动	精密传动用
				g5		f7	紧滑动	
				h5		h8	固定	
H6				f6		d8	滑动	
				g6		f7	紧滑动	
				h6		d8	固定	

注:1. N 为键数、D 为大径、B 为键宽,d_1 和 a 值仅适用于展成法加工

　　2. 精密传动用的内花键,当需要控制键侧配合间隙时,槽宽可选用 H7,一般情况下可选用 H9

　　3. d 为 H6 和 H7 的内花键,允许与提高一级的外花键配合

I.3 圆 柱 销

表 I.6 圆柱销 不淬硬钢和奥氏体不锈钢(GB/T 119.1—2000)
淬硬钢和马氏体不锈钢(GB/T 119.2—2000)

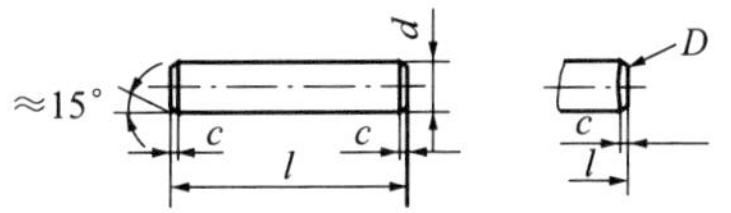

允许倒圆或凹穴

标记示例

公称直径d=8mm,公差为m6,公称长度l=30,材料为钢,不经淬火,不经表面处理的圆柱销:

销 GB/T 119.1 8m5×30

尺寸公差同上,材料为钢,普通淬火(A型),表面氧化处理的圆柱销:

销 GB/T 119.2 8×30

尺寸公差同上,材料为C1组马氏体不锈钢表面简单处理的圆柱销:

销 GB/T 119.2 6×30—C1

末端形状由制造者确定

d	0.6	0.8	1	1.2	1.5	2	2.5	3	4	5	6	8	10	12	16	20	25	30	40
c	0.12	0.16	0.2	0.25	0.3	0.35	0.4	0.5	0.63	0.8	1.2	1.6	2	2.5	3	3.5	4	5	6.3
GB/T 119.1 l	2~6	2~8	4~10	4~12	4~16	6~20	6~24	8~30	8~40	10~50	12~60	14~80	18~95	22~140	26~180	35~200	50~200	50~200	80~200

1. 钢硬度 125~245HV30,奥氏体不锈钢 A1硬度 210~280 HV30,马氏体不锈钢 C1组硬度 210~280 HV30
2. 粗糙度公差 m6,$Ra \leqslant 0.8\mu m$;公差 h8,$Ra \leqslant 1.6\mu m$

续表

	d	1	1.5	2	2.5	3	4	5	6	8	10	12	16	20
GB/T 119.2	c	0.2	0.3	0.35	0.4	0.5	0.63	0.8	1.2	1.6	2	2.5	3	3.5
	l	3~10	4~16	5~20	6~24	8~30	10~40	12~50	14~60	18~80	22~100	26~100	40~100	50~100

1. 钢 A 型,普通淬火,硬度 550~650HV30,B 型表面淬火,表面硬度 600~700HV1,渗碳深度 0.25~0.4mm,550HV1,马氏体不锈钢 C1,淬火并回火,硬度 460~560HV30

2. 表面粗糙度 $Ra \leqslant 0.8 \mu m$

注:l 系列(公称尺寸,单位 mm):2,3,4,5,6,8,10,12,14,16,18,20,22,24,26,28,30,32,35,40,45,50,55,60,65,70,75,80,85,90,100,公称长度大于 100mm,按 20mm 递增

I.4　圆　锥　销

表 I.7　圆锥销(GB/T 117—2000)　　　　　　　　　　　mm

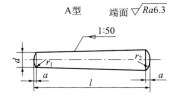

A型　端面 $\sqrt{Ra6.3}$　　　1:50

$r_1 \approx d$

$r_2 \approx \dfrac{a}{2} + d + \dfrac{(0.021)^2}{8a}$

标记示例

公称直径 $d=10$mm,长度 $l=60$mm,材料 35 钢,热处理硬度 28~38HRC,表面氧化处理的 A 型圆锥销:

销　GB/T 117　10×50

d(公称)h10	0.6	0.8	1	1.2	1.5	2	2.5	3	4	5
$a\approx$	0.08	0.1	0.12	0.16	0.2	0.25	0.3	0.4	0.5	0.63
l(商品规格范围)	4~8	5~12	6~16	6~20	8~24	10~35	10~35	12~45	14~55	18~60
d(公称)h10	6	8	10	12	16	20	25	30	40	50
$a\approx$	0.8	1	1.2	1.6	2	2.5	3	4	5	6.3
l(商品规格范围)	22~90	22~120	26~160	32~180	40~200	45~200	50~200	55~200	60~200	65~200
l 系列(公称尺寸)	2,3,4,5,6,8,10,12,14,16,18,20,22,24,26,28,30,32,35,40,45,50,55,60,65,70,75,80,85,90,95,100,公称长度大于 100mm,按 20mm 递增									

注:1. A 型(磨削):锥面表面粗糙度 $Ra=0.8\mu$m;

　　B 型(切削或冷镦):锥面表面粗糙度 $Ra=3.2\mu$m

　2. 材料:钢、易切钢(Y12、Y15),碳素钢(35,28~38HRC、45,38~46HRC)合金钢(30CrMnSiA35~41HRC);不锈钢(1Cr13、2Cr13、Cr17Ni12、0Cr18Ni9Ti)

附录 J 联 轴 器

表 J.1 弹性柱销联轴器(GB/T 5014—2003)　　　mm

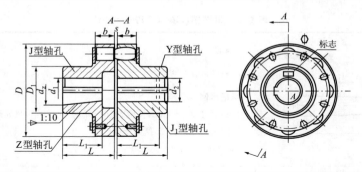

型号	公称转矩 T_n/(N·m)	许用转速[n] /(r/min)	轴孔直径 d_1、d_2、d_z	轴孔长度			D	D_1	b	s	转动惯量 J/(kg·m²)	质量 m/kg
				Y 型	J、J₁、Z 型							
				L	L_1	L						
LX1	250	8500	12	32	27	—	90	40	20	2.5	0.002	2
			14									
			16	42	30	42						
			18									
			19									
			20	52	38	52						
			22									
			24									
LX2	560	6300	20	52	38	52	120	55	28	2.5	0.009	5
			22									
LX2	560	6300	24	52	38	52	120	55	28	2.5	0.009	5
			25	66	44	62						
			28									
			30									
			32	82	60	82						
			35									
LX3	1250	4750	30	82	60	82	160	75	36	2.5	0.026	8
			32									
			35									
			38									
			40									
			42	112	84	112						
			45									
			48									

续表

型号	公称转矩 T_n/(N·m)	许用转速$[n]$ /(r/min)	轴孔直径 d_1、d_2、d_z	轴孔长度			D	D_1	b	s	转动惯量 J/(kg·m^2)	质量 m/kg
				Y 型 L	J、J$_1$、Z 型 L_1	L						
LX4	2500	3870	40	112	84	112	195	100	45	3	0.109	22
			42									
			45									
			48									
			50									
			55									
			56									
			60	142	107	142						
			63									
LX5	3150	3450	50	112	84	112	220	120	45	3	0.191	30
			55									
			56									
			60	142	107	142						
			63									
			65									
			70									
			71									
			75									
LX6	6300	2720	60	142	107	142	280	140	56	4	0.543	53
			63									

注:1. Y 为长圆柱形轴孔

2. J 为有沉孔的短圆柱形轴孔

3. J$_1$ 为无沉孔的短圆柱形轴孔

4. Z 为有沉孔的锥形轴孔

5. Z$_1$ 为无沉孔的锥形轴孔

表 J.2　带制动轮弹性套柱销联轴器（GB/ 4323—2002）　　　　　　　　mm

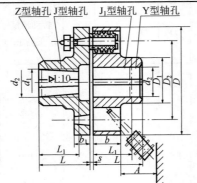

标记示例

例1　LT6 联轴器　40×112　GB/T 4323—2002

主动端 $d_1=40\text{mm}$，Y 型轴孔 $L=112\text{mm}$　A 型键槽

从动端 $d_2=40\text{mm}$，Y 型轴孔 $L=112\text{mm}$　A 型键槽

例2　LT3 联轴器　$\dfrac{ZC\,16\times30}{JB\,18\times30}$　GB/T 4323—2002

主动端 $d_z=16\text{mm}$，Z 型轴孔 $L_1=30\text{mm}$　C 型键槽

从动端 $d_2=18\text{mm}$，J 型轴孔 $L_1=30\text{mm}$　B 型键槽

型号	公称转矩 T_n (N·m)	许用转速[n] 铁 (r/min)	钢	轴孔直径 d_1,d_2,d_z 铁	钢	Y型 L	J、J₁、Z型 L_1	Z型 L	L推荐	D	A	(A)	质量 (kg)	转动惯量 (kg·m²)	ΔY (mm)	Δα
LT1	6.3	6600	8800	9 10、11 12	 12、14	20 25 32	14 17 20	—	—	25	71	18	0.82	0.0005	0.1	45′
LT2	16	5500	7600	12、14 16	 16、18、19	42	30	42	42	35	80	18	1.20	0.0008	0.1	45′
LT3	31.5	4700	6300	16、18、19 20	 20、22	52	38	52	52	38	95	35	2.20	0.0023	0.1	45′
LT4	63	4200	5700	20、22、24 —	 25、28	62	44	62	62	40	106	35	2.84	0.0037	0.1	45′
LT5	125	3600	4600	25、28 30、32	 30、32、35	82	60	82	82	50	130	45	6.05	0.012	0.1	45′
LT6	250	3300	3800	32、35、38 40	 40、42	112	84	112	112	55	160	45	9.75	0.028	0.15	45′
LT7	500	2800	3600	40、42 45	40、42 45、48	112	84	112	112	65	190	45	14.01	0.055	0.15	45′
LT8	710	2400	3000	45、48、50、55 — —	— 56 60、63	112 112 142	84 84 107	112	142	70	224	65	23.12	0.340	0.2	30′
LT9	1000	2100	2850	50、55、56 60、63 —	 65、70、71	112 142 142	84 107 107	142	142	80	250	65	30.69	0.213	0.2	30′

注：1. 优先选用 L推荐 轴孔长度

　　2. 质量、转动惯量按材料为钢、最大轴孔、L推荐 的近似值

　　3. 联轴器许用运转补偿量为安装补偿量的 1 倍

　　4. 联轴器短时过载不得超过公称转矩的 2 倍

表 J.3 LM梅花形弹性联轴器（GB/T 5272—2002）

1、3—半联轴器；2—弹性元件

标记示例

LM3 型梅花形弹性联轴器，MT3 型弹性件为 a。

主动端：Z 型轴孔、A 型键槽、轴孔直径 $d_2＝30mm$、轴孔长度 $L_{推荐}＝40mm$；

从动端：Y 型轴孔、B 型键槽、轴孔直径 $d_1＝25mm$、轴孔长度 $L_{推荐}＝40mm$。

$$\text{LM3 型联轴器} \quad \frac{ZA30×40}{YB25×40} \quad MT3 \quad a \quad GB\ 5272—2002$$

型号	公称转矩 T_s /(N·m) 弹性件硬度 a/A_A 80±5	b/H_D 60±5	许用转速 [n] /(r/min)	轴孔直径 d_1、d_2、d_3 /mm	轴孔长度 /mm Y型 L	Z、J型 L	$L_{推荐}$	L_0 /mm	D /mm	弹性件型号	质量 m/kg	转动惯量 J/(kg·m²)
LM1	25	15	15300	12、14	32	27	35	86	50	MT1 —a —b	0.66	0.0002
				16、18、19	42	30						
				20、22、24	52	38						
				25	62	44						
LM2	50	100	12000	16、18、19	42	30	38	95	60	MT2 —a —b	0.93	0.0004
				20、22、24	52	38						
				25、28	62	44						
				30	82	60						
LM3	100	200	10900	20、22、24	52	38	40	103	70	MT3 —a —b	1.41	0.0009
				25、28	62	44						
				30、32	82	60						
LM4	140	280	9000	22、24	52	38	45	114	85	MT4 —a —b	2.18	0.0020
				25、28	62	41						
				30、32、35、38	82	60						
				40	112	84						
LM5	350	400	7300	25、28	62	44	50	127	105	MT5 —a —b	3.60	0.0050
				30、32、35、38	82	60						
				40、42、45	112	84						
LM6	400	710	6100	30、32、35、38	82	60	55	143	125	MT6 —a —b	6.07	0.0114
				40、42、45、48	112	84						

续表

型号	公称转矩 T_s /(N·m)		许用转速 [n] /(r/min)	轴孔直径 d_1,d_2,d_3 /mm	轴孔长度 /mm		L_0 /mm	D /mm	弹性件型号	质量 m/kg	转动惯量 J/(kg·m²)
	弹性件硬度				Y型	Z、J型					
	a/A_A	b/H_D			L	L推荐					
	80±5	60±5									
LM7	630	1120	5300	35*、38*	82	60	159	145	MT7 $\begin{matrix}-a\\-b\end{matrix}$	9.09	0.0232
				40*、42*、45、48、50、55	112	84 60					
LM8	1120	2240	4500	45*、48*、50、55、56	112	84 70	181	170	MT8 $\begin{matrix}-a\\-b\end{matrix}$	13.56	0.0468
				60、63、65*	142	107					
LM9	1800	3550	3800	50*、55*、56*	112	84	208	200	MT9 $\begin{matrix}-a\\-b\end{matrix}$	21.49	0.1041
				60、63、65、70、71、75	142	107 80					
				80	172	132					
LM10	2800	5600	3300	60*、63*、65*、70、71、75	142	107	230	230	MT10 $\begin{matrix}-a\\-b\end{matrix}$	32.03	0.2105
				80、85、90、95	172	132 90					
				100	212	167					
LM11	4500	9000	2900	70*、71*、75*	142	107	260	105	MT11 $\begin{matrix}-a\\-b\end{matrix}$	49.52	0.4338
				80、85、90、95	172	132 100					
				100、110、120	212	167					
LM12	6300	12500	2500	80*、83*、90*、95*	172	132	297	300	MT12 $\begin{matrix}-a\\-b\end{matrix}$	73.43	0.8205
				100、110、120、125	212	167 115					
				130	252	202					
LM13	11200	20000	2100	90*、95*	172	132	323	360	MT13 $\begin{matrix}-a\\-b\end{matrix}$	103.86	1.6718
				100*、110*、120*、125*	212	167 125					
				130、140、150	252	202					
LM14	12500	23000	1900	100*、110*、120*、125*	212	167	333	400	MT14 $\begin{matrix}-a\\-b\end{matrix}$	127.59	2.4990
				130*、140*、150	252	202 135					
				160	302	242					

注：1. 质量、转动惯量按 $L_{推荐}$ 最小轴孔计算近似值

2. 带"＊"号轴孔直径可用于 Z 型轴孔

3. 表中 a、b 为二种材料的硬度代号

附录 K 电 动 机

K.1 Y 系列三相异步电动机的技术数据

Y 系列三相异步电动机为全封闭自扇冷式笼型三相异步电动机,是按照国际电工委员会 (IEC)标准设计的,具有国际互换性的特点。它适用于空气中不含易燃、易爆或腐蚀性气体的场所,以及电源电压为 380V 无特殊要求的机械,如机床、泵、风机、运输机、搅拌机、农业机械等,也适用于某些需要高起动转矩的机器,如压缩机。

表 K.1 Y 系列三相异步电动机技术数据(JB/T 10391—2008)

电动机型号	额定功率/kW	满载转速/(r/min)	堵转转矩/额定转矩	最大转矩/额定转矩	电动机型号	额定功率/kW	满载转速/(r/min)	堵转转矩/额定转矩	最大转矩/额定转矩
同步转速 3000r/min,2 极					同步转速 1500r/min,4 极				
Y801-2	0.75	2825	2.2	2.2	Y801-4	0.55	1390	2.2	2.2
Y802-2	1.1	2825	2.2	2.2	Y802-4	0.75	1390	2.2	2.2
Y90S-2	1.5	2840	2.2	2.2	Y90S-4	1.1	1400	2.2	2.2
Y90L-2	2.2	2840	2.2	2.2	Y90L-4	1.5	1400	2.2	2.2
Y100L-2	3	2880	2.2	2.2	Y100L$_1$-4	2.2	1420	2.2	2.2
Y112M-2	4	2890	2.2	2.2	Y100L$_2$-4	3	1420	2.2	2.2
Y132S$_1$-2	5.5	2900	2.0	2.2	Y112M-4	4	1440	2.2	2.2
Y132S$_2$-2	7.5	2900	2.0	2.2	Y132S-4	5.5	1440	2.2	2.2
Y160M$_1$-2	11	2930	2.0	2.2	Y132M-4	7.5	1440	2.2	2.2
Y160M$_2$-2	15	2930	2.0	2.2	Y160M-4	11	1460	2.2	2.2
Y160L-2	18.5	2930	2.0	2.2	Y160L-4	15	1460	2.2	2.2
Y180M-2	22	2940	2.0	2.2	Y180M-4	18.5	1470	2.0	2.2
Y200L$_1$-2	30	2950	2.0	2.2	Y180L-4	22	1470	2.0	2.2
Y200L-4	30	1470	2.0	2.2	Y200L$_2$-6	22	970	1.8	2.0
同步转速 1000r/min,6 极					Y225M-6	30	980	1.7	2.0
Y90S-6	0.75	910	2.0	2.0	同步转速 750r/min,8 极				
Y90L-6	1.1	910	2.0	2.0	Y132S-8	2.2	710	2.0	2.0
Y100L-6	1.5	940	2.0	2.0	Y132M-8	3	710	2.0	2.0
Y112M-6	2.2	940	2.0	2.0	Y160M$_1$-8	4	720	2.0	2.0
Y132S-6	3	960	2.0	2.0	Y160M$_2$-8	5.5	720	2.0	2.0
Y132M$_1$-6	4	960	2.0	2.0	Y160L-8	7.5	720	2.0	2.0
Y132M$_2$-6	5.5	960	2.0	2.0	Y180L-8	11	730	1.7	2.0
Y160M-6	7.5	970	2.0	2.0	Y200L-8	15	730	1.8	2.0
Y160L-6	11	970	2.0	2.0	Y225S-8	18.5	730	1.7	2.0
Y180L-6	15	970	1.8	2.0	Y225M-8	22	730	1.8	2.0
Y200L$_1$-6	18.5	970	1.8	2.0	Y250M-8	30	730	1.8	2.0

注:电动机型号的意义:以 Y132S$_2$-2-B3 为例,Y 表示系列代号,132 表示机座中心高,S$_2$ 表示短机座和第二种铁心长度 (M 表示中机座,L 表示长机座),2 表示电动机的极数,B3 表示安装形式

表 K. 2　机座带底脚、端盖无凸缘系列电动机的安装及外形尺寸　　　　　　　　mm

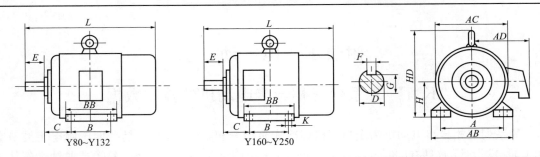

Y80~Y132　　　　　　　　　Y160~Y250

机座号	极数	A	B	C	D	E	F	G	H	K	AB	AC	AD	HD	BB	L
80	2,4	125	100	50	19	40	6	15.5	80	10	165	165	150	170	130	285
90S		140		56	24	50		20	90		180	175	155	190		310
90L	2,4,6		125				8								155	335
100L		160		63	28	60		24	100	12	205	205	180	245	170	380
112M		190	140	70					112		245	230	190	265	180	400
132S		216		89	38	80	10	33	132		280	270	210	315	200	475
132M			178												238	515
160M	2,4,6,8	254	210	108	42		12	37	160	15	330	325	255	385	270	600
160L			254												314	645
180M		279	241	121	48	110	14	42.5	180		355	360	285	430	311	670
180L			279												349	710
200L		318	305	133	55		16	49	200		395	400	310	475	379	775
225S	4,8		286		60	140	18	53		19					368	820
225M	2	356		149	55	110	16	49	225		435	450	345	530		815
	4,6,8		311		60			53							393	845
250M	2	406	349	168	60	140	18	53	250	24	490	495	385	575	455	930
	4,6,8				65			58								

D列公差：90S~90L为 $^{+0.009}_{-0.004}$；160M~180L为 $^{+0.018}_{+0.002}$；225M~250M为 $^{+0.030}_{+0.011}$

K. 2　YZ 系列冶金及起重用三相异步电动机

　　冶金及起重用三相异步电动机是用于驱动各种形式的起重机械和冶金设备中的辅助机械的专用系列产品。它具有较大的过载能力和较高的机械强度,特别适用于短时或断续周期运行、频繁起动和制动、有时过负荷及有显著的振动与冲击的设备。

　　YZ 系列为笼型转子电动机。冶金及起重用电动机大多采用绕线转子,但对于 30kW 以下的电动机以及在起动不很频繁而电网容量又许可满压起动的场所,也可采用笼型转子。

　　根据负荷的不同性质,电动机常用的工作制分为 S2(短时工作制)、S3(断续周期工作制)、S4(包括起动的断续周期性工作制)、S5(包括电制动的断续周期工作制)四种。电动机的额定工作制为 S3,每一工作周期为 10min。电动机的基准负载持续率 FC 为 40%。

表 K.3　YZ 系列电动机的技术数据(JB/T 10104—2011)　　　　　　　mm

| 型号 | S2 | | | | S3 | | | | | | | | | | | | | | | | |
| | 30min | | 60min | | 15% | | 25% | | 40% | | | | | | | 60% | | 100% | |
	额定功率/kW	转速/(r/min)	额定功率/kW	转速/(r/min)	额定功率/kW	转速/(r/min)	额定功率/kW	转速/(r/min)	额定功率/kW	转速/(r/min)	最大转矩/额定转矩	堵转转矩/额定转矩	堵转电流/额定电流	效率/%	功率因数	额定功率/kW	转速/(r/min)	额定功率/kW	转速/(r/min)
YZ112M-6	1.8	892	1.5	920	2.2	810	1.8	892	1.5	920	2.7	2.4	4.47	69.5	0.765	1.1	946	0.8	980
YZ132M1-6	2.5	920	2.2	935	3.0	804	2.5	920	2.2	935	2.9	3.1	5.16	74	0.745	1.8	950	1.5	960
YZ132M2-6	4.0	915	3.7	912	5.0	890	4.0	915	3.7	912	2.8	3.0	5.54	79	0.79	3.0	940	2.8	945
YZ100M1-6	6.3	922	5.5	933	7.5	903	6.3	922	5.5	933	2.7	2.5	4.9	80.6	0.83	5.0	940	4.0	953
YZ100M2-6	8.5	943	7.5	948	11	926	8.5	943	7.5	948	2.9	2.4	5.52	83	0.86	6.3	956	5.0	961
YZ160L-6	15	920	11	953	15	920	13	936	11	953	2.9	2.7	6.17	84	0.852	9	964	2.5	972
YZ100L-8	9	694	7.5	705	11	675	9	694	7.5	705	2.7	2.5	5.1	82.4	0.766	6.0	717	5	721
YZ200L-8	18.5	697	15	710	22	686	18.5	697	15	710	2.8	2.7	6.1	86.2	0.80	13	714	11	720
YZ225M-8	26	701	22	712	33	687	26	701	22	712	2.9	2.9	6.2	87.5	0.834	18.5	718	17	720
YZ250M1-8	35	681	30	694	42	663	35	681	30	694	2.54	2.7	5.47	85.7	0.84	26	702	22	717

表 K.4　YZ 系列电动机的安装及外形尺寸(JB/T 10105—2011)　　　　　　　mm

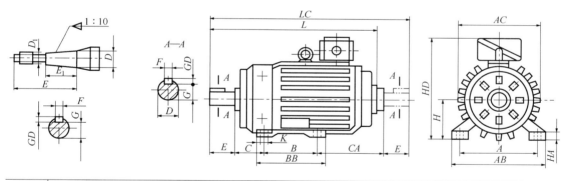

| 机座号 | 安装尺寸 | | | | | | | | | | | | | | 外形尺寸 | | | | | | |
	H	A	B	C	CA	K	螺栓直径	D	D_1	E	E_1	F	G	GD	AC	AB	HD	BB	L	LC	HA
112M	112	190	140	70	135	12	M10	32		80		10	27	8	245	250	325	235	420	505	15
132M	132	216	178	89	150	12	M10	38		80		10	33	8	285	275	355	260	495	577	17
160M	160	254	210	108	180	15	M12	48		110	14		42.5	9	325	320	420	290	608	718	20
160L	160	254	254	108	180	15	M12	48		110	14		42.5	9	325	320	420	335	650	762	20
180L	180	279	279	121		15	M12	55	M36×3	82			19.9		360	360	460	380	685	800	22
200L	200	318	305	133	210	19	M16	60	M42×3	140	105	16	21.4	10	405	405	510	400	780	928	25
225M	225	356	311	149	258	19	M16	65	M42×3	140	105	16	23.9	10	430	455	545	410	850	998	28
250M	250	406	349	168	295	24	M20	70	M48×3			18	25.4	11	480	515	605	510	935	1092	30

参考文献

成大先. 2010. 机械设计手册. 5 版. 北京:化学工业出版社

机械设计手册编委会. 2007. 机械设计手册:滚动轴承. 北京:机械工业出版社

孔凌嘉. 2008. 简明机械设计手册. 北京:北京理工大学出版社

宋宝玉. 2006. 机械设计课程设计. 哈尔滨:哈尔滨工业大学出版社

王黎钦,陈铁鸣. 2008. 机械设计. 4 版. 哈尔滨:哈尔滨工业大学出版社

闻邦椿. 2010. 机械设计手册. 5 版. 北京:机械工业出版社

向敬忠,宋欣,崔思海等. 2009. 机械设计课程设计图册. 北京:化学工业出版社

杨黎明,杨志勤. 2008. 机械设计简明手册. 北京:国防工业出版社

于惠力,冯新敏. 2010a. 传动件设计与实用数据速查. 北京:机械工业出版社

于惠力,冯新敏. 2010b. 轴系零部件设计与实用数据速查. 北京:机械工业出版社

于惠力,冯新敏. 2011. 连接零部件设计与实用数据速查. 北京:机械工业出版社

于惠力,冯新敏等. 2011. 新编实用紧固件手册. 北京:机械工业出版社

于惠力,冯新敏,李广慧. 2009. 连接零部件设计实例精解. 北京:机械工业出版社

于惠力,冯新敏,李伟. 2011. 机械零部件设计入门与提高. 北京:机械工业出版社

于惠力,冯新敏,张海龙等. 2009. 传动零部件设计实例精解. 北京:机械工业出版社

于惠力,李广慧,君凝霞. 2009. 轴系零部件设计实例精解. 北京:机械工业出版社

于惠力,潘承怡,冯新敏等. 2008. 机械设计学习指导. 北京:科学出版社

于惠力,潘承怡,向敬忠等. 2007. 机械零部件设计禁忌. 北京:机械工业出版社

于惠力,向敬忠,张春宜. 2007. 机械设计. 北京:科学出版社

于惠力,张春宜,潘承怡. 2007. 机械设计课程设计. 北京:科学出版社

张黎骅,郑严. 2008. 新编机械设计手册. 北京:人民邮电出版社